高等学校电工实训教材

电工工程实训教程

主　编　王小宇　郑新建
副主编　侯志坚　张玮玮
参　编　胡同礼

机械工业出版社

本书是电工工程安装技能实训教程，突出电气工程基础理论知识和安装技能训练，内容新颖、实用。本书以工程项目安装为主线，把电工实训教学大纲中要求掌握的技能与生产生活实际有机结合，图文并茂，形象直观，内容简明扼要，由浅入深。全书共分七章，主要内容有：电工工程概述、安全用电常识、电工工程基本技能、常用低压电器元件及电气识图、楼宇配电照明线路的安装、电气控制线路的安装调试维修、三相异步电动机的拆装与检修。

本书可作为高等院校的电工实训教学用书，也可作为职业教育、职工培训教材，或供其他工程技术人员从事电气操作与维修使用参考。

图书在版编目（CIP）数据

电工工程实训教程/王小宇，郑新建主编. —北京：机械工业出版社，2019.1

高等学校电工实训教材

ISBN 978-7-111-61762-4

Ⅰ.①电… Ⅱ.①王… ②郑… Ⅲ.①电工技术-高等学校-教材 Ⅳ.①TM

中国版本图书馆 CIP 数据核字（2019）第 017061 号

机械工业出版社（北京市百万庄大街 22 号 邮政编码 100037）
策划编辑：付承桂 责任编辑：闾洪庆 朱 林 任 鑫 吕 潇
责任校对：张 薇 封面设计：马精明
责任印制：张 博
三河市宏达印刷有限公司印刷
2019 年 1 月第 1 版第 1 次印刷
184mm×260mm·13.25 印张·326 千字
0001—4000 册
标准书号：ISBN 978-7-111-61762-4
定价：49.00 元

前　言

工程训练在高等院校应用技术型人才培养工作中占有重要的地位，工程训练的目的是培养具备工程师素质的高技能人才，本书就是基于这个理念编写的。本书不仅重视基础知识，强化基本技能训练，同时注重工程设计能力的培养，使学生在实训过程中逐渐从"生手"成长为名副其实的工程技术人员。

本书打破原有教材普遍采用的知识平铺直叙模式，改为以工程项目为主线对相关知识进行重新整合。以解决工程问题为出发点，需要用到哪些知识就有针对性地学习相关的知识，然后在工程项目中应用，这是符合认知学习规律，让教学从"要我学"的被动学习模式转变为"我要学"的主动学习模式。以实践活动为主线，将理论知识和技能训练有机结合，突出对综合职业能力的培养。

本书采用工程项目的形式，把电工实训教学大纲中要求掌握的技能与生产生活实际有机结合，选择了典型的工程项目，每个工程项目均将相关知识和实践过程有机结合，力求体现理论和实践一体化的教学理念。在内容的选择上，降低理论重心，突出实际应用，注重培养学生的知识应用能力和解决工程问题的实际工作能力。

在内容组织形式上，每个工程项目都体现了实际电气工程实施中的一般规律和方法，使学生初步掌握解决工程问题的方法，本书图文并茂，形象直观，内容由浅入深，简明扼要。全书共分七章，主要内容有：电工工程概述、安全用电常识、电工工程基本技能、常用低压电器元件及电气识图、楼宇配电照明线路的安装、电气控制线路的安装调试维修、三相异步电动机的拆装与检修。

本书由王小宇、郑新建任主编，侯志坚、张玮玮任副主编，胡同礼参编，其中河南工学院的王小宇编写第 1 章的 1.1~1.4 节和第 6 章，侯志坚编写第 1 章的 1.5 节和第 4 章，郑新建编写第 5 章，胡同礼编写第 7 章，安阳工学院的张玮玮编写第 2、3 章，全书由王小宇统稿。

本书在编写过程中，借鉴参考了部分院校电工实训课程的教学经验和内容以及实训教材，咨询了校内专业课教师和企业的工程技术人员，在此表示衷心的感谢。

电工技术不断发展，技术和工艺更新很快，由于编者学识水平有限，编写时间仓促，书中不免有错误和不妥之处，请广大读者提出宝贵意见，以便及时进行修订，使之更加完善，不断发展。

本书可以用作高等院校机电技术相关专业的教学用书，也可用作相关行业岗位培训教材及有关人员的自学用书。

编　者

目　录

第1章 电工工程概述

电工工程技术人员是指从事勘测、规划、设计、电力工程建设、安装、调试、技术开发、实验研究、发供电运行、检修、修造、电网调度、用电管理、电力环保、电力自动化、技术管理等工作的电力专业工程技术人员。电工是一种特殊的技术工种,在工业生产、设计、开发、服务等行业具有重要的意义和价值。

1.1 电工工程的概念

电工工程包含电力工程和电气工程,电工工程分为电力生产和电工制造两大工业生产体系。电工工程在本书中只讨论电气安装工程,主要指民用供配电照明系统和工矿企业的低压电气设备控制系统的安装。

电气安装工程的外延,包括电气设备安装和电气工程系统安装两方面。电气设备安装,如建筑中使用到的配电柜、开关、插座、电灯,工厂矿山中使用到的电动机、电气仪表等。电气工程系统安装主要分为强电系统、弱电系统以及电气传动与控制系统,如下:

1) 发、输、变、配电,照明等电力系统,称为强电系统;

2) 对强电系统和建筑物等进行监视、测量、控制、保护等的弱电系统;

3) 设备电气传动与控制系统,如工厂矿山、车辆、舰船、飞机、卫星上的相关设备的电气传动与控制系统。

电气安装工程的内涵主要涉及电能的生产、传输、分配、利用的系统安装,基于电气的控制系统安装等。

由于电气安装工程整个过程涉及知识点多,需要了解包括发电、变电、输电和配电,了解电力系统的设计、规划、调度、控制和保护,电力设备的设计、制造、试验、检测等,同时对施工工艺要求很高,因此在电气安装工程中,对电工的综合技能要求很高,不仅要有一定的理论知识,更要有工程项目管理的理念和很强的动手能力,电工是一个实践性很强的技术工种。

1.2 电工工程实训的培养目标和培养方法

随着信息技术、微电子技术、自动控制技术和传统机械技术的相互渗透与融合,机电一体化设备、各种各样的自动化生产线、多坐标数控机床、多功能柔性制造系统、加工中心、智能化的机器人等,这些设备或产品的安装、调试、使用与维护,都需要具有较高综合素质和较强动手能力的中高级应用型技术人才。

机电类各专业的毕业生应具有以下几方面的知识和能力:

1) 能对安全用电做出理论性分析,正确处理各种电气设备安全事故的能力;

2）正确分析计算电工、电子线路的知识与能力；

3）根据设计任务，设计电气原理图、安装图、布线图的能力；

4）电器相关零部件的选型，采购计划的编制能力；

5）熟练使用电工材料、电工工具、电工仪器、仪表的知识与能力；

6）整机电气装配、调试、运行、检修方面的知识与能力；

7）有关电气图文资料的收集、整理、归档能力。

这些能力的培养，除了牢固掌握电工、电子、自动控制等方面的基本知识、基本原理外，还应通过综合的、系统的工程强化训练才能得以实现。为此，电工工程实训主要通过一系列教学手段达到预期效果，具体实现方法有：

1）**理论讲解**：通过电工材料、电工工具、电工仪表的使用，导线的连接、电气识图等基本技能训练，让学生了解低压电气控制、照明配电方面的理论知识。

2）**项目设计**：给学生一个真实工程案例，让学生设计电气原理图、选择元器件、设计电气安装走线图。

3）**工程实践**：学生通过三个以上工程项目安装，由浅入深，由易到难，达到对电气线路安装工艺的掌握。

4）**项目调试**：从指导教师演示调试内容，到学生自己动手调试、检修具体线路，达到学生对教学内容的全面掌握，同时确保了学生的安全。

5）**工程验收**：按照项目验收单逐项验收，对学生实训效果给出客观公正的评价。

1.3 电工工程实训项目的一般流程

把一种想法或要求变成产品，不论是小到一个电灯，还是大到 C919 大飞机，都要经过许多阶段，只是复杂程度不同。那么是不是有规律可循呢？具体到电气安装工程，一般流程如图 1-1 所示。

1. 设计任务书

当我们接到一个电气工程任务后，通常要进行功能描述，即要达到什么样的目的。还需要达到什么样的效果。这些我们通常要充分与下达任务者进行沟通，并且进行现场调研，以及分析。将任务细化明确，这样不至于到工程交工时才发现还有一些细节要求没有做到，严重的可能需要重新设计，推倒重来。因此功能描述阶段是工程的开端，也是基础。例如，我们接到一个任务，需要给房间装个灯，这里面的功能描述是不清晰的，我们需要了解房间的大小、功能用途、照明效果的要求、房间有几个门、想实现什么样的控制等。通常在此阶段会形成一个电气设计任务书。在复杂工程中，任务书是明确功能的必要文档。

2. 电气原理图绘制

明确了功能之后，就可以着手依据设计要求进行方案设计，即用哪种方式实现要求的功能。通常选择方案的原则是功能完备（即除了主要功能之外，还有相应的保护电路）、电路简化，确定方案

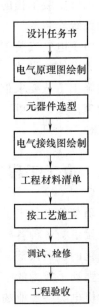

图 1-1 工程制作流程图

后，可以针对方案进行电气原理图的绘制。

电气原理图是用来表明设备电气的工作原理及各电器元件的作用、相互之间关系的一种表示方式。电气原理图是电气系统图的一种，是根据控制工作原理绘制的，结构简单，层次分明。主要用于研究和分析电路工作原理，确定电路是否实现了工程要求的功能。

3. 元器件选型

元器件是构成电路的基本元素，又是电路原理分析计算的最终结果。在电路原理分析中，要知道每个元器件的结构、特性、参数，在电路中所起的作用，以及对整个电路产生的影响；在电路参数计算中，每个元器件参数又是电路计算的最终结果，便于合理选择元器件的规格、型号。因此正确选择元器件是实现电路功能的关键，选择方法与技巧是非常重要的。

4. 电气接线图的绘制

电气接线图，是根据电气设备和电器元件的实际位置和安装情况绘制的，只用来表示电气设备和电器元件的位置、配线方式和接线方式，而不明显表示电气动作原理。主要用于安装接线、线路的检查维修和故障处理的指导。

5. 工程材料清单

所有材料的目录，主要包括名称、数量、规格等信息。这是工程采购和预算的基础。

6. 按工艺施工

施工工艺就是做某个工程的具体规范，比如强电系统中的管路，要求横平竖直，线路要沿边沿角走向。施工工艺的作用就是，使各个不同系统之间能够协调和减小相互之间功能的影响，如弱电的线路就需要和强电的线路相隔 30cm 以上，以免弱电的传输线缆受到强电磁场的干扰，而导致前端或后端的设备功能受破坏。具体工程的施工工艺要求都不一样，需要根据具体情况确定。一般要求符合行业规范和美观实用的要求。

7. 线路调试和检修

电气安装工程布线施工完成后，在交工之前，通常要进行线路调试和检修。

对调试过程中出现的问题，确定缩小故障范围，查明故障原因，有针对性地进行处理，使电气工程达到应有的功能和状态。

8. 验收

验收是指电气工程完工后，验证工程是否达到设计要求，是否符合任务书的功能要求，元件安装位置及施工工艺是否符合规范的要求，使用相应的仪器设备进行检测和评定。提交竣工图、安装记录、试验记录等技术资料。

1.4　电工技术人员的职业道德

电工是一种给人带来光明、带来温暖、带来欢乐、带来信息的无比崇高的职业。电工的作业行为将联系着工业生产的各个部门，联系着千家万户，因此要从事电工这个行业，必须要加强职业道德建设，才能推动社会精神文明和物质文明建设，进而促进行业、企业的生存和发展，同时提高从业人员的素质。

职业道德就是从业人员保证工作（工程）的质量及其过程中的先进性、稳定性、灵敏性、可靠性、安全性、可观性以及保护低碳方面应尽的责任及其作业行为的规范总则。

电气工作人员职业道德行为规范常识如下：

1）热爱电气工作这个职业，有事业心，有责任心，为电气工程及其自动化专业始终不渝。

2）对技术精益求精，一丝不苟，在实践中不断学习进步，积累丰富的实践经验，提高技术技能，同时从理论上要不断提高自己，具备扎实的理论基础和分析问题的能力。

3）关注电气工程技术发展动态，积极参与科技成果转化及应用工作，推广新技术、新工艺、新材料、新设备。

4）解决项目工程中的技术难题是义不容辞的责任，练就一身过硬的技能，成为一把金钥匙，打开每一把技术难题之锁。

5）甘当设计师、施工人员、制造人员之间的桥梁，传递信息，破译信息，确保工程项目的质量、安全、工期、投资，成为工程项目的中流砥柱。

6）对电气工作认真负责，兢兢业业，对自己从事的电气工作必须做到准确无误，滴水不漏，天衣无缝，在工程的关键时刻能挺身而出，充当抢险队的一员。

7）长期深入实践，虚心向工人师傅学习、向书本学习、向实践学习，做到不耻下问，探索研究新工艺、新方法。

8）在职业生涯中，要善于发现人才、重用人才、厚爱人才、推荐人才、培养人才。特别是工人队伍中的技术能手，要把他们作为工人工程师委以重任，加以重用。

9）工作要身先士卒，一马当先。要做到干净利落、美观整洁。工作完毕后要清理现场，及时将遗留杂物清理干净，避免环境污染，杜绝妨碍他人或运行的事发生。

10）任何时候、任何地点、任何情况，工作必须遵守安全操作规程，设置安全措施，确保设备、线路、人员的安全，时刻做到质量在手中，安全在心中。

11）工程项目的安装、研制、修理、保养的过程要做到"严"，要严格要求，严格执行操作规程、试验标准、作业标准、质量标准、管理制度及各种规程、规范、标准，严禁粗制滥造。做到自检、自验，不要等到质检人员检查出来才去改正、才去修复。

12）工程项目的运行维护必须做到"勤"，要防微杜渐，对电气设备、线路、元件的每一部分、每一参数要勤检、勤测、勤校、勤查、勤扫、勤紧、勤修，把事故、故障消灭在萌芽状态。科学合理制订巡检周期，确保系统安全运行。

13）工程项目中用到的所有电气设备、元件、材料及其他辅件，使用前应认真核实其使用说明书、合格证、生产制造许可证、试验报告或型式试验报告，对其质量有怀疑的以及贵重、关键、重要部件要全部进行测试和检验试验，杜绝假冒伪劣产品混入电气系统。

14）凡是自己参与的工程项目，应建立相应的技术档案，记录相关数据和关键部位的内容，记录相应的具体负责人，做到心中有数，并按周期进行回访，掌握工程项目的动态，及时修正调整相关参数，为后续工程项目奠定良好的基础。

15）对用户诚信为本、终身负责，通过回访或用户反馈意见，改进工作，提高技术水平。

16）积极宣传指导节约用电技术和安全用电技术，制止用电当中的不当行为和错误做法。

17）电气工程项目中，要节约每一米导线、每一颗螺钉、每一个垫片、每一团胶布，严禁大手大脚，杜绝铺张浪费。不得以任何形式将电气设备及其附件、材料、元件、工具、电工配件赠予他人或归为己有。

18）编制技术文件（主要有工程预算、物资计划、原材料清单、进度计划、施工组织设计等）要切合实际，使其具有可操作性、使用性和指导性，杜绝空话、假话、套话。

19）认真学习研究电气工程安全技术，并将其贯彻于设计、安装、研制、调试、运行、维修中去，对用户、设备、线路、系统的安全运行负责。

20）养成良好的工作习惯和学习习惯（包括实践的学习），惯于总结，善于分析。将工作中、生活中与专业有关的事物详细地记录下来，进行分析总结，去其糟粕，取其精华，进一步提高和充实自己的技能和实践经验，为电气工程事业做出更大贡献。

21）在工程现场或在从事与工程相关的工作时，所有的行为或操作要围绕一个核心，这个核心就是对工程有利、有益，杜绝一切对工程有害无益的行为和操作，并能够及时纠正他人的违规操作、损害工程的行为及一切人为的、自然的对工程有害无益的事物。

22）在工作过程中，不怕困难、不怕难题、不怕自然原因带来的障碍，专心致志、细心精致、细处着手、坚持不懈，直到解决完成。

23）在工作过程中，永远把质量、安全、进度、投资、环保、低碳放在首位，把个人得失放在第二位。做到质量在我手中，安全在我心中。

24）在工作过程中，做到互相学习、互相帮助、精诚团结、目标一致，人人都是质检员，做到相互尊重、爱护、体谅、平等。

25）在实践中学习，提高技术水平，磨炼职业道德修养，做一名"德艺双馨"的电气工作人员。

1.5　供配电系统基本知识

供配电技术，主要是研究电力的供应和分配问题。电力，是现代工业生产的主要动力和能源，是现代文明的物质技术基础。今天我们已步入电气化时代，电如同我们每天呼吸的空气一样与我们形影不离，无时无刻不在影响我们的工作和生活。现在，电的使用已渗透到社会生产的各个领域和人类生活的各个方面，离开了电，人类的一切活动都将难以正常进行。因此，供配电工作要很好地为工业生产和国民经济服务，切实保证工业生产和整个国民经济生活的需要，切实做到安全、可靠、优质、经济供电。

1. 电力系统

由发电厂、变电所和电力用户联系起来组成发电、输电、变电、配电和用电的整体称为电力系统，如图 1-2 所示。发电机输出电压为 3.15~20kV。为了提高输电效率并减少输电线路上的损耗，通常都利用升压变压器将电压升高后经高压输电线路进行远距离输电。目前我国高压输电线路的电压有 35kV、110kV、220kV、330kV、500kV 等几个等级，输电容量越大，输电距离越远，则输电电压也就越高。高压输电到用户区后，先经过区域降压变电所（工厂总降压变电所）降至 6~10kV 电压后，送到工厂变配电所。

2. 发电厂

（1）发电厂类型

人类使用的所有电能不能直接从一次能源中获得，而必须由其他形式的能源（如水能、热能、风能和光能等）转化而来。发电厂是实现这种能源转化的场所，它是电力系统的中

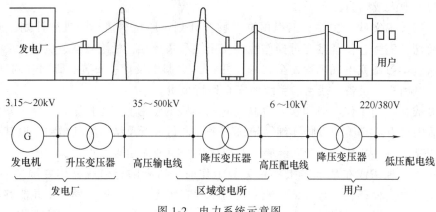

图 1-2　电力系统示意图

心环节。发电厂按照所利用的能源种类不同,可分为水力、火力、风力、核能、太阳能发电厂等。现阶段我国的发电厂主要是火力发电厂和水力发电厂,核电厂也在大力发展中。近年来,国家开始建立起一批利用可再生能源进行发电的发电厂,如风力发电厂、潮汐发电厂、太阳能发电厂、地热发电厂和垃圾发电厂等,以逐步缓解能源短缺和绿色环保的问题。

根据发电厂容量大小及其供电范围不同,可分为区域性发电厂、地方性发电厂和自备发电厂等。区域性发电厂大多建在水力、煤炭资源丰富的地区附近,其容量大,距离用电中心较远(往往是几百千米至 1000 千米以上),需要超高压输电线路进行远距离输电。地方性发电厂一般为中小型发电厂,建在用户附近。自备发电厂建在大型厂矿企业附近,作为自备电源,对重要的大型厂矿企业和电力系统起到后备作用。

(2)发电厂发出的电的电压和频率

一般发电厂的发电机发出的是对称的三相正弦交流电(有效值相等、相位差分别相差 120°、三相电压为 e_U、e_V、e_W,如图 1-3 所示)。在我国,区域性和地方性发电厂发出的电的电压主要有 3.15kV、6.3kV 和 10.5kV 等,一般自备发电厂发出的电的电压有 230V、400V 和 690V,频率则同为 50Hz,此频率通常称为"工频"。工频的频率偏差一般不得超过 ±0.5Hz。频率的调整主要是依靠调节发电机的转速来实现。电力系统中所有的电气设备都是在一定的电压和频率下工作的。能够使电气设备长时间连续正常工作的电压就是其额定电压,各种电气设备在额定电压下运行时,其经济性和技术性能最佳。频率和电压是衡量电能质量的两个基本参数。由于发电厂发出的电压不能满足各种用户的需要,同时电能在输送过程中会产生不同程度的损耗,所以需要在发电厂和用户之间建立电力网,使电能安全、可靠、经济地输送和分配给用户。

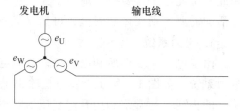

图 1-3　对称的三相正弦交流电源

3. 电力网

(1)电力网的概念

在电力系统中,发电厂、变电所和电力用户之间,用不同电压等级的电力线路将它们连接起来,这些不同电压等级的电力线路和变电所的组合,叫作电力网,简称为电网。电网的任务是输送和分配电能,即将各发电厂发出的电能经过输电线路传送并分配给用户。

（2）电网分类

电网按种类特征的不同，可分为直流电网和交流电网；电网按电压等级不同，可分为 6kV 电网、35kV 电网和 110kV 电网等；我国电网按地区划分，可分为东北电网、华北电网、西北电网、华东电网和华中电网五大跨地区电网；我国的电网按额定电压等级不同，可分为 0.22kV、0.38kV、3kV、6kV、10kV、35kV、60kV、110kV、220kV、330kV 和 500kV 电网。通常，为了便于分析研究，将电网分成区域电网和地方电网。其中，电压在 110kV 以上、供电区域较大的电力网叫区域电网；电压在 60kV 以下、供电范围不大的电力网叫地方电网。为了减少电能损耗，电网应简化电压等级、减少变压层次、优化网络结构，因为在电能传输容量相同的条件下，高电压电网能减小传输导线中的电流。目前有些城市已开始使用 20kV 电网代替 10kV 电网。

（3）输电线路

在电力传输领域，"高压"的概念是不断改变的，鉴于实际研究工作与电网运行的需要，对线路电压等级范围进行划分。目前习惯上称 10kV 及以下线路为配电线路，10～35kV 线路为输电线路，35～220kV 线路为高压线路，330kV 及以上、1000kV 以下的线路称为超高压线路，1000kV 及以上的线路称为特高压线路。另外，通常将 1kV 以下的电力设备及装置称为低压设备，1kV 以上的设备称为高压设备。

在输电线路中，为节省资源，一般采用三相三线方式输电，并有时采取同塔双回、甚至同塔四回的超高压输电线路。随着电能输送的距离越来越远，输送的电压也越来越高，对输变电设备绝缘水平和线路走廊有更高要求。目前我国已运行的最高电压等级直流为 ±500kV，交流为 1000kV。

电力输电线路一般采用钢芯铝绞线，通过架空线路将电能送到远方的变电所。但在跨越江河、通过闹市区或不允许采用架空线路的区域，则需采用电缆线路。电缆线路投资较大且维护困难。

（4）变电所

变电所可分为升压变电所与降压变电所。其中，升压变电所通常与大型发电厂结合在一起。将发电厂发出的电压升高，经由高压输电网将电能送向远方。降压变电所设在用电中心，通过将高压电能适当降压再向该地区用户供电。根据供电的范围不同，降压变电所可分为一次（枢纽）变电所和二次变电所。一次变电所是从 110kV 以上的输电网受电，将电压降到 35～110kV 后，供给一个大的区域。二次变电所大多数从 35～110kV 输电网受电，将电压降到 6～10kV 后向较小范围供电。

（5）配电线路

"配电"就是电力的分配，配电变电所到用户终端的线路称为配电线路。配电线路的电压，简称配电电压。电力系统电压高低有不同的划分方法，但通常以 1kV 为界限划分。额定电压为 1kV 及以下的系统为低压系统；额定电压为 1kV 以上的系统为高压系统。常用高压配电线路的额定电压有 3kV、6kV 和 10kV 三种，常用的低压配电线路额定电压为 220/380V。

4. 电力负荷

电力用户从电力系统所取用的功率称为负荷，电力负荷是指电路中的电功率。在交流电路中，描述功率的量有有功功率、无功功率和视在功率。有功功率，又称为有功负荷，单位为 kW；无功功率称为无功负荷，单位为 kvar；视在功率是电压与电流的乘积，单位为 kVA。由于系统电压比较稳定，系统中的电力负荷，也可以通过负荷电流反映出来。

按用电性质的重要性，用电负荷可分为三个级别：Ⅰ类负荷、Ⅱ类负荷和Ⅲ类负荷。Ⅰ类负荷如医院、炼钢厂、煤矿、大使馆等应由两个以上独立电源供电，严禁将其他非重要用电负荷与其接入同一供电系统。

5. 对供电系统的基本要求和电能质量

（1）基本要求

1）供电可靠性。供电系统应有足够的可靠性。特别是对要求连续供电的用户，要求供电系统在任何时间都能满足用户用电的需要，即使在供电系统局部出现故障的情况下，也不能对某些重要用户的供电产生大的影响。因此，为了保证可靠供电，要求电力系统至少具备 10%~15% 的备用容量。

2）供电质量合格。供电质量的优劣直接关系到用电设备能否安全经济运行，无论是电压还是频率，哪一个指标达不到标准，都会对用户造成不良的后果。因此，要求供电系统确保电能质量。

3）安全、经济、合理。安全、经济、合理地供电，是供、用电双方要求达到的目标。这需要供、用电双方的共同努力，要求供电方做好技术管理工作（如负荷、电量的管理工作，电压、无功功率的管理工作等），同时还要求用户积极配合，密切协作。

4）电力网运行调度的灵活性。对于一个庞大的电力系统，必须做到运行方式灵活，调度管理先进。只有这样，才能使系统安全可靠地运行。只有灵活的调度，才能对系统局部故障及时地检修，从而使电力系统安全、可靠、经济和合理地运行。

（2）电能质量指标

供电电能的质量指标，主要有以下几项：

1）电压。供电系统向用户供电时，首先应保持在额定电压下运行，使受电端电压波动的幅度不应超过以下数值：

① 35kV 及以上电压供电，电压正、负误差的绝对值之和不超过额定电压的 10%。

② 10kV 及以下高压电力用户和低压电力用户端电压波动幅度不超过额定电压的 ±7%。

③ 低压照明用户受电端电压波动幅度不超过额定电压的 +7%~−10%。

供电部门应定期对用户受电端的电压进行调查和测量，发现不符合质量标准的应及时采取措施，加以改善。

2）额定电压。额定电压是指电气设备长期稳定正常工作的电压。变压器、发电机、电动机等电气设备均有规定的额定电压，电器设备在额定电压下运行时经济效果最佳。同时因电气设备在电力系统中所处的位置不同，其额定电压也有不同的规定。

① 电力变压器直接与发电机相连接（即升压变压器）时，其一次侧额定电压与发电机额定电压相同，即高于同级线路额定电压的 5%。如果变压器直接与线路连接，则一次侧额定电压与同级线路的额定电压相同。

② 变压器二次侧的额定电压是指二次侧开路时的电压，即空载电压。如果变压器二次侧供电线路较长（即主变压器），变压器的二次侧额定电压要比线路额定电压高 10%；如果二次侧线路不长（即配电变压器），变压器额定电压只需高于同级线路额定电压的 5%。

我国低压动力用户供电额定电压规定为 380V，低压照明用户为 220V。高压供电的为

10kV、35kV、63kV、110kV、220kV、330kV 和 500kV。除发电厂直配供电可采用 3kV、6kV 外，其他等级电压应逐步过渡到上述额定电压。

在电力网中，额定电压的选定是一项很重要的技术管理工作，对不同容量的用户及不同规模的变电所，要求选择不同的额定电压供电，额定电压的确定与供电方式、供电负荷、供电距离等因素有关。

3）频率。

① 额定频率。额定频率是指电力系统中的电气设备（特别是电感性、电容性设备）能保证长期正常运行的工作频率。

一个国家或地区电气设备的额定频率是统一的，当前世界上的通用频率有 50Hz 和 60Hz 两种。我国和世界上大多数国家的额定频率为 50Hz。美国、加拿大、朝鲜、古巴以及日本等国家为 60Hz。

供电系统应保持额定频率运行，供电频率容许偏差为电力网容量在 $3×10^6$kW 及以上时，要求绝对值不大于 0.2Hz，电力网容量在 $3×10^6$kW 以下时，要求绝对值不大于 0.5Hz。

② 额定频率降低运行时对用户的危害。电力系统必须保证在额定频率状态下运行，供、用电之间有功功率的不平衡将会使系统的运行频率与额定频率有较大的偏差。一般实际消耗的有功功率超过供电的有功功率时，会造成频率下降。

频率降低将会造成发电厂的汽轮机叶片共振面断裂，造成用户电动机转速下降，使电动机不能在额定转速下运转，增加产品损耗，降低产品质量。

4）可靠性。为保证对用户供电的连续性，应尽量减少对用户停电。供电系统与用户设备的计划检修应相互配合，尽量做到统一检修。供电部门的检修、试验应该统一安排，一般 35kV 以上的供电系统每年停电不超过一次，10kV 的供电系统每年停电不超过三次。

6. 低压供电系统

在三相交流电力系统中，作为供电电源的发电机和变压器的中性点有三种运行方式：电源中性点不接地、中性点经阻抗接地和中性点直接接地。前两种运行方式称为小接地电流系统或中性点非直接接地系统。后一种运行方式称为大接地电流系统或中性点直接接地系统。

我国 3~66kV 系统，特别是 3~10kV 系统，一般采用中性点不接地的运行方式。如果单相接地电流大于一定数值（3~10kV 系统中接地电流大于 30A，20kV 及以上系统中接地电流大于 10A），应采用中性点经消弧线圈接地的运行方式。对于 110kV 及以上的系统，则都采用中性点直接接地的运行方式。我国 220/380V 低压配电系统，广泛采用中性点直接接地的运行方式，而且在中性点引出中性线（代号 N）、保护线（代号 PE）或保护中性线（代号 PEN）。

中性线（N 线）与相线形成单相回路，连接额定电压为相电压（220V）的单相用电设备。流经中性线的电流为三相系统中的不平衡电流和单相电流，同时，中性线还起到减小负荷中性点电位偏移的作用。

保护线（PE 线）是为保障人身安全、防止发生触电事故用的接地线。电力系统中所有设备的外露可导电部分（指正常不带电压但故障情况下可能带电压的易被触及的导电部分，如金属外壳、金属构架等）通过保护线接地，可在设备发生接地故障时减小触电危险。保护中性线（PEN 线）兼有中性线（N 线）和保护线（PE 线）的功能。

在低压配电系统中，按结构形式不同，可分为 TN 系统、TT 系统和 IT 系统。

（1）TN 方式供电系统

TN 系统中的所有设备的外露可导电部分均接公共保护线（PE 线）或公共保护中性线（PEN 线）。这种接公共 PE 线或 PEN 线也称"接零"。如果系统中的 N 线与 PE 线全部合为 PEN 线，则此系统称为 TN-C 系统，如图 1-4 所示。

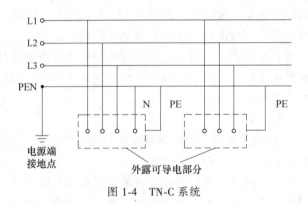

图 1-4　TN-C 系统

如果系统中的 N 线与 PE 线全部分开，则此系统称为 TN-S 系统，如图 1-5 所示。

如果系统的前一部分，其 N 线与 PE 线合为 PEN 线，而后一部分线路，N 线与 PE 线则全部或部分地分开，则此系统称为 TN-C-S 系统，如图 1-6 所示。

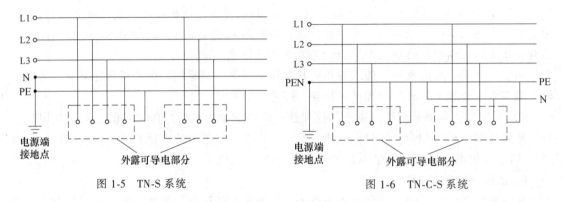

图 1-5　TN-S 系统　　　　　　　　　图 1-6　TN-C-S 系统

1）TN-C 方式供电系统。这种供电系统是电源中性点接地，电气设备的金属外壳与工作零线相接的保护系统，称作接零保护系统。TN 系统称为三相四线制系统，在 TN 方式供电系统中，根据其保护零线是否与工作零线分开而划分为 TN-C 和 TN-S 两种。TN-C 中的 C 表示它的工作零线和保护线共用一根线，即用工作零线兼作接零保护线，可以称作保护中性线，可以用 PEN 表示。

① 一旦设备出现外壳带电，接零保护系统能将漏电电流上升为短路电流，这个电流很大，是 TT 系统的 3.5 倍，实际上就是单相对地短路故障，熔断器的熔丝会熔断，断路器立即使脱扣器动作而跳闸，使故障设备断电，比较安全。

② TN 系统节省材料和工时，在我国和其他许多国家均得到广泛应用，可见其比 TT 系统优点多。

③ 由于三相负载不平衡，工作零线上有不平衡电流，在线路上产生一定的电位差，所以与保护所连接的电气设备的金属外壳对大地有一定的电压。

④ 如果工作零线断线，则所保护的漏电设备外壳带电。如果电源的相线碰地，则设备的外壳电位升高，使中线上的危险电位蔓延。

⑤ TN-C 系统干线上使用漏电保护器时，工作零线后面的所有重复接地必须拆除，否则漏电开关合不上闸，而且工作零线在任何情况下不得断开，所以实用中，工作零线只能让漏

电保护器的上侧有重复接地。

⑥ TN-C 方式供电系统只适用于三相负载基本平衡的情况。

2）TN-S 方式供电系统。把 N 线和专用 PE 线严格分开的供电系统称为 TN-S 方式供电系统。

① 系统正常运行时，专用保护线上没有电流，只有工作零线上有不平衡电流。PE 线对地没有电压，因此，电气设备金属外壳接零保护接在专用的 PE 线上，安全可靠。

② 工作零线只用作单相照明负载的回线，当三相负载很不平衡时，工作零线对地有电压，尤其是当工作零线出现高电位时，有可能导致检修人员间接触电。因此，进户线处总开关和末级线路保护开关需要为检修隔离而采用四极或双极开关切断工作零线，所以需要增加开关的投资成本。

③ 干线上使用漏电保护器时，漏电保护器下不得有重复接地，而 PE 线有重复接地，但是不经过漏电保护器，所以 TN-S 系统供电干线上也可以安装漏电保护器。

④ 在科研、教学、医院等工作场所，由于使用携带式或移动式单相用电设备较多，宜提倡采用 TN-S 系统。建筑施工临时供电规范也要求采用 TN-S 方式供电系统。

3）TN-C-S 方式供电系统。在低压供电系统中，如果前部分 N 线和 PE 线共用一根线，而后部分从进户总配电箱开始将 N 线和 PE 线严格分开的供电系统称为 TN-C-S 系统。分开以后 N 线应对地绝缘。为防止 PE 线与 N 线混淆，应分别给 PE 线和 PEN 线涂上黄绿相间的色标，N 线涂以浅蓝色色标。此外，自分开后，PE 线不能再与 N 线合并。

① PE 线在任何情况下都不得进入漏电保护器，因为保护器跳闸会将 PE 线也切断，这是不允许的。PE 线在任何情况下都不得断线。

② PE 线除了在总配电箱必须和 N 线相接以外，其他各分配电箱处均不得把 N 线和 PE 线相连。PE 线上不许安装开关和熔断器，也不得用大地兼作 PE 线，且连接必须牢靠。

③ 因为在前面的 PEN 线有三相不平衡电流通过，产生波动的电压降而对敏感的电子设备产生电阻性干扰，当这种受干扰的电子设备数量比较多时，应该采用 TN-S 系统。

④ 变电所出线是用 PEN 线兼作 N 线和 PE 线，节省了一股线，并且在用户进户处和末级配电线路不需要为断开 N 线而设置四极和双极开关。一次投资比 TN-S 系统节省。

⑤ 对于以单相负荷为主的供电，其出线采用等截面积四芯线，PEN 线的截面积比 TN-S 系统的 PE 线截面积大，所以减小了接地故障时相邻回路的阻抗，故增大了单相接地短路电流，有利于提高接地故障保护电气跳闸动作的可靠性。

⑥ TN-C-S 系统在用户进户处必须做等电位连接，并在进户处做重复接地。将出线中的 PEN 线、N 线和 PE 线同时接到总等电位连接端子上，此时 PEN 线和 N 线上的高电位或偏移电位虽然能传递到等电位连接端子上，但是由于等电位连接端子可以消除这些电位，所以对人体不会产生触电的危险。

⑦ PE 线上平时没有电流，避免了因对地电位放电产生火花而引起火灾甚至爆炸事故，可见 TN-C-S 系统可以有条件地用于易燃、易爆场所。

通过上述分析可知，TN-C-S 系统是在 TN-C 系统上临时变通的做法。当三相电力变压器工作接地情况良好、三相负载比较平衡时，用 TN-C-S 系统在施工用电实践中效果还是可以的，但是，在三相负载不平衡、建筑施工工地有专用的电力变压器时，还是应采用 TN-S 系统。

（2）TT 方式供电系统

TT 方式是指将电气设备的金属外壳直接接地的保护系统，称为保护接地系统，也称 TT 系统，TT 系统也称为三相四线制系统。该系统的供电原理图如图 1-7 所示。第一个符号 T 表示电力系统中性点直接接地；第二个符号 T 表示负载设备外露部分和带电体相连接的金属导电部分与大地直接连接，而与系统如何接地无关。在 TT 系统中负载的所有接地均称为保护接地。这个供电系统的特点如下：

1）当电气设备的金属外壳带电（相线碰壳或设备绝缘损坏而漏电）时，由于有接地保护，可以大大降低触电的危险。但是低压断路器不一定能跳闸，造成漏电设备的外壳对地电压高于安全电压，属于危险电压。

2）当漏电电流比较小时，即使有熔断器也不一定能熔断，所以还需要漏电断路器作保护，因此 TT 系统不宜在 380/220V 供电系统中应用。

3）TT 系统接地装置耗用的钢材多，而且难以回收、费工、费料。现在有的建筑单位采

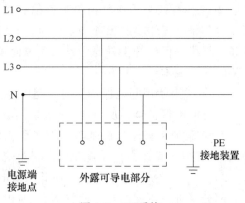

图 1-7　TT 系统

用 TT 系统，施工单位借用其电源作临时用电时，应该用一条专用保护线，以减少增设接地装置钢材的用量。把新增加的专用保护线和工作零线分开，其特点如下：

① 公用接地线与工作零线没有电的联系。

② 正常运行时，工作零线可以有电流，而专用保护线没有电流。

③ TT 系统适用于接地保护很分散的场合。

（3）IT 方式供电系统

在电源中性点不接地系统中，将所有设备的外露可导电部分均经各自的 PE 线分别直接接地的系统，称为 IT 系统。

第一个字母 I 表示电源侧没有工作接地，或经过高阻抗接地。第二个字母 T 表示负载侧电气设备进行接地保护。IT 系统供电原理如图 1-8 所示，IT 系统的特点如下：

1）IT 方式供电系统在供电距离不是很长时，供电的可靠性高、安全性好。一般用于不允许停电的场所，或者是要求严格连续供电的地方，如煤矿、医院的手术室等。这种供电方式在施工工地上很少见。

2）IT 系统发生接地故障时，接地故障电压不会超过 50V，不会引起间接电击的危险。

IT 系统中的所有设备的外露可导电部分也都各自经 PE 线单独接地，它与 TT 系统不同的是，其电源中性点不接地或经 1000Ω 阻抗接地。

（4）低压系统接线方式

发电机（或变压器）每相绕组始端与末端

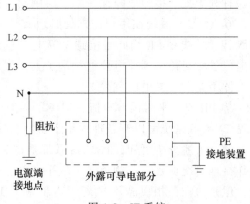

图 1-8　IT 系统

的电压，即相线与中性线间的电压称为相电压，而任意两始端的电压即相线与相线间的电压称为线电压。这样三相四线制系统就能提供给负载两种电压，相电压与线电压。

1）三相三线制系统。当发电机（或变压器）的绕组接成星形联结，但不引出中性线时，就形成了三相三线制系统，如图 1-9 所示。这种接法只能提供一种电压，即线电压。

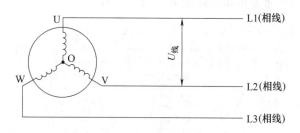

图 1-9　三相三线制系统

2）三相四线制系统。在三相交流电力系统中，作为供电电源的发电机和变压器的三相绕组的接法通常采用星形联结方式，如图 1-10 所示。将三相绕组的三个末端连在一起，形成一个中性点，从始端 U、V、W 引出三根导线作为电源线，称为相线或端线，俗称火线。从中性点引出一根导线，与三根相线分别形成单相供电回路，这根导线称为中性线（N）。以这种方式供电的系统称为三相四线制系统。通常 U、V、W 三根相线分别用黄、绿、红三种颜色的电线给予区分，中性线则采用黑色线，保护线采用黄绿双色线。

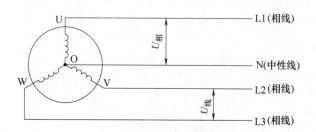

图 1-10　三相四线制系统

通常我国的低压配电系统是采用相电压为 220V、线电压为 380V 的三相四线制配电系统。负载如何与电源连接，必须根据其额定电压而定，具体如图 1-11 所示。额定电压为 220V 的单相负载（如白炽灯），应接在相线与中性线之间。额定电压为 380V 的单相负载，则应接在相线与相线之间。对于额定电压为 380V 的三相负载（如三相电动机），必须与三根电源相线相接。如果负载的额定电压不等于电源电压，则必须利用变压器。

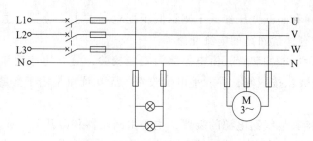

图 1-11　负载与电源的连接

3) 三相五线制系统。由于运行和安全的需要，我国的 220/380V 低压供配电系统广泛采用电源中性点直接接地的运行方式（这种接地方式称为工作接地），同时还引出中性线（N）和保护线（PE），形成三相五线制系统，如图 1-12 所示。中性线应该经过漏电保护开关，可通过单相回路电流和三相不平衡电流。保护线是为保障人身安全、防止发生触电事故而专设的接地线，专用于通过单相短路电流和漏电电流。

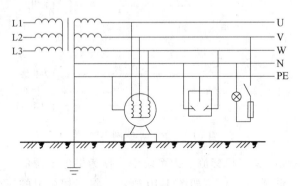

图 1-12　三相五线制系统

7. 低压配电柜

一套典型的低压配电系统设备主要包括计量柜、进线柜、联络柜、出线柜、补偿柜等。配电变压器将 10kV 电压降压为 220V/380V，经过计量柜送至进线柜，再由出线柜分别送到各用户。工业与民用建筑设施中 6~10kV 供电系统，当配电变压器停电或发生故障时，通过联络柜可将另外一路备用电源投入使用。图 1-13 给出一个典型的低压配电柜线路图。

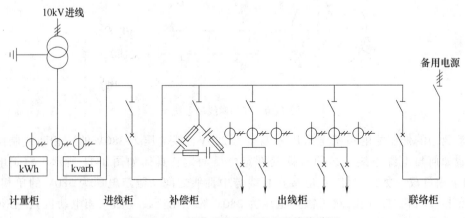

图 1-13　一个典型的低压配电系统线路图

1) 进线柜是接通和断开变压器低压侧到低压配电屏的主要装置，主要由断路器和刀开关组成。其母线上串有计量回路的电流互感器。

2) 计量柜是计量电能的装置，由电力部门安装校验，分有功计量和无功计量。有功计量是计量用户用电度数，按照峰、谷、平电价收费。无功计量是用于衡量用户单位负载功率因数情况。

3) 联络柜是连接其他线路电源的装置，主要由断路器和刀开关组成。

4) 电容补偿柜由电容器组、接触器和无功功率自动补偿器组成。其主要作用是对感性负载进行无功功率补偿。

5）出线柜是由许多断路器对多路低压负载供电的组合
装置。

8. 低压配电线路

低压配电线路是指经配电变压器，将高压 10kV 降低到
220/380V 等级的线路，车间变电所（配电室）到用电设备
的线路就属于低压配电线路。通常一个低压配电线路的容
量在几十千伏安到几百千伏安的范围，负责几十个用户的
供电。为了合理地分配电能，一般都采用分级供电的方式，
即按照用户地域或空间的分布，将用户划分成若干个供电
区，通过干线、支线向各供电区供电，整个供电线路形成
一个分级的网状结构。低压配电线路连接方式主要有放射
式和树干式两种。放射式配电线路可靠性好，但投资费用
高。当负载点比较分散而各个负载点又具有很大的集中负
载时，可采用这种线路。

树干式配电线路敷设费用低廉，灵活性大，因此得到
广泛的应用。

但是采用树干式供电可靠性又比较低。图 1-14 是某校
宿舍楼树干式供电线路的示意图。

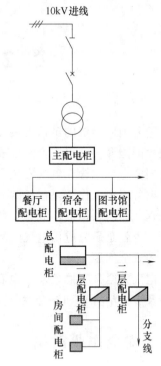

图 1-14 某校宿舍楼树干式供电

第2章 安全用电常识

随着国民经济的迅速发展和人民生活水平的提高，电力已成为工农业生产和人民生活不可缺少的能源。电气安全是以安全为目标，以电气为领域的应用科学。平常所说的用电安全和电器安全都包含在电气安全之中。

电气安全工作主要包括两方面的任务：一方面是研究各种电气事故，包括各种电气事故的机理、原因、构成、规律、特点和防治措施；另一方面是研究用电气的方法解决安全生产问题，也就是研究应用电气监测、电气检查和电气控制的方法来评价系统的安全性或解决生产中的安全问题。

电气安全具有抽象性（电看不见，听不见，嗅不着）、广泛性（电的应用广泛，电气安全涉及多种学科）和综合性（工程技术工作和综合管理工作）的特点。

2.1 安全作业常识

由于电气作业有其危险性和特殊性，从事电气工作的人员属于特种作业人员，必须经过专门的安全技术培训和考核，经考试合格取得安全生产监督部门核发的操作证书后，才能独立作业。电工作业人员要严格遵守电工作业安全操作规程和各种安全规章制度，养成良好的工作习惯，严禁违章作业。

1. 电工作业的特殊性

电工是特殊的工种，又是危险的工种。电工作业的特点有：

1）作业过程和工作质量不但关联着自身的安全，而且关联着他人和周围设施的安全。

2）专业电工工作点分散、工作性质不专一，不便于跟班检查和追踪检查。

2. 对专业电工的基本要求

1）必须掌握必要的电气安全技术知识和操作技能。每个电工都必须认识到，认真学习和熟练掌握电工安全技术的理论知识和安全操作技能，既是国家安全生产法律、法规对电工作业人员的要求，又是自己做好本职工作的需要。只有掌握了电工安全作业的知识与技能，才有可能确保自身、他人的安全和线路、设备的安全运行。在学习过程中要突出安全操作技能的实际训练，做到熟练掌握。

2）必须具有良好的电气安全意识。专业电工应当了解生产与安全的辩证统一关系，把生产和安全看作是一个整体，充分理解"生产必须安全，安全促进生产"的基本原则，以及"安全第一，预防为主，综合管理"的基本方针，不断提高安全意识。作为一名电工，不仅要技术过硬，更重要的是要树立珍惜生命、安全第一、预防为主的观念，增强安全意识和自我保护意识，注重职业道德，认真履行电工的岗位职责，认识到自己安装的每一个电器、接的每一根导线和每一个操作都直接关系到安全用电，关系到生命与财产的安全，切不可掉以轻心。

3. 专业电工必须注意的事项

1）努力克服重生产轻安全的错误思想，克服侥幸心理。

2）在作业前和作业过程中，应考虑事故发生的可能性。

3）遵守各项安全操作规程，不得违章作业。

4）不得蛮干，不得在自己不熟悉的不能控制的设备和线路上擅自作业。

5）认真作业，保证工作质量。

4. 岗位要求

就岗位安全职责而言，专业电工应该做到以下几点：

1）严格执行各项安全标准、法规、制度和规程。包括各种电气标准、电气安装规范和验收规范、电气运行管理规程、电气安全操作规程及有关规定。

2）遵守劳动纪律，忠于职责，做好本职工作，认真执行电工岗位安全责任制。

3）正确使用各种工具和劳动保护用品，安全地完成各项生产任务。

4）努力学习安全规程、电气专业技术和电气安全技术；参加各项有关的安全活动；宣传电气安全；参加安全检查，并提出意见和建议等。

5）专业电工应树立良好的职业道德。除前面提到的忠于职责、遵守纪律、努力学习外，还应注意互相配合，共同完成生产任务。应特别注意杜绝以电谋私、制造电气故障等违法行为。

5. 电工安全操作规程一般规定

1）电工属于特种作业人员，必须经当地劳动部门统一考试合格后，核发全国统一的"特种作业人员操作证"，方准上岗作业，并定期两年复审一次。

2）电工作业必须两人同时作业，一人作业，一人监护。

3）在全部停电或部分停电的电气线路（设备）上工作时，必须将设备（线路）断开电源，并对可能送电的部分及设备（线路），采取防止突然串电的措施，必要时应作短路线保护。

4）检修电气设备（线路）时，应先将电源切断（拉断刀开关，取下熔断器），把配电箱锁好，并挂上"有人工作，禁止合闸"警示牌，或派专人看护。

5）所有绝缘检验工具，应妥善保管，严禁他用，存放在干燥、清洁的工具柜内，并按规定进行定期检查、校验，使用前，必须先检查是否良好后，方可使用。

6）在带电设备附近作业，严禁使用钢（卷）尺测量有关尺寸。

7）用锤子打接电极时，握锤的手不准戴手套，扶接地极的人应在侧面，应用工具将接地极卡紧、稳住，使用冲击钻、电钻或钎子打砼眼或仰面打眼时，应戴防护镜。

8）用感应法干燥电箱或变压器时，其外壳应接地。

9）使用手持电动工具时，机壳应有良好的接地，严禁将外壳接地线和工作零线拧在一起插入插座，必须使用二线带地、三线带地插座。

10）配线时，必须选用合适的剥线钳口，不得损伤线芯，削线头时，刀口要向外，用力要均匀。

11）电气设备所用熔丝的额定电流应与其负荷容量相适应，禁止以大代小或用金属丝代替熔丝。

12）工作前必须做好充分准备，由工作负责人根据要求把安全措施及注意事项向全体人员进行布置，并明确分工，对于患有不适宜工作的疾病者，请长假复工者，缺乏经验的工人及有思想情绪的人员，不能分配其重要技术工作和登高作业。

13）作业人员在工作前不许饮酒，工作中衣着必须穿戴整齐，精神集中，不准擅离职守。

2.2 电气事故种类

1. 电气事故基本原因

触电事故是由电流的能量造成的，是电流对人体的伤害。电流对人体的伤害可分为电击和电伤。电击是电流通过人体内部，破坏人的心脏、神经系统、肺部的正常工作造成的伤害。电伤是电流的热效应、化学效应或机械效应对人体造成的局部伤害。通常所说的触电事故是指电击。

按照人体触及带电体的方式和电流通过人体的途径，触电可分为单相触电、两相触电和跨步电压触电，如图 2-1 所示。

单相触电指人体在地面，人体其他部位触及一相带电体的事故。单相触电事故的危险程度与电网运行方式有关。两相触电指人体两处同时触及两相带电体的触电事故。危险性一般比较大。跨步电压触电指人在接地点附近，由两脚之间的跨步电压引起的触电事故。

当电气设备或带电体发生接地故障，接地电流（也称故障电流）通过接地体向大地流散，以碰地点或接地体为圆心，在地面上半径为 20m 的圆面积内形成分布电位，若人在接地短路点周围行走，其两脚之间（按 0.8m 计算）的电位差称为跨步电压，如图 2-2a 所示的 U_{B1}、U_{B2}，由跨步电压引起的人体触电称为跨步电压触电，导线接地后，不但会形成跨步电压触电，也会产生另一种形式的触点，即接触电压触电，当人触及漏电设备外壳时，电流通过人体和大地形成回路，这时加在人体手和脚之间的电位差即接触电压，如图 2-2a 所示的 U_C 就为接触电压。在电气安全技术中接触电压是以站立在距漏电设备接地点水平距离为 0.8m 的人，手触及的漏电设备外壳距地 1.8m 高时，手脚间的电位差作为衡量基准。由图 2-2 可知，接触电压值的大小取决于人体站立点的位置，若距离接地点越远，则接触电压值越大，当超过

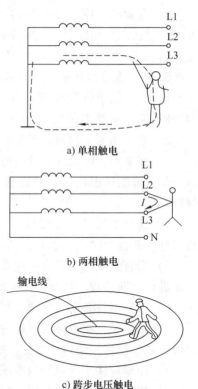

a）单相触电

b）两相触电

输电线

c）跨步电压触电

图 2-1　触电的分类

20m 时，接触电压值最大，等于漏电设备的对地电压，当人体站立在接地点与漏电设备接触时，接触电压为零。

220V 工频电流通过变压器相互隔离的一次、二次绕组后，从二次绕组输出的电压零线不接地，变压器绕组间不漏电时，即相对于大地处于悬浮状态。若人站在地上接触其中一根带电导线，不会构成电流回路，没有触电感觉。变压器悬浮触电原理分析如图 2-2b 所示。

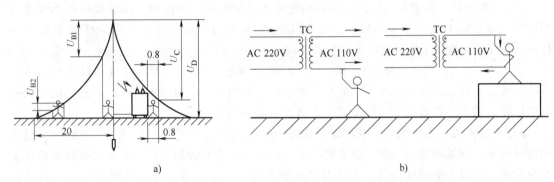

图 2-2　跨步电压触电和变压器悬浮触电原理

如果人体一部分接触二次绕组的一根导线，另一部分接触该绕组的另一根导线，则会造成触电。如音响设备的电子管功率放大器、部分彩色电视机，它们的金属底板是悬浮电路的公共接地点，在接触或检修这类机器的电路时，如果一只手接触电路的高电位点，另一只手接触低电位点，即用人体将电路连通造成触电，这就是悬浮电路触电。在检修这类机器时，一般要求单手操作，特别是电位差比较大时更应如此。

2. 雷电和静电灾害

雷电是大气电，其放电具有电流大、电压高的特点，有极大的破坏力。建筑物及个人都要考虑防雷措施。

静电是生产工艺过程中积累起来的正电荷和负电荷。能量不大，不会直接使人致命，但是，静电可能高达数万伏或更高，可产生静电火花，在石油、化工、粉末加工等场所，必须充分注意静电的危险。

3. 电路故障

电路故障是电能传递、分配、转换失去控制造成的。电气线路或电气设备故障可能影响到人身安全。

2.3　触电事故分析

1. 电流的生理作用及人体电气参数

触电事故是由电流的能量作用于人体而造成的，人体在电流的作用下，防卫能力迅速降低。研究表明，电流通过人体内部，对人体的伤害程度与通过人体的电流大小、持续时间、通过途径、电流频率以及人体状况等多种因素有关，其中电流大小和持续时间起关键作用。电流大小与人体电气参数直接相关。

人体电阻主要由体内电阻和皮肤电阻组成。体内电阻基本上不受外界因素影响，其数值约为 500Ω。皮肤电阻随不同的条件在很大范围内变化，皮肤厚薄、潮湿程度、接触面积、是否有导电性粉尘都能影响到其大小。一般情况下，人体电阻可按 $1000 \sim 3000\Omega$ 考虑。

电流对人体作用的影响因素如下：

（1）电流大小

通过人体电流越大，人体的生理反应越明显，致命的危险性越大。对于工频交流电，按照通过人体电流大小的不同和人体呈现的不同状态，可将电流划分为以下四级：

1）感知电流。能引起人体感觉的最小电流叫感知电流。通过对人体直接进行的大量实验表明，对不同的人、不同的性别，感知电流是不同的。成年男性的平均感知电流约为1.1mA，成年女性的平均感知电流约为0.7mA。

2）反应电流。引起意外的不由自主反应的最小电流叫反应电流。这种预料不到的电流可能导致高空摔跌或其他不幸。因此反应电流可能会给工作人员带来危险，而感知电流则不会造成什么后果。在数值上反应电流一般略大于感知电流。

3）摆脱电流。人触电后，在不需要任何外来帮助的情况下能自主摆脱电源的最小电流叫摆脱电流。摆脱电流是一项十分重要的指标，大量的实验表明，正常人在能摆脱电源所需的时间内，反复经受摆脱电流，不会有严重的不良后果。正常男性的摆脱电流为9mA，正常女性的摆脱电流为6mA。

4）死亡电流。触电后，引起心室纤维颤动概率大于5%的极限电流叫死亡电流。大量的实验表明，当触电电流大于30mA时有发生心室纤维颤动的危险，而心室纤维颤动是引起死亡的最主要的因素。

具体电流对人体的影响见表2-1。

表2-1　不同大小的电流对人体的影响

电流值 /mA	人体的反应	
	交流电（50~60Hz）	直流电
0.6~5	开始有感觉，手轻微颤抖	没有感觉
2~3	手指强烈颤抖	没有感觉
5~7	手部痉挛	感觉痒和热
8~10	手部剧痛，勉强可摆脱电源	热感觉增加
20~35	手迅速剧痛，麻痹，不能摆脱带电体，呼吸困难	热感觉更大，手部轻微痉挛
50~80	呼吸困难，麻痹，心室开始颤动	手部痉挛，呼吸困难
90~100	呼吸麻痹，心室经3s即发生麻痹而停止跳动	呼吸麻痹

（2）电流持续时间的影响

触电时间越长，电流对人体引起的热伤害、化学伤害及生理伤害就越严重。另外，触电时间长，人体电阻因出汗等原因而降低，导致触电电流进一步增加，这也将使触电的危险性进一步增加。

（3）电流流经途径的影响

电流流经人体的途径，对于触电的伤害程度影响很大。电流通过心脏会引起心室纤维颤动，较大的电流还会使心脏停跳；电流通过中枢神经或脊椎时，会引起有关的生理机能失调，如窒息致死等；电流通过脊髓，会使人截瘫；电流通过头部会使人昏迷，若电流较大，会对大脑产生伤害而致死。因此从左手到胸部以及从左手到右脚是最危险的电流途径。从右手到胸部或从右手到脚、从手到手等都是很危险的电流途径，从脚到脚一般危险性就较小，但不等于说没有危险。例如由于跨步电压而造成触电时，开始电流仅通过两脚间，触电后由于双足剧烈痉挛而摔倒，此时电流就会经过其他要害部位，同样会造成严重后果。另一方面即使两脚触电，也会有一部分分流电流流经心脏，这同样会带来危险。

（4）人体电阻的影响

在一定的电压作用下，流经人体的电流大小和人体电阻成反比，因此人体电阻的大小将对触电后果产生一定的影响。体内电阻和皮肤电阻都将对触电后果产生影响，对电击来说，体内电阻的影响最为显著，但皮肤电阻有时却能对电击后果产生一定的抑制作用，而使其转化为电伤。人体皮肤潮湿，表面电阻较小，是电流绝大部分从皮肤表面通过的缘故。夏天多汗，触电时较多出现烧伤事故。

人体电阻的大小和皮肤的状态有关。当皮肤处于干燥、洁净和无损伤时，人体电阻可高达 $40 \sim 100 \mathrm{k\Omega}$；当皮肤处于潮湿状态，如湿手、出汗或受到损伤时，人体电阻会降到 1000Ω 左右。此外，人体电阻还和触电的状态有关，当接触面积加大，接触压力增加时也会降低人体电阻；通过的电流加大，通电的时间加长，会增加发热出汗，或使皮肤炭化，也会降低人体电阻；接触电压增高，会击穿角质层，也会降低人体电阻。

2. 电流频率的影响

电流的频率除了会影响人体电阻外，还会对触电的伤害程度产生直接的影响。$25 \sim 300\mathrm{Hz}$ 的交流电对人体的伤害远大于直流电。同时对交流电来说，当低于或高于以上频率范围时，它的伤害程度就会显著减轻。

3. 人体状况的影响

电流对人体的作用，女性较男性更为敏感，女性的感知电流和摆脱电流约比男性低1/3。由于心室颤动电流约与体重成正比，因此小孩遭受电击较成人危险。另外身体的健康情况与精神状态，对于触电伤害后果有一定的影响，如患有心脏病、神经系统疾病、结核病等病症的人因电击引起的伤害程度要比正常人来得严重。

2.4　触电原因及预防措施

触电包括直接触电和间接触电两种。直接触电是指人体直接接触或过分接近带电体而触电；间接触电指人体触及正常时不带电、只在发生故障时才带电的金属导体。首先分析触电的常见原因，从而提出预防直接触电和间接触电的几项措施。

1. 触电的常见原因

触电的场合不同，引起触电的原因也不同，下面根据在工农业生产、日常生活中发生的不同触电事例，将常见触电原因归纳如下：

（1）线路架设不合规格

室内、外线路对地距离、导线之间的距离小于允许值；通信线、广播线与电力线间隔距离过近或同杆架设；线路绝缘破损；有的地区为节省电线而采用一线一地制送电等。

（2）电气操作制度不严格、不健全

带电操作时没有采取可靠的安全保护措施；不熟悉电路和电器而盲目修理；救护已触电的人时自身未采取安全保护措施；停电检修时未挂警告牌；检修电路和电器时使用不合格的绝缘工具；人体与带电体过分接近又无绝缘措施或屏护措施；在架空线上操作时未在相线上加临时接地线（零线）；无可靠的防高空跌落措施等。

（3）用电设备不合要求

电器设备内部绝缘层损坏，金属外壳又未加保护措施或保护接地线太短、接地电阻太大，开关、闸刀、灯具、携带式电器绝缘外壳破损，失去防护作用；开关、熔断器误装在中性线上，一旦断开，就使整个线路和设备带电。

（4）用电不谨慎

违反布线规程，在室内乱拉电线；随意加大熔断器熔丝的规格；在电线上或电线附近晾晒衣物；在电杆上拴牲口；在电线（特别是高压线）附近打鸟、放风筝；未断开电源就移动家用电器；打扫卫生时，用水冲洗或用湿布擦拭带电电器或线路等。

2. 预防触电的措施

（1）预防直接触电的措施

1）绝缘措施。用绝缘材料将带电体封闭起来的措施叫绝缘措施。良好的绝缘是保证电气设备和线路正常运行的必要条件，是防止触电事故的重要措施。

2）屏护措施。采用屏护装置将带电体与外界隔绝开来，以杜绝不安全因素的措施叫屏护措施。常用的屏护装置有遮栏、护罩、护盖、栅栏等。如常用电器的绝缘外壳、金属网罩、金属外壳、变压器的遮栏、栅栏等都属于屏护装置。凡是金属材料制作的屏护装置，应妥善接地或接零。

3）间距措施。为防止人体触及或过分接近带电体，避免车辆或其他设备碰撞或过分接近带电体，防止火灾、过电压放电及短路事故，以及操作的方便，在带电体与地面之间、带电体与带电体之间、带电体与其他设备之间，均应保持一定的安全间距，叫作间距措施。安全间距的大小取决于电压的高低、设备的类型、安装的方式等因素。导线与建筑物最小距离见表 2-2。

表 2-2　导线与建筑物的最小距离

线路电压/kV	1.0 以下	10.0	35.0
垂直距离/m	2.5	3.0	4.0
水平距离/m	1.0	1.5	3.0

（2）预防间接触电的措施

1）加强绝缘措施。对电气线路或设备采取双重绝缘，加强绝缘或对组合电气设备采用共同绝缘被称为加强绝缘措施。采用加强绝缘措施的线路或设备绝缘牢靠，难于损坏，即使工作绝缘损坏后，还有一层加强绝缘，不易发生带电金属导体裸露而造成间接触电。

2）电气隔离措施。采用隔离变压器或具有同等隔离作用的发电机，使电气线路和设备的带电部分处于悬浮状态叫电气隔离措施。即使该线路或设备工作绝缘损坏，人站在地面上与之接触也不易触电。

应注意的是，被隔离回路的电压不得超过 500V，其带电部分不得与其他电气回路或大地相连，才能保证其隔离要求。

3）自动断电措施。在带电线路或设备上发生触电事故或其他事故（短路、过载、欠电压）时，在规定时间内，能自动切断电源而起保护作用的措施叫自动断电措施。如漏电保护、过电流保护、过电压或欠电压保护、短路保护、接零保护等均属自动断电措施。

（3）安全电压

我国有关标准规定，12V、24V 和 36V 三个电压等级为安全电压级别，不同场所选用的安全电压等级不同。

在湿度大、狭窄、行动不便、周围有大面积接地导体的场所（如金属容器内、矿井内、隧道内等）使用的手提照明灯，应采用 12V 安全电压。

凡手提照明器具、在危险环境或高危险环境的局部照明灯、高度不足 2.5m 的一般照明灯、携带式电动工具等，若无特殊的安全防护装置或安全措施，均应采用 24V 或 36V 安全电压。

3. 接地与接零

（1）接地

电力、电子设备的接地，是保障设备安全、操作人员安全和设备正常运行的必要措施。可以认为，凡是与电网连接的所有仪器设备都应当接地；凡是电力需要到达的地方，就是接地工程需要做到的地方。电气设备的某部分与土壤之间作良好的电气连接，称为接地。与土壤直接接触的金属物体，称为接地体或接地极。接地按用途不同又分为工作接地和保护接地。

1）工作接地。根据电力系统运行的要求而进行的接地（如发电机中性点的接地），称为工作接地，如图 2-3 所示。工作接地有如下作用：

① 减轻高压窜入低压侧的危险，配电变压器中存在高压窜入低压侧的可能性。一旦高压窜入低压侧，整个低压系统都将带上非常危险的对地电压。有了工作接地，就能稳定低压电网的对地电压，高压窜入低压侧时将低压系统的对地电压限制在规定的 120V 以下。

② 减轻低压一相接地时的触电危险。在中性点不接地系统中，一相接地时，导线和地面之间存在电容和绝缘电阻，可构成电流的通路，但由于阻抗很大，以致

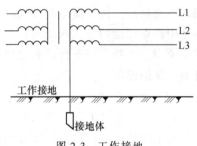

图 2-3　工作接地

接地电流很小，不足以使保护装置动作而切断电源。所以接地故障不易被发现，可能长时间存在。而在中性点接地的系统中，一相接地后的接地电流较大，接近单相短路，保护装置迅速动作，断开故障点。

我国的 220/380V 低压配电系统，都采用中性点直接接地的运行方式。工作接地是保证低压电网正常运行的主要安全设施。工作接地电阻必须不大于 4Ω。

2）保护接地。将电气装置的金属外壳和构架与接地装置作电气连接，因为它对间接接触电有防护作用，所以称作保护接地。由于绝缘破坏或其他原因而可能呈现危险电压的金属部分，都应采取保护接地措施。如电动机、变压器、开关设备、照明器具及其他电气设备的金属外壳都应采取保护接地措施。一般低压系统中，保护接地电阻应小于 4Ω，如图 2-4 所示，保护接地是中性点不接地系统的主要安全措施。

当设备的绝缘损坏（如电动机某一相绕组的绝缘受损）而使外壳带电，且外壳没有保护接地的情况下，人体一旦触及外壳就相当于单相触电，这时接地电流 I_e 的大小取决于人体电阻 R_b 和线路绝缘电阻 R_0，当系统的绝缘性能下降时，就有触电的危险，如图 2-5 所示。

如果设备的绝缘损坏（如电动机某一相绕组的绝缘受损）而使外壳带电，在外壳已进行保护接地的情况下，若人体触及外壳，由于人体电阻 R_b 与接地电阻 R_e 并联，通常接地电阻远远小于人体电阻，通过人体的电流很小，不会有危险，如图 2-6 所示。

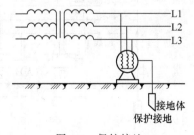

图 2-4　保护接地

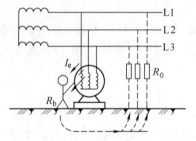

图 2-5　没有保护接地时的触电危险

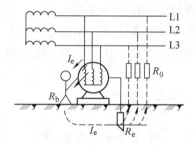

图 2-6　有保护接地时的触电危险

（2）保护接零

保护接零就是将电气设备在正常情况下不带电的金属部分与电网的零线（或中性线）紧密连接起来，如图 2-7 所示。当电动机某一相绕组因绝缘损坏而与外壳相接时，就形成相应电源相线与零线的直接短路。很大的短路电流（通常可以达到数百安）使电路上的保护装置迅速动作，例如使熔断器烧断或使断路器跳闸，从而及时切断电源，使外壳不再带电。它是中性点接地的三相四线制和三相五线制低压配电网采取的最主要的安全措施。在保护接零系统中，零线回路不允许装设熔断器和开关，以防止零线断线。对中性点不接地系统，不可采用保护接零。

（3）重复接地

在保护接零的电气设备的外壳带电时，相线和零线形成回路，设备的对地电压较高，为了改善上述情况，在设备接零处再加一接地装置，如图 2-8 所示，这种加一接地装置的措施叫重复接地。有重复接地，在设备外壳碰电时，外壳电压较低，无危险；另外，在零线断开时可减轻触电危险。如图 2-9a 所示，甲设备外壳碰电，零线某处断开，甲、乙设备外壳电

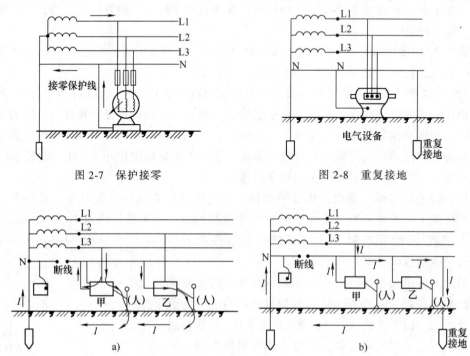

图 2-7　保护接零　　　　　　　　　　图 2-8　重复接地

图 2-9　重复接地的作用

压较高，如果有重复接地装置，如图 2-9b 所示，甲、乙设备外壳电压都较低。注意，避免又保护接零，又保护接地。

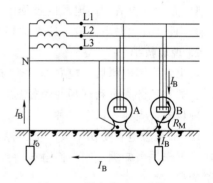

图 2-10　设备接地和不接地

在接零系统中应避免部分设备采用保护接零，另一些设备采用保护接地。因为如果某设备外壳接地，当发生外壳碰电，这样与接零系统形成电流，而电流可能不会使熔断器的熔丝熔断。零线对地电压升高，产生触电危险。如图 2-10 所示，B 设备外壳碰电，相线通过设备外壳、大地到中性点形成电流 I_B，零线 N 的电压升高。

2.5　触电急救

触电事故总是突然发生的，情况危急，刻不容缓，现场人员必须当机立断，用最快的速度、以正确的方法，首先使触电者脱离电源，然后立即进行现场救护。只要方法得当，坚持不懈，多数触电者可以"起死回生"。因此，每个电气工作者和其他有关人员必须熟练掌握触电急救方法。

1. 脱离电源

触电急救首先要使触电者迅速脱离电源。触电时间越长，触电者的危险性越大。下面介绍使触电者脱离电源的几种方法，可根据具体情况，选择采用。

（1）脱离低压电源

如果开关距救护人较近，应迅速拉开开关，切断电源。如果开关距救护人较远，可用绝缘电工钳或有干燥木柄的刀、斧等将电源切断，但要防止带电导线断落触及人体。如果导线搭落在触电者身上或压在身下，可用干燥的木棒、竹竿等挑开导线，或用干燥的绝缘绳套拉导线或触电者，使其脱离电源。如果触电者的衣服是干燥的，且导线并非紧缠在其身上，救护人可站在干燥的木板上用一只手拉住触电者的不贴身衣服将其拉离电源。如果人在高空触电，还必须采用安全措施，以防电源断开后，触电者从高空摔下致残或致死。

（2）脱离高压电源

抢救高压触电者脱离电源与低压触电者脱离电源的方法大为不同，主要区别在于：高电压，一般绝缘物对抢救者不能保证安全；电源开关远，不易切断电源；电源保护装置灵敏度比低压高。为此，脱离电源的方法不同。

1）立即通知有关部门停电。

2）戴上绝缘手套、穿上绝缘靴，拉开高压断路器；用相应电压等级的绝缘工具拉开高压跌落开关，切断电源。

3）抛掷裸金属软导线，造成线路短路，迫使保护装置动作，切断电源。但应保证抛掷导线不触及人体。

注意事项如下：

1）救护人不得用金属和其他潮湿的物品作救护工具。

2）未采取任何绝缘措施，救护人不得直接触及触电者的皮肤和潮湿衣服。

3）在使触电者脱离电源的过程中，救护人最好用一只手操作，以防触电。

4）夜晚发生触电事故，应考虑切断电源后的临时照明，以利救护。

2. 现场救护

触电者脱离电源后，应立即就近移至干燥、通风的地方，分清情况迅速进行现场急救。同时，通知医务人员到现场并做好送往医院的准备工作。

现场救护大体有以下三种情况：

1）如果触电者受伤不太严重，神志清醒，只是有些心慌、四肢发麻、全身无力，一度昏迷，但未失去知觉，则应使触电者静卧休息，不要走动。严密观察，同时请医生前来或送医院治疗。

2）如果触电者失去知觉，但呼吸与心跳正常，应使其舒适平卧，四周不要围人，保持空气流通，可解开衣服，以利呼吸。天冷时要注意保暖。同时立即请医生前来或送医院治疗。

3）如果触电者呈现假死症状，即呼吸停止，应立即进行人工呼吸；心脏停跳，应立即进行胸外心脏按压；当触电者呼吸和心脏跳动均已停止，应立即进行人工呼吸和胸外心脏按压。现场抢救工作应做到医生到来前不等待，送医院中途不中断，否则触电者会很快死亡。

现场抢救中特别是触电者出现假死的情况，人工呼吸和胸外心脏按压是现场救护的主要方法，任何药物不能代替。另外，对触电者用药或注射针剂，必须由有经验的医生诊断后确定，要慎重使用。

3. 人工呼吸法和胸外心脏按压法

呼吸和心脏跳动是人存活的基本表征。正常的呼吸是由呼吸中枢神经支配的，由于肺的扩张和缩小，吸入氧气，排出二氧化碳，维持机体的正常生理功能。呼吸一旦停止，机体不能建立正常的气体交换，最后导致人的死亡。人工呼吸法是采用人工机械的强制作用维持气体交换并恢复正常呼吸。

心脏是血液循环的发动机。正常的心脏跳动是一种自主行为，同时受交感神经、副交感神经及体液的调节。由于心脏的收缩和舒张，把氧气和养料输送给机体，并把机体的二氧化碳和废料带回。心脏一旦停止跳动，血液循环停止，机体因缺乏氧气和养料而丧失正常功能，最后导致死亡。体外心脏按压法是采用人工机械的强制作用维持血液循环，并逐步过渡到正常的心脏跳动。

（1）口对口（或口对鼻）人工呼吸法

如果触电者伤害较严重，失去知觉，停止呼吸，但心脏有微弱跳动时，应采用口对口人工呼吸法。具体做法如下：

1）迅速解开触电者的衣服、裤带，松开其上身的紧身衣、护胸罩和围巾等，使其胸部能自由扩张，不妨碍呼吸。

2）使触电者仰卧，不垫枕头，头先侧向一边，清除其口腔内的血块、假牙及其他异物等。如其舌根下陷，应将舌头拉出，使呼吸畅通。如触电者牙关紧闭，救护人员应以双手托住其下巴骨的后角处，大拇指放在下巴角的边缘，用手持下巴骨慢慢向前推移，使下牙移到上牙之前，也可用开口钳、小木片、金属片等，小心地从口角伸入牙缝撬开牙齿，清除口腔异物。然后将其头部扳正，使之尽量后仰，鼻孔朝天，使呼吸畅通。

3）救护人位于触电者头部的左边或右边，用一只手捏紧鼻孔，不要漏气；另一只手将其下巴拉向前下方，使其嘴巴张开，嘴上可盖一层纱布，准备接受吹气。

　　4）救护人员做深呼吸后，紧贴触电者的嘴巴，向他大口吹气，如图 2-11a 所示。同时观察触电者胸部隆起程度，一般应以胸部略有起伏为宜。胸部起伏过大，说明吹气太多，容易吹破肺泡。胸部无起伏或起伏太小，则吹气不足，应适当加大吹气量。

　　5）救护人吹气至需要换气时，应立即离开触电者的嘴巴，并放松紧捏的鼻子，让其自由排气，如图 2-11b 所示，这时应注意观察触电者胸部的复原情况，倾听口鼻处有无呼气声，从而检查呼吸是否阻塞。

　　6）按照上述要求对触电者反复地吹气、换气，每分钟约 12 次。对幼儿施行此法时，鼻子不必捏紧，可任其漏气，且吹气不能过猛，以免肺泡胀破。

　　（2）人工胸外按压心脏法

　　人工胸外按压心脏的具体操作步骤如下：

　　1）解开触电者的衣裤，清除口腔内异物，使其胸部能自由扩张。

　　2）使触电者仰卧，姿势与口对口人工呼吸法相同，但背部着地处的地面必须牢固，如硬地或木板之类。

　　3）救护人员位于触电者一边，最好是跨腰跪在触电者的腰部，将一只手的掌根放在

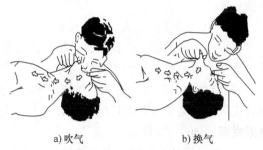

a）吹气　　　　　b）换气

图 2-11　口对口人工呼吸法

心窝稍高一点的地方（掌根放在胸骨的下 1/3 部位），中指指尖对准领根凹膛下边缘，另一只手压在那只手的手背上呈两手交叠状（对儿童可用一只手）。

　　4）救护人员找到触电者的正确压点，自上而下，垂直均衡地用力向下按压，压出心脏里面的血液，如图 2-12a 所示。对儿童用力要适当小一些。

　　5）按压后，迅速放松（但手掌不要离开胸部）。使触电者胸部自动复原，心脏扩张，血液又回到心脏里来，如图 2-12b 所示。

　　按照上述方法反复地对触电者的心脏进行按压和放松，每分钟约 60 次。按压时定位要准确，用力要适当。不可用力过猛，以免将胃肠中食物也按压出来，堵塞气管，影响呼吸，或折断肋骨，损伤内脏；又不可用力过小，达不到按压血流的作用。

　　在施行人工呼吸和心脏按压时，救护人员应密切观察触电者的反应，只要发现触电

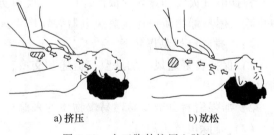

a）挤压　　　　　b）放松

图 2-12　人工胸外按压心脏法

者有苏醒征兆，如眼皮微动或嘴唇微动，就应中止操作几秒钟，以让触电者自行呼吸和心跳。

　　施行人工呼吸和心脏按压，对救护人员来说是非常劳累的，但必须坚持不懈，直到触电者苏醒或医务人员前来救治为止。只有医生才有权宣布触电者真正死亡。事实说明，只要正确地坚持施行人工救治，触电假死的人被抢救复活的可能性是非常大的。

2.6　电气装置的防火和防爆

　　工业企业电气设备的绝缘，大部分是采用易燃物质组成的，在运行中导体通过电流要发

热，开关切断电流要产生火花，由于短路事故等原因要产生电弧，而将周围的易燃物质引燃，从而发生火灾或爆炸。

1. 电气火灾和爆炸的原因

发生电气火灾和爆炸要具备两个条件：首先要有可燃物，其次要有引燃条件。

（1）易燃易爆环境

在各类生产和生活场所中，广泛存在着可燃易爆物质，其中石油、煤炭、化工和军工等工业生产部门尤为突出。火药等一些物质接触到火源即可引起爆炸；纺织工业和食品工业生产场所的可燃气体、粉尘或纤维一类物质，接触火源就会燃烧，与空气混合，形成爆炸性混合物。

（2）电气设备产生火花和高温的原因

在生产场所的动力、控制、保护、测量等系统中，各种电气设备和线路在正常工作或事故中常会产生电弧火花和危险的高温。

1）有些电气设备在正常工作情况下就能产生火花、电弧和高温。开关电器开合、运行中的直流电机电刷与集电环间等总有或大或小的火花；电焊机就是靠电弧工作的；碘钨灯管壁温度高达 500~700℃ 。

2）电气设备和线路，由于绝缘老化或绝缘损伤，导致相间短路或对地短路，从而产生火花、电弧或高温。

3）雷电过电压、内部过电压和静电也会引起火花或电弧。

（3）发生电气火灾与爆炸的条件

如果在生产场所或生活场所中存在可燃易爆物质，当空气中的含量超过其危险浓度，或在电气设备和线路正常或事故状态下产生的火花、电弧或危险高温的作用下，就会造成电气火灾和爆炸。

2. 电气火灾和防爆的措施

根据电气火灾和爆炸形成的原因，防火和防爆措施应是改善环境条件，设法从场所空气中排除易燃易爆物质，还应避免电器装置产生火灾和爆炸的火源。

（1）排除易燃易爆物质

1）保持良好通风，加速空气流通和交换，将粉尘浓度限制在不会发生火灾和爆炸的范围内。

2）加强密封，减少易燃易爆物质的来源。

（2）排除电气火源

在设计、安装电器装置时，应采取以下措施排除电气火源：

1）正常运行时能够产生火花、电弧和危险高温的电器装置应放在非易燃易爆的场所。在火灾和爆炸危险的场所，应少用或不用携带式电气设备。

2）火灾和爆炸危险场所的电气设备，应根据危险场所的等级合理选择电气设备的种类，以适应场所的条件和要求。

3）在爆炸危险场所，绝缘线应敷设在钢管内，严禁明敷。

4）在火灾危险场所，应采用无延燃性外层的电缆和无延燃性护套的绝缘导线，用钢管或塑料管敷设。

5）正确选用保护装置，以便在严重过负荷或发生事故的情况下，准确、及时地将设备切除。

6) 突然停电有可能引起电气火灾或爆炸的场所,应有两路及以上的电源供电。

7) 爆炸和火灾危险场所内的电气设备的金属外壳要可靠接地,以便发生碰壳接地短路时迅速切断电源。

(3) 土建和其他方面的措施

在土建和其他方面采取以下措施以防止火灾扩大并保护人身安全:

1) 变配电装置室等建筑的耐火等级不应低于二级,且变压器与多油开关室应为一级。

2) 变配电装置室等建筑的门及有爆炸、火灾危险的门,均应向外开启。

3) 室内装设的充油电气设备,单台总油量 60kg 以下时,一般安装在有隔离板的间隔内;总油量为 60~600kg 时,应安装在有防爆隔离墙的间隔内;总油量超过 600kg 时,应安装在单独的防爆间内。

4) 油量为 2500kg 以上的室外油浸变压器,彼此间无防火墙时,其防火净距不应小于 10m。

5) 爆炸和火灾危险场所的地面用耐火材料铺设,对爆炸和火灾危险场所的房间应采取隔热和遮阳措施。

(4) 扑灭电气火灾的常识

电气火灾对国家和人民生命有很大威胁,因此,应以预防为主,防患于未然。同时,还要做好扑灭电气火灾的充分准备。

1) 电气火灾的特点。电气火灾与一般火灾相比,有两个突出特点:

① 着火后电器装置可能仍然带电,并且电气绝缘损坏或带电导线断落等接地短路事故发生时,一定范围内存在危险的接触电压和跨步电压,灭火时要注意安全。

② 充油电气设备如变压器、油开关等,受热后可能喷油,甚至爆炸,造成火灾蔓延并危及救火人员的安全。所以,对于扑灭电气火灾,应根据电器装置的具体情况,做一些特殊的规定。

2) 灭火前的电源处理。发生电气火灾时,为防人员触电,应尽可能先切断电源,而后再扑救。切断电源时应注意以下几点:

① 停电时,应按规定进行操作,严防带负荷拉刀开关。火场的开关电器,其绝缘可能降低或破坏,因此,操作时应戴绝缘手套、穿绝缘鞋并使用相应等级的绝缘工具。

② 切断带电线路导线时,切断点应选择在电源侧的支持物附近,以防导线断落后触及人体或短路。

③ 夜间发生电气火灾,切断电源,要考虑临时照明,以利扑救。

④ 需要电力部门切断电源时,应迅速用电话联系,说明情况。切断电源后的电气火灾,多数情况下可按一般火灾扑救。

3) 不切断电源灭火的安全保护措施。

① 扑救人员及使用的导电消防器材与带电部分应保持足够的安全距离。

② 高压电气设备或线路发生接地时,在室内,扑救人员不得进入距故障点 4m 以内,在室外,不得进入距故障点 8m 以内。否则,扑救人员应穿绝缘鞋、戴绝缘手套。

③ 扑救架空线路的火灾时,人体与带电导线的仰角不应大于 45°,并应站在线路外侧,以防导线断落后触及人体。

④ 使用水枪带电灭火时，扑救人员应穿绝缘鞋、戴绝缘手套并将水枪的金属喷嘴接地。

⑤ 应使用不导电的灭火剂和化学干粉灭火剂，如二氧化碳、四氯化碳、二氟一氯一溴甲烷（简称1211）。因泡沫灭火剂导电，在带电灭火时禁止使用。

4）充油电气设备的灭火措施。充油电气设备着火时，应立即切断电源，然后灭火。备有事故储油池时，应设法将油泄放入储油池，池内的油火可用干砂和灭火剂扑灭。地面上的油火不得用水喷射，以防油火蔓延扩大。

2.7 防雷常识

雷击是一种自然现象，它往往威胁着人们的生产和生活安全。人们通过长期对雷电的探索研究，找出了它的活动规律，也研究出了一系列防雷措施。

1. 雷电的形成与活动规律

闪电和雷鸣是大气层中强烈的放电现象。在云块的形成过程中，由于摩擦和其他原因，有些云块可能积累正电荷，另一些云块又可能积累负电荷，随着云块间正、负电荷的分别积累，云块间的电场越来越强，电压也越来越高。当这个电压高达一定值或带异种电荷的云块接近到一定距离时，会将其间的空气击穿，发生强烈放电。云块间的空气被击穿电离发出耀眼闪光，形成闪电。空气被击穿时受高热而急剧膨胀，发出爆炸的轰鸣，形成雷声。人们在长期的生产实践和科学实验中，逐步认识和总结出了雷电活动的规律。在我国，雷电发生的总趋势是，南方比北方多，山区比平原多，陆地比海洋多，热而潮湿的地方比冷而干燥的地方多，夏季比其他季节多。在同一地区，凡是电场分布不均匀的、导电性能较好容易感应出电荷的以及云层容易接近的区域，更容易产生雷电而导致雷击。

具体地说，下列物体或地点容易受到雷击：

1）空旷地区的孤立物体、高于20m的建筑物或构筑物，如宝塔、水塔、烟囱、天线、旗杆、尖形屋顶、输电线路杆塔等。

2）烟囱冒出的热气（含有大量导电质点、游离态分子）、排出导电尘埃的厂房、排废气的管道和地下水出口。

3）金属结构的屋面，砖木结构的建筑物或构筑物。

4）特别潮湿的建筑物、露天放置的金属物。

5）金属的矿床、河岸、山坡与稻田接壤的地区、土壤电阻率小的地区、土壤电阻率变化大的地区。

6）山谷风口处，在山顶行走的人畜。

上述这些容易受雷击的物体或地点，在雷雨时应特别注意。

2. 雷电的种类与危害

（1）雷电的种类

1）直击雷：雷云离大地较近，附近又没有带异种电荷的其他雷云与之中和，这时带有大量电荷的雷云与地面凸出部分将产生静电感应，在地面凸出部分感应出大量异性电荷而形成强电场，当其间的电压高达一定值时，将发生雷云与地面凸出部分之间的放电，这就是直击雷。

2）感应雷：感应雷分为静电感应雷和电磁感应雷两种。静电感应雷是由于雷云接近地面，先在地面凸出物顶部感应出大量异性电荷；当雷云与其他雷云或物体放电后，地面凸出物顶部的感应电荷失去束缚，以雷电波的形式从凸出部分沿地面极快地向外传播，在一定时间和部位发生强烈放电，形成静电感应雷。电磁感应雷是在发生雷电时，巨大的雷电流在周围空间产生迅速变化的强大磁场，这种变化的强磁场在附近的金属导体上感应出很高的冲击电压，使其在金属回路的断口处发生放电而引起强烈的火光和爆炸。

3）球形雷是一种很轻的火球，能发出极亮的白光或红光，通常以 2m/s 左右的速度从门、窗、烟囱等通道侵入室内，当它触及人畜或其他物体时发生爆炸或燃烧而造成伤害。

4）雷电侵入波是雷击时在架空线或空中金属管道上产生的高压冲击波，沿着线路或管道侵入室内，危及人畜和设备安全。

（2）雷电的危害

地面附近的雷云，电场强度高达 5~300kV/m，电位高达数十到数十万千伏，放电电流为数十到数百千安，而放电时间只有 0.00015~0.001s。可见雷电的电场特别强，电压特别高，电流特别大，在极短的时间释放出巨大能量，其破坏作用无疑是相当严重的。雷电的危害大致有以下四个方面：

1）电磁性质的破坏。发生雷击时，可产生高达数百万伏的高压冲击波，还可在导线或金属物体上感应出几万乃至几十万伏的特高电压，这种特高电压足以破坏电气设备和导线的绝缘层使其烧毁，或在金属物体的间隙及连接松动处形成火花放电，引起爆炸，或者形成雷电侵入波侵入室内危及人畜或设备安全。

2）热性质的破坏。强大的雷电流在极短的作用时间内，转换成强大的热能，足以使金属熔化、飞溅、树木烧焦。如果击中易燃品或房屋，还将引起火灾。

3）机械性质的破坏。当雷电击中树木、电杆等物体时，被击物缝隙中的气体，受高热急剧膨胀，其中的水分又因受热而急剧蒸发，产生大量气体，造成被击物体的破坏和爆炸。

此外，由于电流变化极大，同性电荷之间强大的静电斥力、同方向电流之间的电磁吸力也有很强的破坏作用，雷击时产生的冲击气浪也将对附近的物体造成破坏。

4）跨步电压破坏。雷电电流通过接地装置或地面雷击点向周围土壤中扩散时，在土壤电阻的作用下，向周围形成电压降，此时若有人畜在该区域站立或行走，将受到雷电跨步电压伤害。

（3）防雷常识

1）为了避免避雷针上雷电的高电压通过接地体传到输电线路而引入室内，避雷针接地体与输电线路接地体在地下至少应相距 10m。

2）为防止感应雷和雷电侵入波沿架空线进入室内，应将进户线最后一根支承物上的绝缘子铁脚可靠接地，在进户线最后一根电杆上的中性线应加重复接地。

3）雷雨时在野外不要穿湿衣服；雨伞不要举得过高，特别是有金属柄的雨伞；若有几个人同路时，要相距几米远分散避雷，不得手拉手聚在一起。

4）躲避雷雨应选择有屏蔽作用的建筑或物体，如金属箱体、汽车、电车、混凝土房屋等。不能站在孤立的大树、电杆、烟囱和高墙下，不要乘坐敞篷车或骑自行车，因这些物体容易受直击雷轰击。

5）雷雨时不要停留在易受雷击的地方，如山顶、湖泊、河边、沼泽地、游泳池等；在野外遇到雷雨时，应蹲在低洼处或躲在避雷针保护范围内。

6）雷雨时，在室内应关好门窗，以防球形雷飘入；不要站在窗前或阳台上，也不要停留在有烟囱的灶前。应离开电力线、电话线、水管、煤气管、暖气管、天线馈线 1.5m 以外；不要洗澡、洗头，应离开厨房、浴室等潮湿的场所。

7）雷雨时，不要使用家用电器，应将电器的电源插头拔下，以免雷电沿电线侵入电器内部损伤绝缘，击毁电器，甚至使人触电。

8）对未装避雷装置的天线，应抛出户外或干脆与地线短接。

9）如果有人遭到雷击，切不可惊慌失措，应迅速而冷静地处理。受雷击者即使不省人事，心跳、呼吸都已停止，也不一定是死亡，应不失时机地进行人工呼吸和胸外心脏按压，并尽快送往医院救治。

第3章 电工工程基本技能

本章主要讲述电工工程安装的基本技能，为电工工程技能实训奠定基础，首先讲述了常用电工材料的组成和选用，以及电工工具的使用方法，接着讲述了导线和母线的连接，这对提高劳动生产率和安全具有重大作用。

3.1 常用材料

1. 常用电工材料

（1）铜

铜的导电性能良好，电阻率为 $1.7241 \times 10^{-8} \Omega \cdot m$。在常温下有足够的机械强度，具有良好的延展性，便于加工。化学性能稳定，不易氧化和腐蚀，容易焊接。导电用铜为含铜量大于 99.9% 的工业纯铜。电机、变压器上使用的纯铜俗称紫铜，含铜量为 99.5% ~ 99.95%。其中硬铜做导电零部件，软铜做电机、电器等的线圈。影响铜性能的因素主要有杂质、冷变形、温度和耐蚀性等。

（2）铝

铝的导电性能稍次于铜，电阻率为 $2.864 \times 10^{-8} \Omega \cdot m$。铝的导热性及耐蚀性好，易于加工。铝的机械强度比铜低，但密度比铜小，而且资源丰富、价格低廉，是目前推广使用的导电材料。目前，架空线路、动力线路、照明线路、汇流排、变压器和中小型电机线圈都已广泛使用铝线。铝的唯一不足之处是焊接工艺比较复杂。影响铝性能的因素主要有杂质、冷变形、温度和耐蚀性等。

（3）电线电缆

电线电缆一般由线芯、绝缘层、保护层三部分组成。

1）裸导线和裸导体制品。主要有圆线、软接线、型线、裸绞线等。圆线有硬圆铜线（TY）、软圆铜线（TR）、硬圆铝线（LY）、软圆铝线（LR）。软接线有裸铜电刷线（TS）、软裸铜编织线（TRZ）、软铜编织蓄电池线（QC）。型线有扁线（TBY、TBR、LBY、LBR）、铜带（TDY、TDR）、铜排（TPT）、钢铝电车线（GLC）、铝合金电车线（HLC）。裸绞线有铝绞线（LJ）、铝包钢绞线（GLJ）、铝合金绞线（HLJ）、钢芯铝绞线（LGJ）、铝合金钢绞线（HLGJ）、防腐钢芯铝绞线（LGJF）、特殊用途绞线等。

2）电磁线。常用的电磁线有漆包线和绕包线两类。漆包线有 QQ、QZ、QX、QY 等系列，绕包线有 Z、Y、SBE、QZSB 等系列。电磁线的选用一般应考虑耐热性、空间因素、力学性能、电性能、相容性、环境条件等因素。耐高温的漆包线将成为电磁线的主要品种。

3）电气装备用电线电缆。包括通用电线电缆、电机电器用电线电缆、仪器仪表用电线电缆、信号控制用电线电缆、交通运输用电线电缆、地质勘探用电线电缆、直流高压软电缆等。通用绝缘电线有 BX、BV 系列，通用绝缘软线有 RV、RF、RX 系列，通用橡套电缆有

YQ、YZ、YC 系列。电机电器用电线电缆有 J 系列引接线（JB），YH 系列电焊机用电缆，YHS 系列潜水电机用防水橡套电缆。

（4）电热材料

电热材料用来制造各种电阻加热设备中的发热元件。要求电阻率高、加工性能好、有足够的机械强度和良好的抗氧化性能，能长期处于高温状态下工作。常用的电热材料有镍铬合金 Cr20Ni80、Cr15Ni60，铁铬铝合金 1Cr13Al4、0Cr13Al6Mo2、0Cr25A15、0Cr27A17Mo2 等。

（5）电碳制品

电机用电刷主要有石墨电刷（S）、电化石墨电刷（D）、金属石墨电刷（J）。电刷选用时主要考虑：接触电压降、摩擦系数、电流密度、圆周速度、施于电刷上的单位压力。其他电碳制品还有碳滑板和滑块、碳和石墨触头、各种电板碳棒子、各种碳电阻片柱、通信用送话器碳砂等。

2. 常用绝缘材料

绝缘材料又称电介质。绝缘材料的电阻率（$R = \rho \dfrac{L}{S}$）极高，电导率极低。影响绝缘材料电导率的因素主要有杂质、温度和湿度。绝缘材料受潮后，绝缘电阻会显著下降，介电系数会显著增大。为了提高设备的绝缘强度，必须避免在固体电介质中存在气泡和受潮。为了提高沿面闪络电压，必须保持固体绝缘表面的清洁和干燥。促使绝缘材料老化的主要原因，在低压设备中是过热，在高压设备中是局部放电。绝缘材料的耐热等级，按最高允许工作温度分为 Y、A、E、B、F、H、C 七级，最高允许工作温度分别为 90℃、105℃、120℃、130℃、150℃、180℃、>180℃。常用绝缘材料如下：

（1）绝缘漆

绝缘漆包括浸渍漆和涂覆漆两大类。浸渍漆分为有溶剂浸渍漆和无溶剂浸渍漆两种。涂覆漆包括覆盖漆、硅钢片漆、漆包线漆、防电晕漆等。

（2）绝缘胶

常用的绝缘胶有黄电缆胶 1810，黑电缆胶 1811、1812，环氧电缆胶，环氧树脂胶 630，环氧聚酯胶 631，聚酯胶 132、133 等。

（3）绝缘油

绝缘油有天然矿物油、天然植物和合成油。天然矿物油有变压器油 DB 系列、开关油 DV 系列、电容器油 DD 系列、电缆油 DL 系列等。天然植物油有蓖麻油、大豆油等。合成油有氯化联苯、甲基硅油、苯甲基硅油等。实践证明，空气中的氧和温度是引起绝缘油老化的主要因素，而许多金属对绝缘油的老化起催化作用。

（4）绝缘制品

绝缘制品种类繁多，主要有绝缘纤维制品、浸渍纤维制品、绝缘层压制品、电工用塑料、云母制品和石棉制品、绝缘薄膜及其复合制品、电工玻璃与陶瓷、电工橡胶及电工绝缘包扎带等。

3. 常用磁性材料

（1）电工用纯铁

电工用纯铁具有优良的软磁特性，但电阻率低。电工用纯铁为 DT 系列。

（2）硅钢片

　　硅钢片为软磁材料，磁导率高、铁损耗小。常用的有热轧硅钢片 DR 系列、冷轧无取向硅钢片 DW 系列、冷轧有取向硅钢片 DQ 系列。

　　（3）铝镍钴合金

　　铝镍钴合金是硬磁材料，剩磁和矫顽力都较大，结构稳定、性能可靠。可分为各向同性系列、热处理各向异性系列、定向结晶各向异性系列等三大系列，主要用来制造各种永久磁铁。

　　（4）铁氧体材料

　　铁氧体由陶瓷工艺制作而成，硬而脆、不耐冲击、不易加工，是内部以 Fe_2O_3 为主要成分的软磁性材料。适用于 $100kHz \sim 500MHz$ 的高频磁场中导磁，可作为中频变压器、高频变压器、脉冲变压器、开关电源变压器、高频电焊变压器、高频扼流圈、中波与短波天线的导磁材料。

　　（5）硬磁性材料

　　又称永磁材料，具有较强的剩磁和矫顽力。在外加磁场撤去后仍能保留较强剩磁。按其制造工艺及应用特点可分为铸造铝镍钴系永磁材料、粉末烧结铝镍钴系永磁材料、铁氧体永磁材料、稀土钴系永磁材料、塑性变形永磁材料五类。

　　铸造铝镍钴系和粉末烧结铝镍钴系永磁材料多用于磁电式仪表、永磁电机、微电机、扬声器、里程表、速度表、流量表等内部的导磁材料；铁氧体永磁材料可用于制作永磁电机、磁分离器、扬声器、受话器、磁控管等内部的导磁元件；稀土钴系永磁材料可用于制作力矩电机、起动电机、大型发电机、传感器、拾音器及医疗设备等的磁性元件；塑性变形永磁材料可用于制作罗盘、里程表、微电机、继电器等内部的磁性元件。

　　4. 电机常用轴承及润滑脂

　　（1）电机常用轴承

　　中小型电机所用轴承大多是普通的滚动轴承。选用轴承的基本依据是承受载荷的大小和性质、转速的高低、支承刚度和结构状况。一般以径向载荷为主，轴向载荷较小、转速较高时选用向心球轴承；径向载荷大、无轴向载荷、转速较低时选用向心滚柱轴承；同时承受较大的径向、轴向载荷时选用向心推力轴承；只承受轴向载荷时选用推力轴承。

　　（2）常用润滑脂

　　常用的钙基润滑脂 ZG 系列，耐水性好，耐热性差，用于 $55 \sim 60℃$ 封闭式电机的轴承润滑；钠基润滑脂 ZN 系列，耐热性好，耐水性差，用于温度较高、环境不潮湿的开启式电机；钙钠基润滑脂 ZGN 系列，用于 $80 \sim 100℃$ 较潮湿环境的电机；石墨钙基润滑脂 ZG-S 系列，耐磨性、耐压性、耐水性都较好，适用于 60℃ 以下粗糙、重载的摩擦部位润滑；锂基润滑脂 ZL 系列，是具有良好的抗水性、耐热性，良好的机械与化学稳定性的通用长寿命润滑脂，适用于高温、高速且与水接触的电机润滑；复合钙基润滑脂 ZFG 系列，耐热性好，滴点高，有一定抗水性，适用于高温、较高转速、有较重水分场合的封闭式电机的滚动轴承；二硫化钼润滑脂，适用于负载特别重、转速又很高的轴承润滑；铝基润滑脂 ZU 系列，有良好的抗水性和防护性，耐热性差、滴点低，适用于常温下工作在有严重水分场台的电机润滑。

3.2　常用电工工具

　　电工工具是电气操作人员使用的工具，选用合格的工具，正确使用工具，有助于电气操作人员高效、安全地工作，因而每一个电气操作人员必须掌握常用电工工具的结构、性能和正确的使用方法。

常用电工工具是指一般专业电工都要使用的工具。

1. 验电器

验电器是检验线路和电气设备是否带电的一种常用电工工具，分高压验电器和低压验电器两大类。

（1）低压验电器

低压验电器又称测电笔（简称电笔），有钢笔式和螺钉旋具式（又称螺丝刀式）两种，如图 3-1 所示。

a) 钢笔式低压验电笔   b) 螺钉旋具式低压验电笔

图 3-1 低压验电笔

使用低压验电器时，必须按照如图 3-2 所示的正确方法握住。注意手指必须接触笔尾的金属体（钢笔式）或测电笔顶部的金属螺钉（螺钉旋具式），使电流由被测带电体和人体与大地构成回路。只要被测带电体与大地之间电压超过 60V，氖管就会启辉发光，观察时应将氖管窗口背光朝着自己。一般低压测电笔检测电压的范围为 60～500V。

低压验电器的使用方法如下：

1）用低压验电器分别测试交流电源的相线和零线。观察氖管的发光情况，正常情况下，氖管发光时测试的是相线，测试零线时，氖管是不会发光的。

2）用低压验电器区分直流电与交流电。分别用低压验电器测试直流电源和交流电源，可以观察到，当交流电通过验电器时，氖管里两个极同时发光；直流电通过验电器时，氖管里两个极只有一个发光。

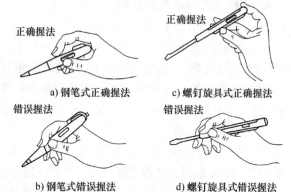

正确握法   正确握法

a) 钢笔式正确握法   c) 螺钉旋具式正确握法

错误握法   错误握法

b) 钢笔式错误握法   d) 螺钉旋具式错误握法

图 3-2 低压验电器的握法

3）用低压验电器区分电压的高低。将调压器接到电源上，并将调压器的输出电压调至 100V 左右，分别用验电器测试调压器的输入电压和输出电压，观察氖管发光的亮度。

4）用低压验电器识别相线接地故障。三相四线制线路发生单相接地后，用验电器测试中性线，氖管会发光，在三相三线制星形联结的线路中，用验电器测试三根相线，如果两相发光，另一相不发光，则这相有接地故障。

（2）高压验电器

高压验电器又称高压测电器。10kV 高压验电器由握柄、护环、固紧螺钉、氖管窗、氖管和金属钩组成，如图 3-3 所示。

使用高压验电器时，应特别注意手握部位不得超过护环，如图 3-4 所示。

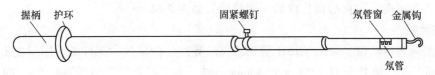

图 3-3　10kV 高压验电器

验电器使用注意事项如下：

1）验电器在使用前，应先在确认有电的带电体上试验，检查其是否能正常验电，以免因氖管损坏，在检验中造成误判，危及人身或设备安全。凡是性能不可靠的验电器一律不准使用。另外要防止验电器受潮或强烈振动，而且平时不得随便拆卸验电器。

2）使用验电器时，应逐渐靠近被测物体，直至氖管发光；只有氖管不亮时，才可与被测物体直接接触。

3）室外使用高压验电器，必须在气候条件良好的情况下；雪、雨、雾及湿度较大的天气不宜使用，以防发生危险。

图 3-4　高压验电器握法

4）使用高压验电器时必须戴符合耐压要求的绝缘手套；不可一人单独测试，身旁要有人监护；测试时要防止发生相间或对地短路事故，人体与带电体应保持足够的安全距离，10kV 及以下电压安全距离为 0.7m 以上。

2．螺钉旋具

螺钉旋具又称螺丝刀、改锥、起子，是一种紧固或拆卸螺钉的工具。

（1）螺钉旋具的式样和规格

螺钉旋具的式样和规格很多，按头部形状的不同可分为一字形和十字形两种，如图 3-5 所示。

一字形螺钉旋具常用的规格有 50mm、100mm、150mm、200mm 等四种，电工必备的一般是 50mm 和 150mm 两种。

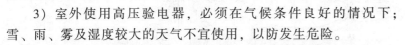

a）一字形

（2）使用螺钉旋具的安全注意事项

1）电工不得使用金属杆直通柄顶的螺钉旋具，否则容易造成触电事故。

2）用螺钉旋具紧固或拆卸带电的螺钉时，手不得触及螺钉旋具的金属杆，以免发生触电事故。

3）为了避免螺钉旋具的金属杆触及皮肤或邻近的带电体，应在金属杆上套上绝缘管。

b）十字形

图 3-5　螺钉旋具

（3）螺钉旋具的使用

1）大螺钉旋具的使用。用 150mm 螺钉旋具在木配电板上旋紧木螺钉时，除大拇指、食指和中指夹住握柄外，手掌还要顶住柄的末端，这样就可使出较大的力气，用法如图 3-6a 所示。

2）小螺钉旋具的使用。用 50mm 螺钉旋具在木配电板上旋紧木螺钉时，可用大拇

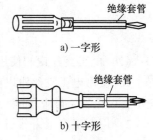

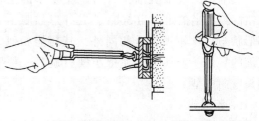

a）大螺钉旋具的使用　　b）小螺钉旋具的使用

图 3-6　螺钉旋具的使用

指和中指夹着握柄，用食指顶住柄的末端捻旋，如图 3-6b 所示。

3. 克丝钳

克丝钳又名钢丝钳，是电工用于剪切或夹持导线、金属丝、工件的常用钳类工具。克丝钳规格较多，电工常用的有 175mm、200mm 两种。电工用克丝钳柄部加有耐压 500V 以上的塑料绝缘套。

（1）克丝钳的构造和用途

电工克丝钳由钳头和钳柄两部分组成。钳头由钳口、齿口、刀口和铡口四部分组成。其中钳口用于弯绞线头或其他金属、非金属体；齿口用于紧固或旋动螺钉螺母；刀口用于切断电线、起拔铁钉、剥削导线绝缘层等。铡口用于铡断硬度较大的金属丝，如钢丝、铁丝等。其构造及用途如图 3-7 所示。

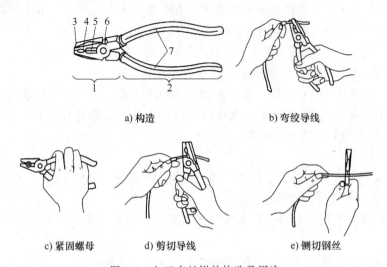

a) 构造   b) 弯绞导线

c) 紧固螺母 d) 剪切导线 e) 铡切钢丝

图 3-7 电工克丝钳的构造及用途

1—钳头 2—钳柄 3—钳口 4—齿口 5—刀口 6—铡口 7—绝缘套

（2）电工克丝钳的使用注意事项

1）使用电工克丝钳以前，必须检查绝缘柄的绝缘是否完好，绝缘套破损的克丝钳不能使用，以免发生触电危险。

2）用电工克丝钳剪切带电的导线时，不得用刀口同时剪切相线和零线，以免发生短路故障。

4. 尖嘴钳

尖嘴钳的头部尖细，适用于在狭小的工作空间操作。尖嘴钳的绝缘柄的耐压为 500V，其外形如图 3-8a 所示。它除头部形状与克丝钳不完全相同外，其功能相似。主要用于切断较细的导线、金属丝，夹持小螺钉旋具、垫圈，并可将导线端头弯曲成型。

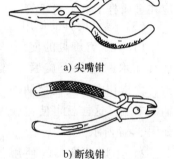

a) 尖嘴钳

b) 断线钳

图 3-8 尖嘴钳和断线钳

5. 断线钳

断线钳又名斜口钳、扁嘴钳，其头部扁斜，如图 3-8b 所示。专门用于剪断较粗的电线及其他金属丝。其柄部有铁柄、管柄和绝缘柄三种，电工常用的是绝缘柄，其绝缘柄的耐压在 1000V 以上。

6. 剥线钳

剥线钳是用于剥削 6mm 以下小直径导线绝缘层的专用工具，主要由钳头和手柄组成，如图 3-9 所示。剥线钳的钳口工作部分有 0.5～3mm 的多个不同孔径的切口，以便剥削不同规格的线芯绝缘层。剥线时为了不损伤线芯应放在大于线芯的切口上剥削。

7. 活扳手

活扳手又叫活扳头，是用来紧固和起松螺母的一种专用工具。

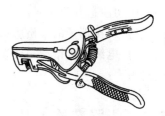

图 3-9 剥线钳

（1）活扳手的构造和规格

活扳手由头部和柄部组成。头部由活扳唇、呆扳唇、扳口、蜗轮和轴销等构成，如图 3-10a 所示。旋动蜗轮可调节扳口的大小。活扳手的规格较多，电工常用的有 150mm×19mm、200mm×24mm、250mm×30mm 和 300mm×36mm 四种。

（2）活扳手的使用方法

1）扳动较大螺杆螺母时，所需力矩较大，手应握在手柄尾部，如图 3-10b 所示。

2）扳动较小螺杆螺母时，为防止钳口处打滑，手可握在接近头部的地方，如图 3-10c 所示，可随时调节蜗轮，收紧活扳唇防止打滑。

3）使用活扳手时，不能反方向用力，否则容易扳裂活扳唇，也不准用钢管套在手柄上作加力杆使用，更不准用作撬棍撬重物或当锤子敲钉。

4）旋动螺杆螺母时，必须把工件的两侧平面夹牢，以免损坏螺杆螺母的棱角。

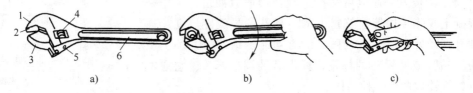

a)　　　　　　　　　b)　　　　　　　　　c)

图 3-10 活扳手

1—呆扳唇　2—扳口　3—活扳唇　4—蜗轮　5—轴销　6—手柄

8. 电工刀

电工刀是用来剖削电线线头，切割木台缺口，削制木枕的专用工具，其外形如图 3-11 所示。使用电工刀时，应将刀口朝外剖削；剖削导线绝缘层时，应使刀面与导线成较小的锐角，以免割伤导线。电工刀柄是无绝缘保护的，不能在带电导线或器材上剖削，以免触电。

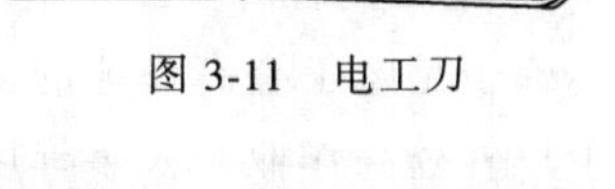

图 3-11 电工刀

9. 压线钳

用于压接导线的压接钳，其外形与剥线钳相似，适用芯线截面积为 0.2～6mm^2 的软导线的端子压接。它主要由压接钳头和钳把组成，压接钳口带有一排直径不同的压接口，其外形如图3-12 所示。

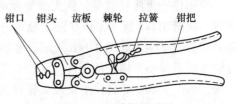

钳口　钳头　齿板　棘轮　拉簧　钳把

图 3-12 压线钳外形图

　　用于压接电缆的压接钳，其体积较大，手柄较长，适用于芯线截面积为 $10\sim240\text{mm}^2$ 电缆的端子压接。其压接钳口镶嵌在钳头上，可自由拆卸。规格为 $10\sim240\text{mm}^2$，与电缆芯线截面积相对应。

　　压接钳是用于导线或电缆压接端子的专用工具，用它实现端子压接，具有操作方便、连接良好的特点。

　　使用注意事项如下：

　　1）压接端子的规格应与压接钳钳口的规格保持一致。

　　2）电缆压接钳型号较多，常见的有机械式和液压式，使用时应严格按照产品说明书操作使用。

3.3　线路装修工具

　　线路装修工具是指电力内外装修工程必备的工具，它包括用于打孔、割、剥线和登高的工具。

1. 冲击钻

　　冲击钻的外形如图 3-13 所示。

　　（1）冲击钻的用途

　　冲击钻常用于配电板（盘）建筑物或其他金属材料、非金属材料上钻孔。它的用法是，调节开关置于"钻"的位置，钻头只旋转而没有前后的冲击动作，可作为普通钻使用。若调到"锤"的位置，通电后钻头边旋转边前后冲击，可用来冲打混凝土或砖结构等建筑物上的木榫孔和导线穿墙孔，通常可冲打直径为 $6\sim16\text{mm}$ 的圆孔。有的冲击钻调节开关上没有标明"钻"或"锤"的位置，或没有装调节开关，它通电后只有边旋转边冲击一种动作。

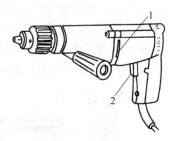

图 3-13　冲击钻
1—锤、钻调节开关　2—电源开关

　　（2）冲击钻的使用注意事项

　　1）在钻孔时应经常把钻头从钻孔中拔出，以便排除钻屑。

　　2）钻较硬的工件或墙体时，不能加过大压力，否则将使钻头退火或电钻因过载而损坏。

　　3）作普通钻用时，选用麻花钻头；作冲击钻用时，须采用专用冲击钻头。

2. 电工用梯

　　梯子是电工登高作业的工具，电工常用的有直梯和人字梯两种，如图 3-14 所示。直梯用于户外登高作业，人字梯用于户内登高作业。

　　使用梯子要注意的是，在光滑坚硬的地面上使用时，梯脚应加装胶套或胶垫之类的防滑材料，如图 3-14a 所示，用在泥土地面时，梯脚最好加铁尖。人字梯应在中间绑扎两道防自动滑开的安全绳，如图 3-14b 所示。靠墙站直姿势如图 3-14c 所示。为避免靠梯翻倒，梯脚与墙距离不得小于梯长的 1/4，但也不得大于梯长的 1/2，以免梯子滑落，使用时最好有人扶梯，如图 3-14d 所示。作业人员登梯高度，腰部不得超过梯顶，切忌站在梯顶或顶上一、二级横档上作业，以防朝后仰面摔下，站立姿势要正确，不可采取骑马方式在人字梯上作业，以防人字梯两脚自动滑开时摔伤，另外骑马站立的姿势，对人的操作也极不方便。

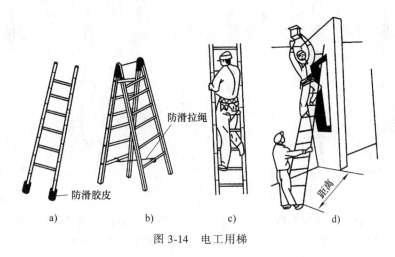

图 3-14 电工用梯

3.4 设备维修工具

1. 拉具

拉具又称拉扒、拉钩、拉模，在电机维修中主要用于拆卸轴承、联轴器、带轮等紧固件。它按结构形式的不同，分为双爪或三爪两种。使用时，爪钩要抓住工件的内圈，顶杆轴心与工件轴心线重合。为了防止爪钩从工件上滑出，可用绳子将拉杆捆牢。在顶杆上加力要均匀，边旋转手柄边观察紧固件的松动情况。若工件锈死或太紧，拉不下来时不可勉强用力，否则会损坏拉具。

2. 套筒扳手

套筒扳手是由不同规格的套筒和公用手柄组合的旋具套件。主要用于旋动有沉孔或其他扳手不便使用部位的螺栓或螺母。

3. 焊接工具

在电子和电器装配与维修过程中，需大量焊接工作，目前常用的焊接工具有电烙铁和电焊机。下面主要对电烙铁进行介绍。

（1）电烙铁的种类及结构

常用的电烙铁有外热式和内热式两大类，随着焊接技术的发展，又研制出恒温电烙铁和吸锡电烙铁。无论哪一种电烙铁，它们的工作原理基本上是相似的。都是在接通电源后，电流使电阻丝发热，并通过传热筒加热烙铁头，达到焊接温度后可进行工作。

1）外热式电烙铁。其外形结构如图 3-15 所示，由烙铁头、传热筒、烙铁心和支架等组成。通常有 25W、45W、75W、100W、150W、200W 和 300W 等多种规格。

2）内热式电烙铁。其外形和内部结构如图 3-16 所示。常见的有 20W、30W、35W 和 50W 等几种规格，内热式电烙铁具有发热快、耗电省、效率高、体积小、便于操作等优点。一把 20W 的内热式电烙铁，相当于 25～45W 外热式电烙铁产生的温度。

3）恒温电烙铁。其外形和内部结构如图 3-17 所示。它是借助于电烙铁内部的磁控开关自动控制通电时间而达到恒温的目的，这种磁控开关是利用软金属被加热到一定温度而失去磁性

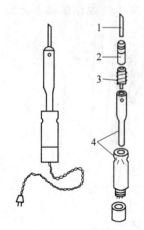

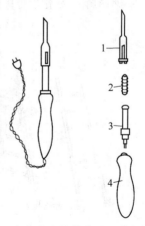

图 3-15 外热式电烙铁外形结构图　　　　　图 3-16 内热式电烙铁外形和内部结构图

1—烙铁头 2—传热筒 3—烙铁心 4—支架　　1—烙铁头 2—发热元件 3—连接杆 4—胶木

作为切断电源的控制信号。电烙铁通电时，软金属块具有磁性，发热器通电升温。当烙铁头温度升到一定值，软金属去磁，发热器断电，电烙铁温度下降。当温度降到一定值时，软金属块恢复磁性，发热器电路又被接通。如此断续通电，可以把电烙铁温度控制在一定范围之内。

　　4）吸锡电烙铁。吸锡电烙铁的外形，如图 3-18 所示，它主要用于电工和电子技术装修中拆换元器件。操作时先用吸锡电烙铁加热焊点，待焊锡熔化后，按动吸锡装置，即可把锡液从焊点上吸走，便于拆焊。

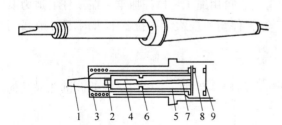

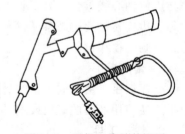

图 3-17 恒温电烙铁外形和内部结构图　　　　　图 3-18 吸锡电烙铁外形图

1—烙铁头 2—软磁金属块 3—发热器 4—永久磁铁

5—磁性开关 6—支架 7—小轴 8—接点 9—接触弹簧

（2）电烙铁的选用

从总体上考虑，电烙铁的选用应遵循下面几个原则：

1）烙铁头的形状要适应被焊物面的要求及焊点的密度。

2）烙铁头顶端温度应能适应焊锡的熔点，通常这个温度应比熔点高 30~80℃。

3）电烙铁的热容量应能满足被焊物的要求。

4）烙铁头的温度恢复时间应能满足被焊物的热要求。

3.5 电工基本操作技能

　　在工农业生产中，电工仪表广泛应用在生产生活等各个方面。本节讲解了电工仪表正确使用的基本技能，这对提高劳动生产率和安全生产具有重大作用。要正确使用电工测量仪表，必须按标准和规程操作，对于减少设备的故障率有很好的作用，这种基本操作技能，是电工操作人员必备的基本技能。

1. 常用电工测量工具的使用

电工仪表是用来测量电流、电压、功率以及电阻、电容和电感等电学量的仪表。它具有结构简单、价格低廉、稳定可靠、反应迅速的特点，可使我们随时掌握生产中各种电气设备的工作情况，从而保证它们的正常运行。如电流表、电压表可以用来监视电气设备的运行情况，绝缘电阻表可以检查已安装的电气线路的绝缘情况。在电气线路、用电设备的安装、使用与维修过程中，电工仪表对整个电气系统的检测和监视起着极为重要的作用。所以了解仪表的安装和接线以及正确使用是电工应掌握的基本知识。

（1）指针式万用表

万用表又称为三用表，指针式万用表的外形如图 3-19 所示，它是一种测量电压、电流和电阻等参数的仪表。万用表实质是一个带有整流器的高灵敏度磁电式仪表。当配以各种规格的分压电阻及分流电阻时，可以构成电压表、电流表，用来测量交直流电压、电流和电阻。

万用表除了常用的指针式万用表外，还有晶体管万用表和数字万用表。目前已出现了带微处理器的智能数字万用表，它具有程控操作、自动校准、自检故障、数据交换及处理等一系列功能。尽管万用表型式很多，使用方法也有差别，但基本原理是一样的。

1）电压的测量。

① 正确选择档位。测量交流电压时，转换开关转到"$\underset{\sim}{V}$"范围；测量直流电压时，转换开关转至直流电压"$\underset{\sim}{V}$"范围。若测量直流电压误选用了交流电压档，读数可能偏高，也可能偏低，也可能为零；反之，若测交流电压误选用了直流电压档，表头指针将不动或略微抖动；若测电压误选用了电流档或电阻档，可能打弯指针或烧毁仪表。

图 3-19　指针式万用表

② 正确选择量程。表的量程由被测电压的高低决定，应尽量使指针偏转到标度尺满标度的 2/3 附近。若事先无法估计，可在量程中从最大量程档逐渐减小到合适的档位。

③ 严禁在测量过程中拨动转换开关、选择量程，以免电弧烧坏触点。

④ 测量时将表笔并联在被测电路或被测元器件两端。

⑤ 测量直流电压时，要注意表笔的极性。应将插在"+"插孔的表笔（即红表笔）接在被测电路或元器件的高电位端，插在"－"插孔的表笔（即黑表笔）接在被测电路或元器件低电位端。不要接反，否则指针会逆向偏转而被打弯。如果不知道被测点电位的高低，可以选用较高量程档，使任一表笔先接触被测电路或元器件的任一端，另一表笔轻轻地试触一下另一被测端，若笔头指针向右偏转，说明表笔极性正确；否则，说明表笔极性相反，此时倒换表笔即可测量。

⑥ 当测量的电压超过 500V 时，可选用 0～2500V 的测量范围，两表笔应分别插在"2500V"和"－"的插孔，量程开关仍放在 500V 档。测量时，先将接地表笔固定接在电路

低电位上，然后用红表笔去接触被测高压电位。测试过程中要注意安全，操作者应戴绝缘手套或站在绝缘垫上，以防触电。

⑦ 测量高电压时，应使接触紧密，以免因接触不良而产生跳火，或者插头脱落发生短路而造成意外事故。

⑧ 测量交流电压时，应考虑被测电压的波形。因为万用表交流电压档的标度实际上是按照正弦电压经过整流后的平均值换算的交流有效值，所以不能用它来测量非正弦量（如锯齿波、方波等）的有效值。

2）直流电流的测量。测量前，应将转换开关拨到"A"范围，然后正确选择量程。

① 测量时先断开电路，按电流从正到负的方向，将万用表串入被测电路中，即将插在"+"插孔的表笔接在电路断口的高电位端，插在"-"插孔的表笔接在电路断口的低电压端。若误将电流表与负载并联，由于其内阻小，将会造成短路烧毁仪表，并可能烧坏被测电路。

② 在测量过程中，严禁带电拨动转换开关、选择量程，以免损坏开关的触点，同时也可防止误拨到小量程档而打弯指针或烧坏表头。

3）电阻的测量。

① 测量前，将转换开关转到"Ω"范围内的适当量程。先将两表笔短接，旋动欧姆调零旋钮，使指针指在电阻标度的 0 上。若调不到 0 零位，需更换表内电池，而后再进行测量。

② 万用表红表笔的插头插入"+"孔，黑表笔的插头插入"-"孔。手拿表笔时，手指不得触碰金属部位，以保证人身安全和测量准确。

③ 万用表各被测项目量程的选择应尽量使指针偏转到标尺满标度的 2/3 附近。若无法估计被测量的大小，可在测量中从最大量程档逐渐减小到合适的档位。拨动时用力不得太大，以免拨到其他量程上而损坏万用表；每次准备测量时，一定要再核对一下测量项目及量程。

④ 测量时，表笔应与被测部位可靠接触，测试部位的导体表面有氧化膜、污垢、焊油、油漆等时，应将其除去，以免接触不良而产生误差。

⑤ 测量时，切不可拨错转换开关或插错插孔。不得用电阻档或电流档去测量电压，或以低电压量程去测量高电压，以小电流量程去测量大电流等，否则将烧坏万用表。

⑥ 读数时，目光应与表面垂直，不要偏左或偏右，并要明确应在哪一条标尺上读数，了解标尺上每一格代表多大数值。精度高的万用表，在表面的分度线下有弧形反射镜，当看到指针与镜中影子重合时，读数最准确。此外还要根据指针位置再估计读取一位小数。

⑦ 万用表每次测量完毕后，应将转换开关拨到空档或最高电压档，不可置于电阻档，以免两只表笔被其他金属短接而耗尽表内电池，或误接而烧毁万用表。

⑧ 万用表长期使用后，由于表头磁铁磁性退化使表头灵敏度降低，此时应对最小电流档进行校准。若读数不准，可调节电表内的灵敏度调节电位器以校准读数。

⑨ 表内电池一旦消耗过度，要及时更换；若万用表长期不用，应将电池取出以免电池腐蚀表内元件。

（2）DT830 型数字万用表

1）测量范围。DT830 型数字万用表是性能稳定、可靠性高且具有高度防振的多功能、多量程测量仪表。它可用于测量交直流电压、交直流电流、电阻、电容、二极管、晶体管、音频信号频率等，面板结构如图 3-20 所示。

2）使用前的检查与注意事项。

① 将电源开关置于 ON 状态，显示器应有数字或符号显示。若显示器出现低电压符号 ⊏⊐ 时，应立即更换内置的 9V 电池。

注意：该仪表停止使用或停留在一个档位的时间超出 30min 时，电源将自动切断，使仪表进入停止工作状态。若要重新开启电源，应重复按动电源开关两次。

② 表笔插孔旁的 ⚠ 符号，表示测量时输入电流、电压不得超过量程规定值，否则将损坏内部测量线路。

③ 测量前转换开关应置于所需量程。测量交直流电压、交直流电流时，若不知被测数值的高低，可将转换开关置于最大量程档，在测量中按需要逐步下降。

④ 若显示器只显示"1"，表示量程选择偏小，转换开关应置于更高量程。

图 3-20　数字万用表

⑤ 在高电压线路上测量电流、电压时，应注意人身安全。当转换开关置于"Ω""◁⊢"范围时不得引入电压。

3）直流电压的测量。

① 将黑表笔插入 COM 插孔，红表笔插入 V/Ω 插孔。

② 将功能开关（转换开关）置于"$\overline{V}$"范围的合适量程。

③ 表笔与被测电路并联，红表笔接被测电路高电位端，黑表笔接被测电路低电位端。

注意：该仪表不得用于测量高于 600V 的直流电压。

4）交流电压的测量。

① 表笔插法同"直流电压的测量"。

② 转换开关置于"$\tilde{V}$"范围合适量程。

③ 测量时表笔与被测电路并联且红、黑表笔不分极性。

注意：该仪表不得用于测量高于 600V 的交流电压。

5）直流电流的测量。

① 将黑表笔插入 COM 插孔，测量电流最大值不超过 2000mA 时红表笔插"mA"插孔；测 200mA～10A 范围电流时，红表笔应插"10A"插孔。

② 将转换开关置于"$\overline{A}$"范围合适量程。

③ 将该仪表串入被测线路且红表笔接高电位端，黑表笔接低电位端。

注意：

① 如果量程选择不对，过量程电流会烧坏熔丝，应及时更换（10A 电流量程无熔丝）。

② 最大测试电压降为 200mV。

6）交流电流的测量。

① 表笔插法同"直流电流的测量"。

② 将转换开关置于"A"范围适当量程。

③ 将仪表串入被测量线路且红、黑表笔不分极性。

注意事项同"直流电流的测量"。

7）电阻的测量。

① 将黑表笔插入 COM 插孔，红表笔插入 V/Ω 插孔（红表笔极性为"+"）。

② 将转换开关置于"V/Ω"范围适当量程。

③ 仪表与被测电阻并联。

注意：

① 所测电阻值不乘倍率，直接按所选量程及单位读数。

② 测量大于 1MΩ 电阻时，要几秒钟后读数方能稳定属正常现象。

③ 表笔开路状态，显示为"1"。

④ 测量电阻时，严禁被测电阻带电（带电的电容必须放电）。

⑤ 用 200MΩ 量程挡，表笔短路时显示为 10，测量时，应从读数中减去。如测量 100MΩ 电阻时，显示为 101.0，应减去 10。

8）电容的测量。

① 将转换开关置于"F"范围合适量程。

② 将待测电容两脚插入 CX 插孔（不用表笔）即可读数。

注意：

① 在电容插入前，每次转换量程时需要时间，有漂移数字存在不会影响测量精度。

② 测量大容量电容时，需要一定的时间才能使读数稳定。

③ 仪表内部对电容档已设置保护电路，在电容测量过程中，不必考虑电容器极性和充放电后果。

9）二极管测试及带蜂鸣器连续测试。

① 将黑表笔插入 COM 插孔，红表笔插入 V/Ω 插孔（红表笔极性为"+"）。

② 将转换开关先后置于"⊣▷⊢"和"·)))"位置。

③ 红表笔接二极管正极，黑表笔接其负极，即可测二极管正向压降近似值。

④ 将表笔接于待测电路两点，若该两点电阻值小于 70Ω 时，蜂鸣器将发声。

10）晶体管 hFE 的测试。

① 将转换开关置于 hFE 位置。

② 将已知 PNP 型或 NPN 型晶体管的三只引出脚分别插入仪表面板右上方对应插孔，显示器将显示出 hFE 近似值。

（3）钳形表

钳形表是一种可在不断开电路的情况下，实现电路电流、电压、功率等参数测试的一种仪表。新型号的钳形表体积小、重量轻、又有与普通万用表相似的用途，所以在电工技术中应用较广泛。图 3-21 为钳形表外形原理示意图。

钳形表按其测量的参数不同可分为钳形电流表和钳形功率表等。钳形电流表又可分为交流钳形表和交直流钳形表。

1）钳形表的工作原理。专用于测量交流的钳形表实质上是一个

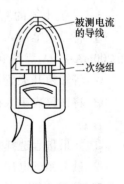

图 3-21　钳形表外形原理示意图

电流互感器的变形。位于铁心中央的被测导线相当于电流互感器的一次绕组，绕在铁心上的线圈相当于电流互感器二次绕组，通过磁感应使仪表指示出被测电流的数值，现在大多数钳形表还附有测量电压及电阻的端钮。在端钮上接上导线即可测量电压和电阻。

测量交直流的钳形表实质上是一个电磁式仪表，放在钳口中的通电导线作为仪表的固定励磁线圈，它在铁心中产生磁通，并使位于铁心缺口中的电磁式测量机构发生偏转，从而使仪表指示出被测电流的数值。由于指针的偏转与电流的种类无关，所以此种仪表可测交直流电流。

2）钳形电流表的使用方法。由于新型钳形表测量结果都是用整流式指针仪表显示的，所以电流波形及整流二极管的温度特性对测量值都有影响，在非正弦波或高温场所使用时必须加以注意。

根据被测对象，正确选用不同类型的钳形表。如测量交流电流时，可选用交流钳形电流表（如 F301 型）；测量交直流时，可选用交直流两用钳形电流表（如 MG20 型等）。

测量时，应使被测导线置于钳口中央，以免产生误差。

为使读数准确，钳口的两个面应保证良好接合。如有振动或噪声，应将仪表手柄转动几下，或重新开合一次。如果声音仍然存在，可检查在接合面上是否有污垢存在，如有污垢，可用汽油擦干净。

测量大电流后，如果立即测量小电流，应开、合铁心数次以消除铁心中的剩磁。

测量前，要注意钳形表的电压等级，不得用低压表测量高压电路的电流，否则会有触电的危险，甚至会引起线路短路。

钳形表量程要适宜，应由最高档逐级下调切换至指针在刻度的中间段为止。量程切换不得在测量过程中进行，以免切换时造成二次瞬间开路，感应出高电压而击穿绝缘。必须切换量程时，应先将钳口打开。

测量母线时，最好在相间处用绝缘隔板隔开以免钳口张开时引起相间短路。

有电压测量档的钳形表，电流和电压要分开进行测量，不得同时测量。

测量时应戴绝缘手套，站在绝缘垫上，不宜测量裸导线，读数时要注意安全，切勿触及其他带电部分，以免触电或引起短路。

注意：测量小于 5A 以下电流时，为了得到较准确的读数，在条件许可时，可把导线多绕几圈放在钳口进行测量，但实际电流数值应为读数除以放进钳口内的导线根数。

① 从一个接线板引出的许多根导线，而钳口部分又不能一次钳进所有这些导线时，以分别测量每根导线的电流，取这些读数的代数和即可。

② 测量受外部磁场影响很大时，如在汇流排或大容量电动机等大电流负荷附近的测量，要另选测量地点。

③ 重复点动运转的负载，测量时钳口部分稍张开些就不会因过偏而损坏仪表指针。

④ 读取电流读数困难的场所，测量时可利用制动器锁住指针，然后到读取方便处读出指示值。

⑤ 每次测量后，应把调节电流量程的切换开关置于最高档位，以免下次使用时因未选择量程而造成仪表损坏。

⑥ 钳形表应保存在干燥的室内；钳口相接处应保持清洁，使用前应擦拭干净使之平整、接触紧密，并将表头指针调在"零位"；携带使用时，仪表不得受到振动。

（4）绝缘电阻表

绝缘电阻表又叫兆欧表、摇表或绝缘电阻测量仪等，常用来测量高电阻值的只读式仪表，一般用来检查和测量电气设备和供电线路等的绝缘电阻。测量绝缘电阻时，对被测试的绝缘体需加以规定较高试验电压，以计量渗漏过绝缘体的电流大小来确定它的绝缘性能好坏。渗漏的电流越小，绝缘电阻也就越大，绝缘性能也就越好；反之就越差。

1）绝缘电阻表的选用。在实际应用中，需根据被测对象选用不同电压和电阻测量范围的绝缘电阻表。一般500V以下的设备选用250V或500V的绝缘电阻表；500～1000V的设备，选用1000V绝缘电阻表；1000V以上设备选用2500V绝缘电阻表。

一些低电压的电力设备，其内部绝缘所承受的电压不高，为了设备的安全，测量时不能用电压太高的绝缘电阻表，以免损坏设备的绝缘。此外，还应注意绝缘电阻表的测量范围与被测电阻数值相适应，以减少误差。如测低压设备的绝缘电阻时，可选用0～200MΩ量程的表；测量高电压设备（如电缆、瓷瓶等）的绝缘电阻时，可选用0～2000MΩ量程的表。

2）绝缘电阻的一般要求。按电气安全操作规程，低压线路中每伏工作电压不低于1kΩ，例如380V的供电线路，其绝缘电阻不低于380kΩ，对于电动机要求每千伏工作电压定子绕组的绝缘电阻不低于1MΩ，转子绕组绝缘电阻不低于0.5MΩ。

3）使用前的校验。绝缘电阻表每次使用前（未接线情况下）都要进行校验，判断其好坏。绝缘电阻表一般有三个接线柱，分别是"L"（线路）、"E"（接地）和"G"（屏蔽）。校验时，首先将绝缘电阻表平放，使L、E两个端钮开路，转动手摇发电机手柄，使其达到额定转速，绝缘电阻表的指针应指在"∞"处；停止转动后，用导线将L和E接线柱短接，慢慢地转动绝缘电阻表（转动必须缓慢，以免电流过大而烧坏绕组），若指针能迅速回零，指在"0"处，说明绝缘电阻表是好的，可以测量，否则不能使用。

注意：半导体型绝缘电阻表不宜用短路法进行校核，应参照说明书进行校核。

4）接线方法如图3-22所示。

5）注意事项如下：

① 测量电气设备的绝缘电阻时，必须先断开电源，然后将设备进行放电，以保证人身安全和测量准确。对于电容量较大的设备（如大型变压器、电容器、电动机、电缆等），应有一定的充电时间。电容量越大，充电时间越长，其放电时间不应低于3min，以消除设备残存电荷。放电方法是将测量时使用的地线，由绝缘电阻表上取下，在被测物上短接一下即可。同时注意将被测试点擦拭干净。

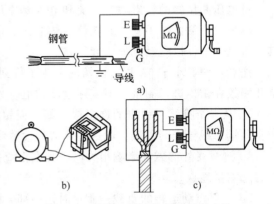

图3-22 绝缘电阻表的测量各种方法

② 测量前，应了解周围环境的温度和湿度。当温度过高时，应考虑接用屏蔽线；测量时应记录温度，以便对测得的绝缘电阻进行分析换算。

③ 绝缘电阻表应放在平整而无摇晃或振动的地方，使表身置于平稳状态，以免在摇动时因抖动和倾斜产生测量误差。

④ 接线柱与被测物体的连接导线不能用双股绝缘线或绞线，必须用单根线连接，连线

表面不得与被测物体接触，避免因绞线绝缘不良而引起误差。

⑤ 被测电气设备表面应保持清洁、干燥、无污物，以免漏电影响测量的准确性。

⑥ 同杆架设的双回路架空线和双母线，当一路带电时，不得测试另一路的绝缘电阻，以防止感应高电压危害人身安全和损坏仪表；对平行线路也要注意感应高电压，若必须在这种状态下测试，应采取必要的安全措施。

⑦ 绝缘电阻表有三个接线柱：E（接地）、L（线路）和 G（保护环或屏蔽端子）。保护环的作用是消除表壳表面 L 与 E 接线柱间的漏电和被测绝缘物表面漏电的影响。在测量电气设备对地的绝缘电阻时，L 用单根导线接设备的待测部位，E 用单根导线接设备外壳，测电气设备内两绕组的绝缘电阻时，将 L 和 E 分别接两绕组接线端。当测量电缆的绝缘电阻时，为消除因表面漏电产生的误差，L 接线芯，E 接外壳，G 接线芯与外壳之间的绝缘层。

⑧ 线路接好后，按顺时针转动绝缘电阻表发电机手柄，使发电机发出的电压供测量使用。手柄的转速由慢而快，逐渐稳定到其额定转速（一般为 120r/min），允许 20% 的变化，通常要摇动 1min 后，待指针稳定下来再读数。如被测电路中有电容时，先持续摇动一段时间，让绝缘电阻表对电容充电，指针稳定后再读数。测完后先拆去接线，再停止摇动。若测量中发现被测设备短路，指针指向"0"，应立即停止摇动手柄，以免电流过大而损坏仪表。

⑨ 测量工作一般由两人来完成。绝缘电阻表未停止摇动以前，切勿用手去触及设备的测量部分或接线柱。测量完毕，应对设备充分放电，否则容易引起触电事故。禁止在雷电时或附近有高压导体的设备上测量绝缘电阻。

2. 导线的连接工艺

在电气设备的安装或配线过程中，常常需要把一根导线和另一根导线连接或将导线与电气设备的端子连接，这些连接处不论是机械强度还是电气性能，均是电路的薄弱环节，安装的电路能否安全可靠地运行，很大程度上取决于导线接头的质量。因此，接头的制作，是电气安装和布置中一道非常重要的工序，必须按标准和规程操作。

（1）导线连接的基本要求

1）机械强度高：接头的机械强度不应小于导线机械强度的 80%。

2）接头电阻要小且稳定：接头的电阻值不应大于相同长度导线的电阻值。

3）耐腐蚀：对于铝和铝连接，如采用熔焊法，主要防止残余熔剂或熔渣的化学腐蚀；对于铝和铜连接，主要防止电化学腐蚀，在连接前后，要采取措施，避免这类腐蚀的存在。否则，在长期运行中，接头易发生故障。

4）绝缘性能好：接头的绝缘强度应与导线的绝缘强度一样。

（2）导线线头绝缘层的剖削

1）塑料硬线绝缘层的剖削。塑料硬线绝缘层的去除，用剥线钳较为方便。电工必须会用克丝钳和电工刀来剖削绝缘层。

① 用克丝钳剖削塑料硬线绝缘层。线芯截面积为 4mm² 及以下的塑料硬线，一般用克丝钳进行剖削。剖削方法如下：

a）在线头所需长度交界处，用克丝钳轻轻地切破绝缘层表皮。

b）用左手拉紧导线，右手适当用力捏住克丝钳头部，用力向外勒去塑料绝缘层，如图 3-23 所示。勒去绝缘层时，不可在钳口处加剪切力，否则会伤及线芯，甚至剪断导线。

② 用电工刀剖削塑料硬线绝缘层。线芯截面积大于 4mm² 的塑料硬线，可用电工刀

剖削。

方法如下：

a）根据线头所需长度，用电工刀以45°角倾斜切入塑料层，注意刀口要刚好削透绝缘层而不伤及线芯，如图3-24a所示。

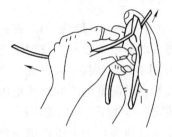

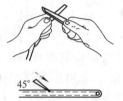

a) 刀口以45°角切入　　b) 刀口以小于25°角削去绝缘层　c) 翻下剩余绝缘层

图 3-23　用克丝钳剖削　　　　　　图 3-24　用电工刀剖削塑料硬线绝缘层
　　　　　导线绝缘层

b）使刀面与导线间的角度保持25°左右，向前推削，不切入线芯，只削去上面的塑料绝缘，如图3-24b所示。

c）将不削去的绝缘层向下扳翻，如图3-24c所示，再用电工刀切齐。

2）塑料软线绝缘层的剖削。塑料软线绝缘层除用剥线钳除去外，仍可用克丝钳直接剖削截面积为4mm²及以下的导线，方法同用克丝钳直接剖削塑料硬线绝缘层。塑料软线不可用电工刀剖削，因塑料软线太软，线芯又由多股铜丝组成，用电工刀很容易伤及线芯。

3）塑料护套线绝缘层的剖削。塑料护套线绝缘层分外层公共护套层和内部每根线芯的绝缘层。公共护套层用电工刀剖削，其方法如下：

① 按线头所需长度，用电工刀对准线心缝隙划开护套层，如图3-25a所示。

② 将护套层向后扳翻，用刀齐根切去，如图3-25b所示。

③ 在距离护套层5~10mm处，用电工刀以45°角倾斜切入绝缘层，其剖削方法同塑料硬线。

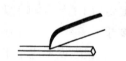

a) 刀在线芯缝间隙划开护套线　　b) 扳翻护套层并齐根切去

图 3-25　塑料护套线绝缘层的剖削

4）橡皮线绝缘层的剖削。橡皮线绝缘层外有柔韧的纤维编织保护层，剖削方法如下：

① 先用剖削护套线护套层的方法，用电工刀尖划开纤维编织层，并将其扳翻后齐根切去。

② 用剖削塑料绝缘层的方法削去橡胶层。

③ 最后松散棉纱层到根部，用电工刀切去。

5）花线绝缘层的剖削。花线绝缘层分外层和内层，外层是柔韧的棉纱编织物，剖削方法如下：

① 先用电工刀在线头所需长度处切割一圈拉去。

② 在距棉纱织物保护层10mm处，用钢丝钳按照剖削塑料软线的方法将内层的橡皮绝缘层勒去。

③ 把棉纱层松散开，用电工刀割去。

6）铅包线绝缘层的剖削。铅包线绝缘层分为外部铅包层和内部线芯绝缘层两种。

① 先用电工刀在铅包层切割一刀，如图 3-26a 所示。

② 用双手来回扳动切口处，将其折断，将铅包层拉出来，如图 3-26b 所示。

③ 内部绝缘层的剖削方法同塑料线绝缘层的剖削方法。

a) 剖切铅包层　　　　b) 拆扳和拉出铅包层　　　　c) 剖削线芯绝缘层

图 3-26　铅包线绝缘层的剖削

3. 导线的连接

当导线不够长或要分接支路时，就要将导线和导线连接。常用的导线的线芯有单股和多股，其连接方法也各不相同。

（1）铜芯导线的连接

1）单股铜芯导线的直线连接。

① 将已剖除绝缘层并去掉氧化层的两根线头成 "X" 形相交，并互相绞绕 2~3 圈，如图 3-27a 所示。

② 扳直两线头，如图 3-27b 所示。

③ 将每根线头在芯线上贴紧并绕 6 圈。将多余的线头剪去，修整好切口毛刺，如图 3-27c 所示。

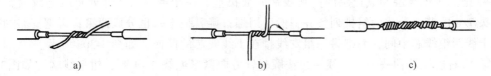

a)　　　　　　　　　　b)　　　　　　　　　　c)

图 3-27　单股铜芯导线的直线连接

2）单股铜芯导线的 T 形连接。

① 将除去绝缘层和氧化层的支路线芯线头与干线芯线十字相交，注意在支路线芯根部留出 3~5mm 裸线，如图 3-28a 所示。

② 按顺时针方向将支路线芯在干线上紧密缠绕 6~8 圈，用克丝钳切去余下的芯线并钳平线芯末端，如图 3-28b 所示。

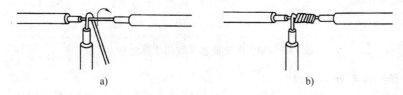

a)　　　　　　　　　　　　　　b)

图 3-28　单股铜芯导线的 T 形连接

3）多股铜芯导线的直线连接。

① 将除去绝缘层和氧化层的线芯散开并拉直，紧靠绝缘层 1/3 处顺着原来的扭转方向

将其绞紧，余下的 1/3 长度的线头分散成伞状，如图 3-29a 所示。

② 将两股伞形线头相对，隔根交叉，然后捏平两边散开的线头，如图 3-29b 所示（为清晰起见，图中只画出一根导线）。

③ 将一端的铜芯线分成三组，接着将第一组的两根线芯扳到垂直于线头方向，如图 3-29c 所示，并按顺时针方向缠绕 2 圈。

④ 缠绕 2 圈后，将余下的线芯向右扳直，再将第二组的线芯扳于线头垂直方向，如图 3-29d 所示，按顺时针方向紧紧压着线芯缠绕。

⑤ 缠绕两圈后，将余下的线芯向右扳直，再将第三组的线芯扳于线头垂直方向，如图 3-29e 所示。按顺时针方向紧紧压着线芯向右缠绕，绕 3 圈后，切去每组多余的线芯，钳平线端，如图 3-29f 所示。

⑥ 用同样的方法再缠绕另一边芯线。

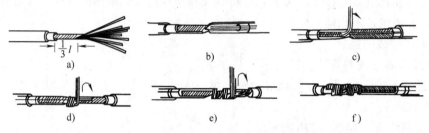

图 3-29　多股铜芯导线的直线连接

4）多股铜线芯的 T 形连接。

① 把除去绝缘层和氧化层的支路线端分散拉直，在距绝缘层 1/8 处将线芯绞紧，将支路线头 7/8 的芯线分成两组排列整齐，然后用螺钉旋具把干线也分成两组，再把支路的一组插入干线两组线芯中间，而把另一组支线排在干线线芯的前面，如图 3-30a 所示。

② 将右边线芯的一组往干线一边按顺时针方向紧紧缠绕 3~4 圈，钳平线端，如图3-30b 所示。

③ 再把另一组支路线芯按逆时针方向在干线上缠绕 4~5 圈，钳平线端，如图 3-30c 所示。

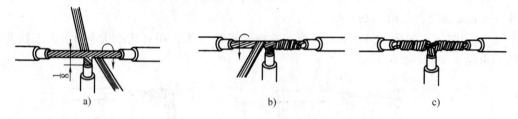

图 3-30　多股铜芯导线的 T 形连接

5）铜芯导线接头处的锡焊。

① 电烙铁锡焊　10mm² 以下的铜芯导线，可用 150W 电烙铁进行。锡焊前，接头上均须涂一层无酸焊锡膏，待电烙铁烧热后，即可锡焊。

② 浇焊 16mm² 及其以上的铜芯导线接头，应用浇焊法。浇焊法应先将焊锡放在化锡锅内，用喷灯或电炉熔化，使表面呈磷黄色，焊锡即达到高温，然后将导线接头放在锡锅上

面。用勺盛上熔化的锡，从接头上面浇下，如图 3-31 所示。

（2）电磁线头的连接

电机和变压器绕组用电磁线绕制，无论是重绕或维修，都要进行导线的连接，这种连接可能在线圈内部进行，也可能在线圈外部进行。

1）线圈内部的连接。

① 直径在 2mm 以下的圆铜线，通常是先绞接后铅焊。截面积较小的漆包线的绞接如图 3-32a 所示，截面积较大的漆包线的绞接如图 3-32b 所示。绞接时要均匀，两根线头互绕不少于 10 圈，两端要封口，不能留下毛刺。

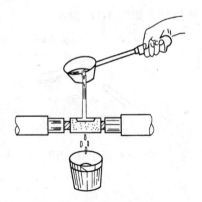

图 3-31　铜芯导线接头的浇焊法连接

② 直径大于 2mm 的漆包线的连接，通常采用套管套接后再铅焊的方法。套管用镀锡的薄铜片卷成，在接缝处留有缝隙，如图 3-32c 所示。连接时将两根线头相对插入套管，使两线头端部对接在套管中间位置，再进行铅焊。铅焊时使锡液从套管侧缝充分浸入内部，注满各处缝隙，将线头和导管铸成整体。

a) 较小截面积的绞接　　b) 较大截面积的绞接　　c) 接头的连接套管

图 3-32　线圈内部端头连接方法

③ 对截面积不超过 25mm² 的矩形电磁线，也用套管连接，方法同上。

接头连接套管铜皮厚度应选 0.6~0.8mm 为宜，套管的长度为导线直径的 8 倍左右，套管的截面积应为电磁线截面积的 1.2~1.5 倍。

2）线圈外部的连接。线圈外部连接通常有两种情况。

① 线圈间的串、并联以及丫、△联结等，对小截面积的导线，可用先绞接后铅焊的方法；对较大截面积的导线，可用气焊。

② 制作线圈引出端头，可用接线端子或接线柱螺钉与线头之间用压接钳压接或直接铅焊。接线端子和接线柱螺钉外形如图 3-33 所示。

（3）铝芯导线的连接

由于铝极易氧化，而且铝氧化膜的电阻率很高，所以铝芯导线都不采用铜芯导线的连接方法，而常采用螺钉压接法和压接管压接法。

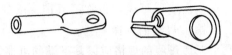

a) 小载流量接线端子　　b) 大载流量接线端子

c) 接线柱螺钉

图 3-33　接线端子与接线柱螺钉外形图

1）螺钉压接法连接。螺钉压接法适合于负荷较小的单股铝芯导线的连接。

① 将铝芯线头用钢丝刷或电工刀除去氧化层，涂上中性凡士林，如图 3-34a 所示。

② 将线头伸入接线头的线孔内，再旋转压接螺钉压接。线路上导线与开关、灯头、熔断器、瓷接头和端子板的连接，多采用螺钉压接，如图 3-34b 所示。

③ 两个或两个以上的线头要接在一个接线板上作分路连接时，先将几根线头扭成一股，再压接，如图 3-34c 所示。

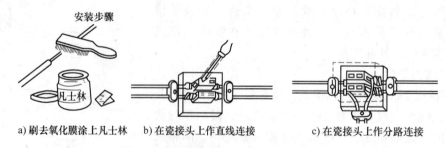

安装步骤

a) 刷去氧化膜涂上凡士林　　b) 在瓷接头上作直线连接　　c) 在瓷接头上作分路连接

图 3-34　单股铝芯导线的螺钉压接法连接

2）压接管压接法连接。压接管压接法又叫套管压接法，适合于较大负荷的多根铝导线的直接连接。压接钳和压接管（又称钳接管）外形如图 3-35a、b 所示。其方法如下：

① 根据多股铝芯导线的规格，选择合适的压接管。除去铝芯导线如压接管内壁的氧化层，涂上中性凡士林。

② 将两根铝芯导线线头相对穿入压接管，并使线头穿出压接管 25～30mm，如图 3-35c 所示。然后进行压接，如图 3-35d 所示。压接时，第一道压坑应压在铝芯线线头一侧，不可压反，压接完工的铝线接头如图 3-35e 所示。

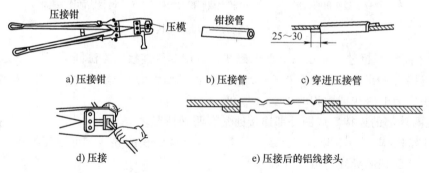

a) 压接钳　　　　　b) 压接管　　　　c) 穿进压接管

d) 压接　　　　　　　　e) 压接后的铝线接头

图 3-35　压接管压接法

4. 母线的连接

一次线（母线）也称汇流排，按材料不同分为铜、铝两种。

（1）母线的选择

某段母线的规格应以其下端的电器元件的额定电流作为选择依据，所选母线允许载流量应大于或等于其下端电器的额定电流。常用母线选择表见表 3-1。

表 3-1　常用母线选择表

电器额定电流/A	铝		铜	
	母线规格 宽/mm×厚/mm	允许载流量 /A	母线规格 宽/mm×厚/mm	允许载流量 /A
200 以下	15×3	134	15×3	170
200	25×3	213	20×3	223
250	30×4	294	25×3	277

（续）

电器额定电流/A	铝		铜	
	母线规格 宽/mm×厚/mm	允许载流量 /A	母线规格 宽/mm×厚/mm	允许载流量 /A
400	40×5	440	40×4	506
600	50×6	600	50×5	696
1000	80×8	1070	60×8	1070
1500	100×10	1475	80×10	1540

（2）母线的加工

母线的加工步骤大致分为校正、测量和下料、弯曲、钻孔、接触面加工等工序。

1）校正。母线本身要求很平直，故对于弯曲不直的母线应进行校正。校正最好由母线校正机进行，也可手工将弯曲的母线放在平台或槽钢上，用硬木锤敲打校正，也可用垫块（铜、铝、木垫块均可）垫在母线上用大锤敲打。敲打时用力要适当，不能过猛。

2）测量和下料。在施工图样上一般不标母线加工尺寸，因此在母线下料前，应到现场实测出实际需要的安装尺寸。测量工具为线锤、角尺、卷尺等。以图 3-36 所示在两个不同垂直面上安装的母线为例，测量时，先在两个绝缘子与母线接触面的中心各放两个线锤，用尺量出两线锤的距离 A_1 和绝缘子中心线距离 A_2。而 B_1 和 B_2 的尺寸则可根据实际需要选定，以施工方便为原则。然后将测得尺寸在木板或平台上划出大样，也可以用截面积为 $4mm^2$ 的铜或铝导线弯成样板，作为弯曲母线的依据。

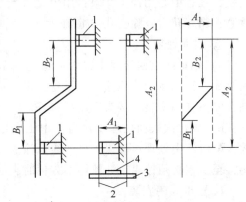

图 3-36 测量母线安装尺寸

1—支持绝缘子 2—线锤 3—平板尺 4—水平尺

下料时应注意节约、合理用料。为了检修时拆卸母线方便，可在适当地点将母线分段，用螺栓连接，但这种母线接头不宜过多，否则不仅浪费人力和材料，还增加了事故点。其余接头采用焊接。

3）弯曲。矩形母线的弯曲，通常有平弯、立弯和扭弯（麻花弯）三种，如图 3-37 所示。

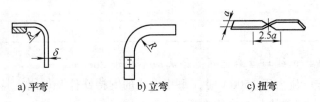

a) 平弯　　　　　b) 立弯　　　　　c) 扭弯

图 3-37 矩形母线的弯曲

δ—母线厚度　a—母线宽度　R—弯曲半径

① 平弯。平弯可采用平弯机，弯曲小型母线时也可用台虎钳弯曲。母线平弯最小允许弯曲半径见表 3-2。

② 立弯。立弯可采用立弯机。母线立弯最小允许弯曲半径见表3-3。

表3-2 母线平弯最小允许弯曲半径

母线截面 /mm	最小弯曲半径		
	铜	铝	钢
50×5 以下	2δ	2δ	2δ
120×10 以下	2δ	2.5δ	2δ

注：表中 δ 是母线的厚度。

表3-3 母线立弯最小允许弯曲半径

母线截面 /mm	最小弯曲半径		
	铜	铝	钢
50×5 以下	$1a$	$1.5a$	$0.5a$
120×10 以下	$1.5a$	$2a$	$1a$

注：表中 a 是母线的宽度。

③ 扭弯。扭弯可用扭弯器进行。扭弯90°时扭弯部分的全长应不小于母线宽度的2.5倍（见图3-37）。用扭弯器冷弯的方法只适用于100mm×8mm以下的铝母线，超过这个范围就需要将母线弯曲部分加热后再进行弯曲。母线的加热温度，铜为350℃左右，铝为250℃左右。

④ 钻孔。凡是螺栓连接的接头，首先应在母线上钻孔。钻孔步骤为：按尺寸在母线上划线；在孔中心用冲头冲眼；用电钻或台钻钻孔，孔眼直径不大于螺栓直径1mm，孔眼要垂直；钻好孔后，除去孔口毛刺。

⑤ 表面处理。

a）铝母线表面处理步骤为：碱洗（放入NaOH溶液处理），有条件也可搪锡；母线表面涂漆，注意接触面不涂；在钢轮上抛光或用锉刀锉去接触面氧化层，再涂一层中性凡士林油，如不立即安装，接头应用纸包好。

b）铜母线表面处理步骤为：用压床压平，或用锉刀将接触面锉成粗糙而平坦的形状；放入酸溶液中处理；镀锡；母线表面涂漆，接触面不涂；铝和铜相连接时，两种材料都应镀锡，至少铜必须镀锡，如镀锡不方便时，必须在接触面之间加镀锡的薄铜片。

（3）母线的安装

母线安装的一般规定有：

1）母线的漆色及安装时的相序位置规定见表3-4。

表3-4 母线的漆色及安装时的相序位置规定

组 别	漆 色	相序位置		
		垂直布置	水平布置	引下线
U	黄	上	后	左
V	绿	中	中	中
W	红	下	前	右

2）母线与母线、母线与盘架之间的距离应不小于20mm。

3）当母线工作电流大于1500A时，每相母线的支持铁件及母线支持夹板零件（如双头螺栓、压板垫板等）应不使其构成闭合磁路。

4）母线跨径太长时，为防止振动和电动力造成短路，需加母线夹固定。

硬母线除了采用焊接外，大都采用螺栓连接。用螺栓连接母线时，螺栓连接处加弹簧垫圈及平垫圈，所用螺栓和螺母应是精制或半精制的，在室内潮湿场所应镀锌，以免锈蚀。具体注意事项如下：

1）螺栓安装时，如母线平放，则螺栓由下向上穿；其余情况，螺母要装在便于维护的一侧。螺栓两侧都应放置平垫圈，螺母侧加装弹簧垫圈，两螺栓垫圈间应有 3mm 以上间距，以防止构成磁路造成发热。拧紧螺栓时，应逐个拧紧，且掌握松紧程度，一般以弹簧垫圈压平为宜。拧紧后的螺杆应露出螺母 3~5 扣。

2）母线的接触部分应保持紧密结合，可用 0.05mm×10mm 的塞尺检查接触面间隙，其塞入深度应小于 5mm，否则应重新处理。

3）母线用螺栓连接后，应将连接处外表油垢擦净，在接头的表面和缝隙处涂 2~3 层能产生弹性薄膜的透明清漆，使接点密封良好。

4）母线与设备端子连接时，如母线为铝材而端子是铜材，应使用铜铝接头。在母线与端子连接处，任何情况下不能使设备端子产生机械应力，为此通常将引出母线弯曲一段，以便温度变化时可以伸缩。母线安装实物如图 3-38 所示。

5. 导线绝缘层的恢复

导线的绝缘层破损和导线连接后都要恢复绝缘层。为保证用电安全，恢复的绝缘强度不应低于原有绝缘层。电力线上通常用黄蜡带、涤纶薄膜带和黑胶带作为恢复绝缘的材料。黄蜡带和黑胶带一般选用 20mm 宽较合适，包缠也方便。包缠方法如下：

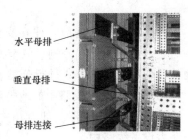

图 3-38　母线连接实物图

将黄蜡带从离切口约 40mm（两根带宽 2*l*）处的绝缘层上开始包缠，如图 3-39a 所示。使黄蜡带与导线保持约 55°的倾斜面，每圈压叠宽 *l*/2，如图 3-39b 所示。

包缠一层黄蜡带后，将黑胶布接在黄蜡带尾端，并在另一方向包缠一层黑胶布，如图 3-39c、d 所示。

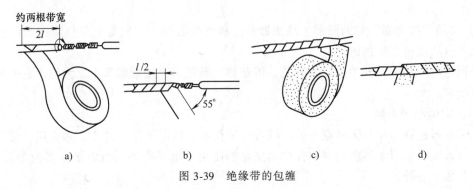

a)　　　　　　　b)　　　　　　　c)　　　　　　　d)

图 3-39　绝缘带的包缠

在 380V 线路上恢复绝缘层时，必须先缠 1~2 层黄蜡带，然后包缠一层黑胶带；在 220V 的线路上恢复绝缘层时，先包缠两层黄蜡带，再包缠一层黑胶带，也可只包缠两层黑胶带。另外，绝缘带包缠时不能过疏，更不允许露出芯线，以免造成触电或短路事故。绝缘带平时不可放在温度很高的地方，也不可浸染油渍。

第4章 常用低压电器元件及电气识图

通过本章的学习可以了解常用低压电器的工作原理、种类、符号、型号、适用场合与条件以及由其构成的基本电气控制回路。初步掌握常用低压电器的选择方法，同时掌握电气工程图的读图方法，弄清电气原理图与安装接线图的对应关系。

4.1 低压电器概述

低压电器通常是指工作在交流 1000V 以下与直流 1200V 以下电路中，对电能的生产、输送、分配和使用起控制、调节、检测、转换及保护作用的器件。它可以按在电气线路中的地位、作用和动作方式进行分类。

（1）按在电气线路中的地位和作用分类

1）低压配电电器。如刀开关、熔断器、转换开关和断路器等，主要用于低压配电系统和动力设备线路中。

2）低压控制电器。如接触器、控制继电器、起动器、控制器、主令电器、电阻器和电磁铁等，主要用于电力拖动和自动控制系统中。

（2）按动作方式分类

1）非自动切换电器。如刀开关、转换开关和主令电器等，它们是依靠外力来进行切换的。

2）自动切换电器。如断路器、接触器和控制继电器等，它们是依靠自身参数的变化或外来信号自动地进行切换的。

低压电器产品有刀开关、转换开关、熔断器、断路器、接触器等十二大类，它们的型号与规格较多。

（3）常用电子电器

电子电器也被称作为无触点开关，随着电子技术、微电子技术的推广和应用，使得电动机、供电系统、家用电器的控制与保护几乎全部使用了电子电器。就电子电器的分类而言，它大致分如下三种：

1）延时电器。如 R-C 式晶体管时间继电器、数字式时间继电器等。

2）漏电保护器。如晶体管开关电路式漏电保护器、延时式漏电保护器等。

3）无触点开关。如接近开关、光电开关、晶闸管开关等。

4.2 常用低压电器介绍

1. 信号灯

信号灯又称指示灯，在控制电路中用作灯光指示信号。

信号灯由灯座、灯罩、灯泡和外壳组成。灯罩由有色玻璃或塑料制成，通常有红、黄、绿、乳白、橙色、无色等六种颜色。灯泡的额定电压通常有 6V、12V、24V、36V、48V、110V、127V、220V、380V、660V 等多种，以适应各种控制电压的信号指示。灯泡一般是白炽灯和氖灯，但发展趋势是使用发光二极管（LED）。发光二极管具有体积小、使用寿命长（可连续工作 30000h 以上）、工作电流小、温升低、能耗低等特点，是高效节能产品。

我国生产的信号灯主要系列有 AD1、AD2、AD11、XDJ1、XDY1 等系列。AD1 的灯泡有白炽灯和氖灯两种，采用变压器或电阻降压；AD2 为白炽灯，采用电容降压；XDJ1 采用发光二极管作为电源；AD11 系列为半导体节能信号灯。信号灯型号、含义及文字符号和图形符号如图 4-1 所示。

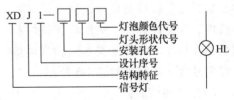

图 4-1 信号灯的型号含义及文字、图形符号

2. 熔断器

熔断器是一种最简单有效的保护电器。在使用时，熔断器串接在所保护的电路中，作为电路及用电设备的短路和严重过载保护，但主要用作短路保护。

（1）熔断器的结构和工作原理

熔断器主要由熔体（俗称保险丝）和安装熔体的熔管（或熔座）两部分组成，如图 4-2 所示。熔体由易熔金属材料铅、锌、锡、银、铜及其合金制成，通常制成丝状或片状。熔管是装熔体的外壳，由陶瓷、绝缘钢纸或玻璃纤维制成，在熔体熔断时兼有灭弧作用。

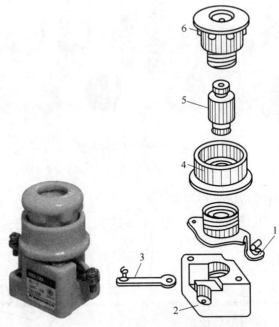

图 4-2 RL1 系列螺旋式熔断器外形图

1—上接线端 2—座子 3—下接线端 4—瓷套 5—熔断管 6—瓷帽

熔断器的熔体与被保护的电路串联，当电路正常工作时，熔体允许通过一定大小的电流而不熔断。当电路发生短路或严重过载时，熔体中流过很大的故障电流，当电流产生的热量达到熔体的熔点时，熔体熔断切断电路，从而达到保护电路的目的。

（2）熔断器的分类

熔断器的分类方式也很多，如按使用场合分，有工业用与家用之分；按外壳结构有开启式、半封闭式和封闭式之分；按填充材料方式分有填充材料和无填充材料之分；按动作特性分有延时动作特性、快动作特性、快慢动作特性和超快动作特性之分等分类方法。具体熔断器型号含义和符号如图 4-3 所示。

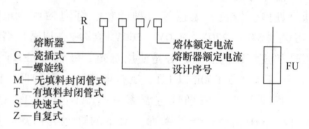

图 4-3　熔断器的型号含义及文字、图形符号

（3）常用熔断器

熔断器的特点是结构简单、使用方便、重量轻、体积小、价格低廉。常用熔断器如图 4-4 所示。在使用上，低压熔断器有管式、插入式、螺旋式及羊角式等多种形式。管式和螺旋式是封闭式，因而适用范围较广，可以用在大容量线路中（动力负荷大于 60A 或照明负荷大于 100A）；插入式由于其结构特点，常用于中小容量电路；羊角熔断器为开启式结构，主要用在进户线上。

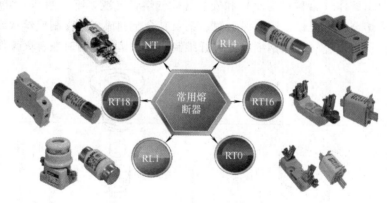

图 4-4　几种常用的熔断器

3. 低压开关

低压开关一般为非自动切换电器，常用的主要类型有刀开关、组合开关、低压断路器等。它在电路中主要起隔离、转换、接通和分断电路的作用。

（1）刀开关

1）刀开关的结构。刀开关（曾称闸刀开关）是结构最简单、应用最广泛的一种手动电器。由操作手柄、刀片、触刀座和瓷底板等组成，如图 4-5 所示。刀开关在低压电路中，作为不频繁接通和分断电路用，或用来将电路与电源隔离。

刀开关在安装时，手柄要向上，不得

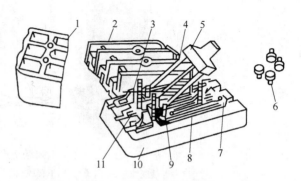

图 4-5　刀开关基本结构图

1—上胶盖　2—下胶盖　3—插座　4—触刀　5—操作手柄
6—胶盖紧固螺母　7—出线座　8—熔丝　9—触刀座
10—瓷底板　11—进线座

倒装或平装。安装得正确，作用在电弧上的电动力和热空气的上升方向一致，就能使电弧迅速拉长而熄灭，反之，两者方向相反电弧将不易熄灭，严重时会使触头及刀片烧伤，甚至造成相间短路。另外，如果倒装，手柄可能因自动下落而引起误动作合闸，从而造成人身和设备安全事故。

接线时，应将电源线接在上端，负载接在下端，这样拉闸后刀片与电源隔离，可防止意外故障发生。

2）刀开关的种类。刀开关的主要类型有大电流刀开关、负荷开关、熔断器式刀开关等。常用的产品有 HD11~HD14 和 HS11~HS13 系列刀开关；HK1、HK2 系列开启式负荷开关；HH3、HH4 系列封闭式负荷开关；HR3 系列熔断器式刀开关等。

3）刀开关的选用。

① 隔离器只能做隔离电源用，不允许带负荷操作。

② 刀开关的额定电压应大于或等于线路的额定电压，额定电流应大于或等于线路的额定电流。

4）刀开关安装使用的注意事项。

① 刀开关应垂直安装在面板上，并要使静触点在上方。

② 刀开关用于隔离电源时，合闸顺序是先合上刀开关，再合上其他用于控制负载的开关；分闸顺序则相反。

③ 应严格按照说明书规定的分断能力来分断负载，无灭弧罩的刀开关，一般不允许分断和合上功率大的负载。

④ 刀开关的型号含义和符号如图 4-6 所示。

（2）组合开关

1）组合开关的结构。组合开关又称转换开关，是手动控制电器。常用的 HZ10 系列组合开关的结构如图 4-7 所示。

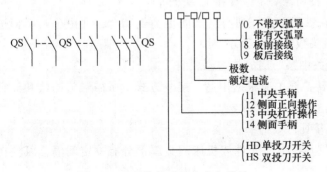

图 4-6　刀开关的型号含义和符号

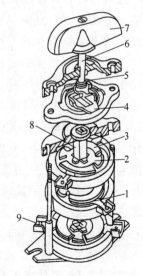

图 4-7　HZ10 系列组合开关结构图
1—静触片　2—动触片　3—绝缘垫板
4—凸轮　5—弹簧　6—转轴　7—手柄
8—绝缘杆　9—接线柱

组合开关主要用于电源引入或 5.5kW 以下电动机的直接起动、停止、反转和调速等。

2）组合开关的种类。常用产品有 HZ5、HZ10 系列。HZ10 系列为全国统一设计产品，可代替 HZ1、HZ2 列老产品；而 HZ5 系列是类似万能转换开关的产品，其结构与一般组合开关有所不同，可代替 HZ1、HZ2、H3 等系列老产品。

3）组合开关的选用。

① 组合开关用于控制电热、照明电路时，开关的额定电流应等于或大于被控电路中各个额定电流的总和；当用来控制电机时，开关的额定电流可选用电动机额定电流的 1.5～2.5 倍。

② 组合开关的层数和接线图应符合电路的要求。

4）组合开关的安装使用注意事项。

① 手柄应保持水平旋转位置。

② 组合开关通断能力低，不能用来分断故障电流。

5）组合开关的型号含义和符号如图 4-8 所示。

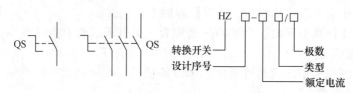

图 4-8 组合开关的型号含义和符号

（3）万能转换开关

1）万能转换开关的结构和原理。万能转换开关是一种多档式、控制多回路的主令电器，一般可作为各种配电装置的远距离控制，也可作为电压表、电流表的换向开关，还可作为小容量电动机（2.2kW 以下）的起动、调速、换向之用。其产品主要有 LW5、LW6 等系列。LW6 系列由操作机构、面板、手柄及数个触头座等主要部件组成，用螺栓组装成为一个整体。其操作位置有 2～12 个，触头底座有 1～10 层，其中每层底座均可装三对触头，并由底座中间的凸轮进行控制。由于每层凸轮可做成不同的形状，因此，当手柄转到不同位置时，通过凸轮的作用，可使各对触头按所需要的规律接通和分断。

LW6 系列万能转换开关还可装成双列形式，列与列之间用齿轮啮合，并由公共手柄进行操作，因此这种转换开关装入的触头数最多可达 60 对。

图 4-9b 为 LW6 系列万能转换开关中某一层的结构原理图。

2）万能转换开关的选用。万能转换开关应根据用途、接线方式、所需触头档数和额定电流来选用。

3）万能转换开关安装时的注意事项。

① 万能转换开关的安装位置应与其他电器元件或机床的金属部分有一定间隔，以免在通断过程中因电弧喷放发生对地短路故障。

② 安装时一般应水平安装在屏板上，但也可倾斜或垂直安装。应尽量使手柄保持水平旋转位置。

③ 万能转换开关的型号含义如图 4-9a 所示。

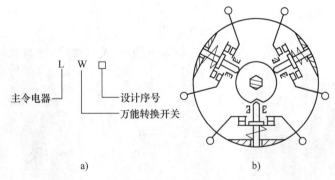

图 4-9　LW 系列万能转换开关符号和结构示意图

4. 低压断路器

低压断路器又称自动空气开关、自动空气断路器和自动开关，是一种半自动开关电器。当电路发生严重过载、短路以及失压等故障时，能自动切断故障电路，从而有效地保护串联在它后面的电气设备。在正常情况下，其可用于不频繁地接通和断开电路及控制电动机。其保护参数可以人为整定，使用安全、可靠、方便，是目前使用最广的低压电器之一。

低压断路器按其用途和结构特点可分为框架式低压断路器、塑料外壳式低压断路器、直流快速低压断路器和限流式低压断路器等。在此主要介绍塑料外壳式和框架式两大类。

低压断路器型号含义和符号如图 4-10 所示。

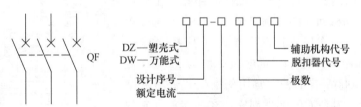

图 4-10　低压断路器型号含义和符号

（1）塑料外壳式低压断路器

塑料外壳式低压断路器又称装置式低压断路器或塑壳式低压断路器，一般用作配电线路的保护开关，以及电动机和照明线路的控制开关等。其外形及内部结构如图 4-11 所示。它主要由触头系统、灭弧装置、自动与手动操作机构、外壳、脱扣器等组成。根据功能的不同，低压断路器所装脱扣器主要有电磁脱扣器（用于短路保护）、热脱扣器（用于过载保护）、失压脱扣器、过励脱扣器以及由电磁和热脱扣器组合而成的复式脱扣器等。脱扣器是低压断路器的重要部分，可人为整定其动作电流。

塑壳式低压断路器工作原理如图 4-12 所示。其中，触头 2 合闸时，与转轴相连的锁扣扣住跳扣 4，使弹簧 1 受力而处于储能状态。正常工作时，热脱扣器的发热元件 10 温升不高，不会使双金属片弯曲到顶动 6 的程度；电磁脱扣器 13 的线圈磁力不大，不能吸住 12 去拨动 6，开关处于正常供电状态。如果主电路发生过载或短路，电流超过热脱扣器或电磁脱扣器动作电流时，双金属片 11 或衔铁 12 将拨动连杆 6，使跳扣 4 被顶离锁扣 3，弹簧 1 的拉力使触头 2 分离切断主电路。当电压失压和低于动作值时，线圈 9 的磁力减弱，衔铁 8 受弹簧 7 拉力向上移动，顶起 6 使跳扣 4 与锁扣 3 分开切断回路，起到失压保护作用。

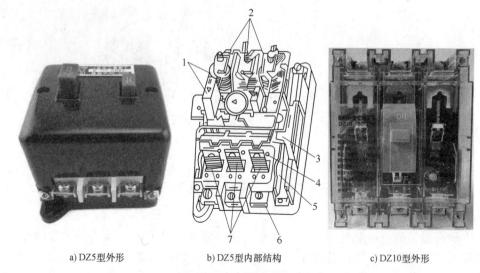

a) DZ5型外形　　　　b) DZ5型内部结构　　　　c) DZ10型外形

图 4-11　常用塑壳式低压断路器外形及内部结构图

1—按钮　2—电磁脱扣器　3—自由脱扣器　4—动触头

5—静触头　6—接线柱　7—热脱扣器

（2）框架式低压断路器

框架式低压断路器又叫万能式低压断路器，主要用于 40～100kW 电动机回路的不频繁全压起动，并起到短路、过载、失压保护作用。其操作方式有手动、杠杆、电磁铁和电动机操作四种。额定电压一般为 380V，额定电流有 200～4000A 若干种。常用的框架式低压断路器有 DW 系列等，其所有零部件都安装在框架上，它的热脱扣器和电磁脱扣器、失压脱扣器等保护原理与塑壳式相同。

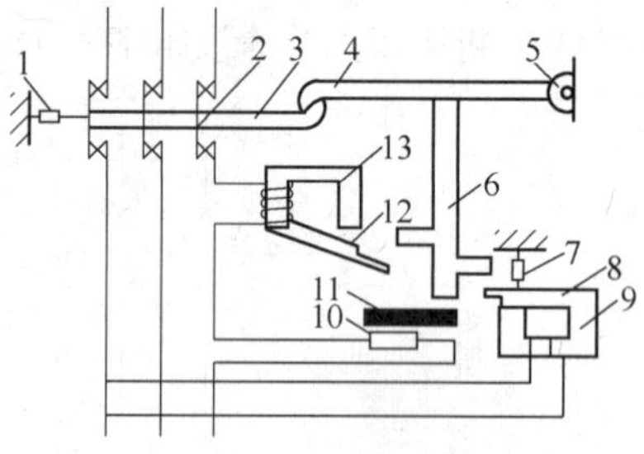

图 4-12　DZ 型塑壳式低压
断路器工作原理图

1、7—弹簧　2—触头　3—锁扣

4—跳扣　5—转轴　6—连杆

8、12—衔铁　9—线圈　10—发热元件

11—双金属片　13—电磁脱扣器

（3）使用低压断路器要注意事项

1）安装前先检查其脱扣器的额定电流是否与被控线路、电动机等的额定电流相符，核实有关参数，满足要求方可安装。

2）应按规定垂直安装，其上接、下接的导线要按规定截面积选用。

3）使用前认真清除灰尘附着物，擦净防锈油脂，检查各紧固螺钉不得松动。

4）脱扣器整定电流等选择性参数，一经调好后便不准随意变动。

5）操作机构在使用一定次数后（通常为机械寿命的 1/4 左右，机械寿命在 2000～20000 次），应给操作机构添加润滑剂。

6）对低压断路器要定期检修（半年至少一次），并清除污垢，尤其是触头的油污与杂质。

7）使用一定次数后，如发现触头表面粗糙或黏有金属熔化后产生的颗粒，应清除它们，以保证触头良好接触。

8）在切断短路电流后，应在适当时候检查触头状况并清除灭弧室内壁、栅片上的烟尘与金属颗粒。

9）定期检查脱扣器及时限机构的整定值，对长期未用而重新投入使用的，应认真检查接线是否良好，是否正确可靠，并进行绝缘测量及质检工作。

5. 主令电器

主令电器是自动控制系统中用于发送控制指令的电器。主令电器应用广泛、种类繁多，按其动作可分为按钮、行程开关、接近开关、主令控制器及其他主令电器，如脚踏开关、倒顺开关、紧急开关、钮子开关等。在此仅介绍几种常用的主令电器。

（1）按钮

1）按钮的结构。按钮又称控制按钮，是一种结构简单、应用广泛的主令电器。在低压控制电路中，用于手动发出控制信号。按钮是由按钮帽、复位弹簧、桥式触头和外壳等组成，通常做成复合式，即具有常闭触点和常开触点。其结构如图 4-13 所示。

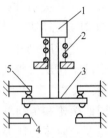

图 4-13　按钮开关
结构示意图
1—按钮帽　2—复位弹簧
3—动触头　4—常开触点
的静触头　5—常闭触
点的静触头

2）按钮的种类。常用的产品有 LA2 系列为仍在使用的老产品，新产品有 LA18、LA19、LA20 等系列。其中 LA18 系列采用积木式结构，触头数量可按需要拼装，一般装成二常开、二常闭，也可根据需要装成一常开、一常闭至六常开、六常闭。其按钮的结构形式可分为按钮式、紧急式、旋钮式及钥匙式等。LA19、LA20 系列有带指示灯和不带指示灯两种，前者按钮帽用透明塑料制成，兼作指示灯罩。

为了标明各个按钮的作用，避免误操作，通常将按钮帽做成不同的颜色，以示区别。其颜色有红、绿、黑、黄、蓝、白等。一般用红色表示停止按钮，绿色表示起动按钮。按钮型号含义和符号如图 4-14 所示。

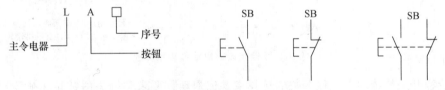

图 4-14　按钮型号含义和符号

3）按钮的选用。按钮的选用主要根据使用场合、所需触头数目、颜色及弹簧的复位性能等因素来确定。

4）使用按钮的注意事项。

① 要用右手食指或大拇指的第一指腹垂直按压，不得用其他手指操作或斜推。用力要均匀适度，不得冲击或加压过度。

② 按钮安装在面板上，应布置整齐，排列合理。如根据电动机起动的先后顺序，从上到下或从左到右排列布置。

③ 同一机床部件的几种不同的工作状态（如上、下；前、后；左、右等），应使每一对相反状态的按钮安装在一起，以便操作方便，不易误操作。

④ 为了应对紧急情况，当面板上按钮较多时，总停车按钮应安装在显眼而容易操作的

地方，并有鲜明标记。

（2）行程开关

1）行程开关的结构。行程开关又称限位开关，是一种利用生产机械某些运动部件的碰撞来发出控制指令的主令电器。用于控制生产机械的运动方向、行程大小或位置保护等。

行程开关的种类很多，但其结构基本一样，不同的仅是动作的传动装置。

从结构上来看，行程开关可分为三部分：操作机构、触点系统、外壳，具体如图4-15所示。

2）行程开关的种类。目前国内生产的行程开关有 JW 系列、LX19 系列及 JLXK1 系列等。JW 系列为微动开关，具有瞬时动作、微量动作行程和很小的动作压力等特点；LX19 系列行程开关是以 LX19 型元件为基础，增设不同的滚轮和传动杆，即可组成单轮、双轮及径向传动杆等形式的行程开关，其中单轮和径向传动杆式行程开关可自动复位，而双轮行程开关不能复位。

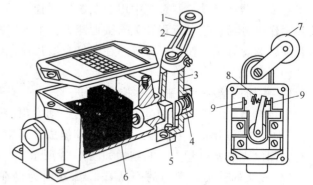

图 4-15　JLXK-111 型行程开关动作原理图

1、7—滚轮　2—杠杆　3—轴　4—复位弹簧　5—撞块
6—微动开关　8—动触头　9—静触头

行程开关的型号含义和符号如图4-16所示。

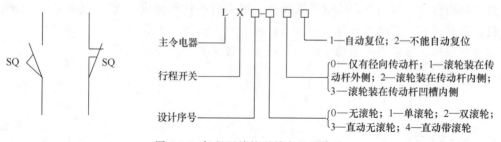

图 4-16　行程开关的型号含义和符号

3）行程开关的选用。行程开关的选择主要依据动作要求和触头的数量来确定。当机械运动的速度很慢、电路电流较大时，可选择快速动作的行程开关；当被控制的回路很多，又不容易安装时，可选用带有凸轮的转动式行程开关；当开关频率很高时，可选用晶体管式的无触点行程开关。

4）行程开关在使用时的注意事项。

a）安装方向应与机械动体运动方向一致。

b）安装位置要灵活，保证撞击时灵活、到位。

（3）接近开关

接近开关是一种无接触式物体检测装置，即某一物体接近某一信号机构时，信号机构就发出"动作"信号的开关。它不需要像机械式行程开关必须施以机械力。接近开关的用途已远超出一般行程控制和限位保护，它还可以用于高速计数、测速、液面控制、检测金属与非金属、检测零件尺寸及用作无触点按钮等。

接近开关主要有 LJ、LJ1A-24、LJ2 等系列。LJ2 系列晶体管接近开关适用于直流 12V 和 24V 线路中，作为机床与自动流水线定位和信号检测之用。U 系列交直流集成接近开关是晶体管接近开关的升级换代产品，适用于机床限位、检测、计数、测速、液面控制、信号及自动保护等，

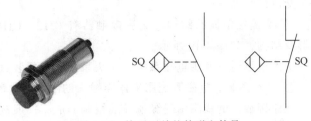

图 4-17　接近开关的外形和符号

可连接计算机、可编程序控制器等作为信号传感用。特别是电容式接近开关还适用于对多种非金属，如纸张、橡胶、烟草、塑料、液体、木材及人体等进行检测。其外形和符号如图 4-17 所示。

（4）光敏开关

光敏开关又称为无接触检测和控制开关。它是利用物体对光束的遮蔽、吸收或反射等作用，实现对物体的位置、形状、标志、符号等进行检测。

光敏开关能非接触、无损伤检测各种固体、液体、透明体、烟雾等。它具有体积小、功能多、寿命长、功耗低、精度高、响应速度快、检测距离远和对光、电、磁的抗干扰性能好等优点，广泛应用于各种生产设备中，如物体检测、液位检测、行程控制、产品计数、速度监测、产品精度检测、产品尺寸控制、产品宽度鉴别、信号延时、色斑与标记识别、自动门、人体接近开关和防盗器等，成为自动控制系统和各生产流水线中不可缺少的重要元件。

光电开关型号有 HWK、FET0、GDN15、GD-T 等系列。

HWK 系列光敏开关采用主动式红外系统，由调制脉冲发生器产生的调制脉冲，经发射管 GL 辐射出 $(9.1 \sim 9.4) \times 10^{-7}$m 红外线脉冲。当被检测体进入传感头作用范围时，反射红外线脉冲被反射回来，进入接收管，接收管的光电效应加上控制器中的解调放大器，将红外线脉冲解调成电脉冲信号，并选通放大，整流为直流电平，再由抗干扰网络滤去干扰脉冲后，去触发驱动器，带动负载。同时传感器上的红色发光二管发光，指示工作状态。它的外形和工作原理框图如图 4-18 所示。

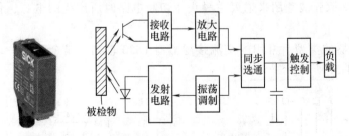

图 4-18　HWK 红外光敏开关工作原理框图

6. 接触器

接触器是用来频繁地远距离接通或断开交直流主电路及大容量控制电路的控制电器。接触器是利用电磁吸力和弹簧反作用力配合动作，而使触点闭合和分断，具有失压保护、控制容量大、可远距离控制等特点。按其触点通过的电流种类不同，分为交流接触器和直流接触器两种。

交流接触器

1）交流接触器的结构。交流接触器有 CJ12、CJ15、CJ20 和 B 系列等，交流接触器的外形及结构，如图 4-19 所示。

交流接触器主要由电磁系统、触头系统和灭弧装置等部分组成。

① 电磁系统。电磁系统用来操作触头的闭合与分断，包括线圈、动铁心和静铁心。

交流接触器的线圈由绝缘铜导线绕制而成，一般制成粗而短的圆筒形，并与铁心之间有一定的间隙，便于铁心散热，以免线圈与铁心直接接触而受热烧坏。

交流接触器的铁心由硅钢片叠压而成，以减少铁心中的涡流损耗，避免铁心过热。在铁心上装有一个短路的铜环作为减振器，使铁心中产生了不同相位的磁通量 ϕ_1、ϕ_2，以减少交流接触器吸合时的振动和噪声，如图 4-20 所示，其材料为铜、康铜或镍铬合金等。

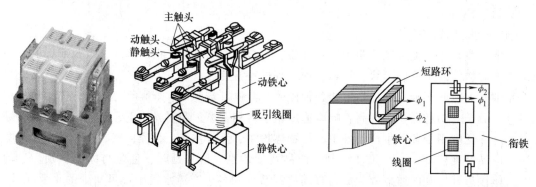

图 4-19　交流接触器结构　　　　　图 4-20　交流接触器铁心上的短路环

② 触头系统。触头系统用来直接接通和分断所控制的电路，分为主触头和辅助触头。主触头用来通断电流较大的主电路，体积较大，一般由三对动合触头组成；辅助触头用来通断电流较小的控制电路，体积较小，有动合和动断两种触头。触头是由导电性能较好的纯铜制成，并在接触点部分镶上银和银合金块，以减少接触电阻。为了使触头接触得更紧密，减少接触电阻，并消除开始接触时发生的有害振动，在触头上装有接触弹簧，以加大触头闭合时的互压力（压紧力）。

③ 灭弧装置。灭弧装置用来熄灭主触头在切断电路时所产生的电弧，保护触头不受电弧灼伤。

2）交流接触器的类型。常用的交流接触器有 CJ20 系列，是全国统一设计产品，具体型号和符号如图 4-21 所示。

图 4-21　常用的交流接触器的型号及符号

3）接触器的主要技术参数。

① 额定电压。接触器铭牌上的额定电压是指主触头的额定电压。交流有 127V、220V、380V、500V；直流有 110V、220V、440V。

② 额定电流。接触器铭牌上的额定电流是指主触头的额定电流。有 5A、10A、20A、40A、60A、100A、150A、250A、400A 、600A。

③ 吸引线圈的额定电压交流有 36V、110V、127V、220V、380V；直流有 24V、48V、220V、440V。

④ 电气寿命和机械寿命以万次表示。

⑤ 额定操作频率以次/h 表示。

4）接触器常见故障分析。

① 触头过热。造成触头发热的主要原因有触头接触压力不足、触头表面接触不良、触头表面被电弧灼伤烧毛等。以上原因都会使触头接触电阻增大，使触头过热。

② 触头磨损。触头磨损有两种：一种是电气磨损，由触头间电弧或电火花的高温使触头金属气化和蒸发所造成；另一种是机械磨损，由触头闭合时的撞击，触头表面的滑动摩擦等造成。

③ 线圈断电后触头不能复位。其原因有触头熔焊在一起、铁心剩磁太大、反作用弹簧弹力不足、活动部分机械上被卡住、铁心端面有油污等。

④ 衔铁振动和噪声。产生振动和噪声的主要原因有短路环损坏或脱落；衔铁歪斜或铁心端面有锈蚀、尘垢，使动、静铁心接触不良；反作用弹簧弹力太大；活动部分机械上卡阻而使衔铁不能完全吸合等。

⑤ 线圈过热或烧毁。线圈中流过的电流过大时，就会使线圈过热甚至烧毁。发生线圈电流过大的原因有：线圈匝间短路；衔铁与铁心闭合后有间隙；操作频繁，超过了允许操作频率；外加电压高于线圈额定电压等。

7. 继电器

继电器是根据电流、电压、温度、时间和速度等信号的变化来接通和分断小电流电路的自动控制元件。继电器一般不直接控制主电路，而是通过接触器或其他电器对主电路进行控制，因此继电器触点的额定电流很小（5~10A），不需要灭弧装置。其具有结构简单、体积小、重量轻等优点，但对其动作的准确性则要求较高。按照它在自动控制系统中的作用，分为热继电器、时间继电器、中间继电器、速度继电器、电流继电器和电压继电器等。

（1）热继电器

热继电器是利用电流的热效应原理工作的保护电器，在电路中用作电动机的过载保护。电动机在实际运行中，常遇到过载情况，若过载不太大，时间较短，只要电动机绕组不超过允许温升，这种过载是允许的。但过载时间过长，绕组温升超过了允许值时，将会加剧绕组绝缘老化，缩短电动机的使用寿命，严重时甚至会使电动机绕组烧毁。因此，凡电动机长期运行时，都需要对其过载提供保护装置。其型号和符号含义如图 4-22 所示。

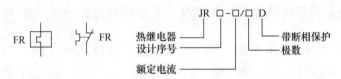

图 4-22　热继电器的型号及符号

1）热继电器的结构和工作原理。热继电器种类很多，应用最广的是基于双金属片的热继电器，其外形及结构如图 4-23 所示。

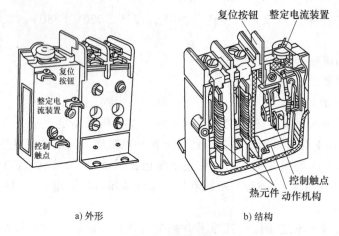

a) 外形　　　　　　　　　　b) 结构

图 4-23　热继电器

热继电器主要由热元件、触点系统、动作机构、复位按钮和整定电流装置等部分组成。

① 热元件。热元件是热继电器接收过载信号部分，由双金属片及绕在双金属片外面的绝缘电阻丝组成。双金属片由两种热膨胀系数不同的金属片复合而成，如铁镍铬合金和铁镍合金。电阻丝用康铜或镍铬合金等材料制成，使用时串联在被保护的电路中。

热元件一般有两个，属于两相结构热继电器。此外，还有三相结构热继电器。

② 触点系统。触点系统一般配有一组切换触点，即一个动合触点、一个动断触点，如图 4-24 所示。

③ 动作机构、复位按钮和整定电流装置动作机构由导板、补偿双金属片、推杆、杠杆及拉簧等组成，用来将双金属片的热变形转化为触点的动作。补偿双金属片用来补偿环境温度的影响。

热元件串联在电动机定子绕组中，当电动机正常运行时，热元件产生的热量虽能使双金属片弯曲，但还不足以使继电器动作。当电动机过载时，流过热元件的电流增大，热元件产生的热量增加，使双金属片弯曲位移增大，经过一定时间后，双金属片推动导板使继电器触点动作，切断电动机控制电路。其工作原理如图 4-24 所示。

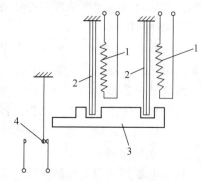

图 4-24　热继电器工作原理示意图
1—热元件　2—双金属片
3—导板　4—触点

热继电器动作后的复位有手动复位和自动复位两种，手动复位的功能由复位按钮来完成。

2）热继电器的类型。热继电器常用的产品有 JR0、JR2、JR9、JR10、JR15、JR16 等系列。其中 JR16 系列有断相保护。近年来，新产品有 3UA、T、LR1、KTD 等系列。

3）热继电器的安装使用注意事项。

① 热继电器只能作为电动机的过负荷保护，不能做短路保护使用。因为发生短路，表明电路已出事故，必须立即切断电源，把故障压缩到最小范围，用热继电器作保护元件就不

能达到这个要求。

② 热继电器安装时，应清除触点表面尘污，以免因接触电阻太大或电路不通影响热继电器的动作性能。

热继电器必须按照产品说明书中规定的方法安装。当它与其他电器装在一起时，应注意将它安装在其他电器的下方，以免其动作特性受到其他电器发热的影响。

（2）电磁式继电器

电磁式继电器主要有电压继电器、电流继电器和中间继电器。

1）电磁式继电器的基本结构与工作原理。电磁式继电器的结构、工作原理与接触器相似，由电磁系统、触点系统和反力系统三部分组成，吸引线圈通电（或电流、电压达到一定值）时，衔铁运动带动触点动作。图 4-25 所示为电磁式继电器基本结构示意图和符号。

2）常用电磁式继电器。

① 电压继电器。电压继电器是根据电路中电压的大小来控制电路的"接通"或"断开"。主要用于电路的过电压或欠电压保护，使用对其吸引线圈直接（或通过电压互感器）并联在被控电

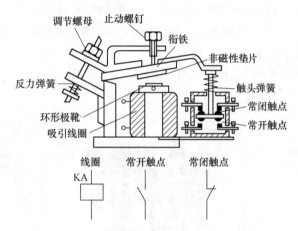

图 4-25　电磁式继电器基本结构示意图和符号

路上。过电压继电器在电路电压正常时不动作，在电路电压超过额定电压的 1.05~1.2 倍以上时才动作。欠（零）电压继电器在电路电压正常时，电磁机构动作（吸合），电路电压下降到（30%~50%）以下或消失时，电磁机构释放，实现欠（零）电压保护。电压继电器可分为直流电压继电器和交流电压继电器。交流电压继电器用于交流电路，直流电压继电器用于直流电路，它们的工作原理是相同的。

② 电流继电器。电流继电器根据电路中电流的大小动作或释放，用于电路的过电流或欠电流的保护，使用时其吸引线圈直接（或通过电流互感器）串联在被控电路中。过电流继电器在电路正常工作时衔铁不能吸合，当电路出现故障或电流超过某一整定值（1.1~4倍额定电流）时，过电流继电器动作。欠电流继电器则在电路正常工作时动铁心被吸合，电流减小到某一整定值（0.1~0.2倍额定电流）时，动铁心被释放。电流整定值可通过调节反力弹簧的弹力来调节。

电流继电器可分为直流电流继电器和交流电流继电器，其工作原理与电压继电器相同。

③ 中间继电器。中间继电器的结构和工作原理：中间继电器是传输或转换信号的一种低压电器元件，它可将控制信号传递、放大、分路、隔离和记忆，以用于解决触点容量、数量与继电器灵敏度的矛盾。其工作原理和交流接触器相似。中间继电器的型号含义如图 4-26所示。

中间继电器有通用型继电器、电子式小型通用继电器、电磁式中间继电器、采用集成电路构成的无触点静态中间继电器等。

当电路电流小于 5A 时，可用中间继电器代替接触器起动电动机。

选择中间继电器时应主要考虑被控电路的电压等级、所需触点的类型、容量和数量。

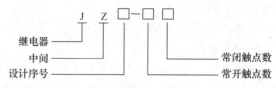

图 4-26 中间继电器的型号及含义

（3）时间继电器

时间继电器是一种利用电磁原理或机械动作原理实现触点延时接通或断开的自动控制电器。其种类很多，常用的有电磁式、空气阻尼式、电动式和晶体管式等。其规格主要有 JS7 系列为空气阻尼式和 JSJ 列为晶体管式。

1）空气阻尼式时间继电器。空气阻尼式时间继电器是利用空气阻尼原理获得延时的，它由电磁机构、延时机构、触点三部分组成，电磁机构为直动式双 E 型，触点系统是借用 LX5 型微动开关，延时机构采用气囊式阻尼器。其外形图、触点和型号如图 4-27 ~ 图 4-29 所示。

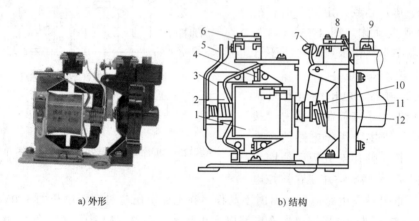

a) 外形　　　　　　　　　b) 结构

图 4-27　JS7 系列时间继电器

1—线圈　2—反作用弹簧　3—衔铁　4—铁心　5—弹簧片

6—瞬时触点　7—杠杆　8—延时触点　9—调节螺钉

10—推板　11—推杆　12—宝塔弹簧

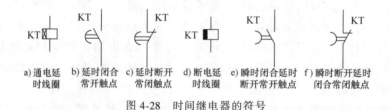

a) 通电延　b) 延时闭合　c) 延时断开　d) 断电延　e) 瞬时闭合延时　f) 瞬时断开延时
时线圈　　常开触点　　常闭触点　　时线圈　断开常开触点　闭合常闭触点

图 4-28　时间继电器的符号

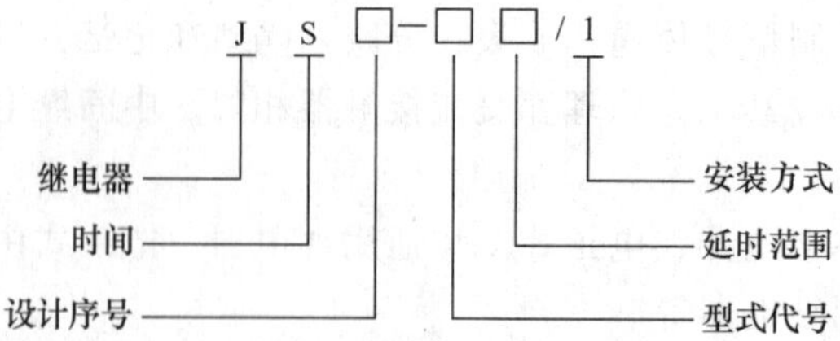

图 4-29　时间继电器的符号及型号

空气阻尼式时间继电器可以做成通电延时型或断电延时型两种。

2）晶体管式时间继电器。晶体管式时间继电器也称为半导体式时间继电器，它是利用电阻的阻尼及电容对电压变化的阻尼作用作为延时环节而构成的。其特点是延时范围广、精度高、体积小、耐冲振、便调节、寿命长，是目前发展最快、最有前途的电子器件。图 4-30 为 JSJ 型晶体管式时间继电器的原理图。其工作原理自行分析。常用的产品有 JSJ、JSR、JS14、JS15、JS20 型等。

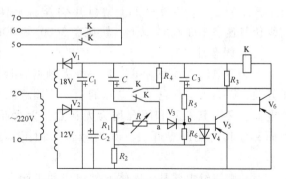

图 4-30　JSJ 型晶体管式时间继电器原理图

3）数字式（又称计数式）时间继电器。数字式时间继电器和晶体管式时间继电器都属于电子式时间继电器。数字式时间继电器由脉冲发生器、计数器、放大器及执行机构组成，具有定时精度高、延时时间长、调节方便等优点，通常还带有数码输入、数字显示等功能，应用范围很广。常用的数字式时间继电器有 JSS14、JSS20、JSS26、JSS48、JS11S、JS14S 等系列。

4）时间继电器的选用。对延时要求不高的场合，一般选用价格较低的 JS23 系列空气阻尼时间继电器；对延时要求较高的场合，则应选用 JS11 系列电动式时间继电器。延时方式分为通电延时和断电延时两种方式，应根据控制线路的要求选择延时方式，并且满足延时范围。线圈电压应根据控制线路的电压选择吸引线圈的电压。

（4）速度继电器

速度继电器主要用作笼型异步电动机的反接制动控制，所以也称反接制动继电器。它主要由转子、定子和触点三部分组成，转子是一个圆柱形永久磁铁，定子是一个笼型空心圆环，由硅钢片叠成，并装有笼型绕组。图 4-31 为 JY1 型速度继电器的符号和结构示意图。

速度继电器工作原理：速度继电器转子的轴与被控电动机的轴相连接，而定子空套在转子上。当电动机转动时，速度继电器的转子随之转动，定子内的短路导体便切割磁场，产生感应电动势，从而产生电流。此电流与旋转的转子磁场作用产生转矩，于是定子开始转动，当转到一定角度时，装在定子轴上的摆锤推动簧片动作，使常闭触点分断，常开触点闭合。当电动机转速低于某一值时，定子产生的转矩减小，触点在弹簧

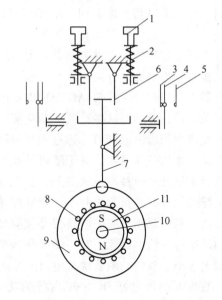

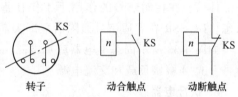

图 4-31　JY1 型速度继电器符号和结构示意图
1—调节螺钉　2—反力弹簧　3—常闭触点
4—动触点　5—常开触点　6—返回杠杆
7—杠杆　8—定子导体　9—定子
10—转轴　11—转子

作用下复位。

常用的速度继电器有 JY1 型和 JFZ0 型。一般速度继电器的动作转速为 120r/min，触头的复位转速在 100r/min 以下，转速在 3000~3600r/min 以下能可靠地工作。

（5）固态继电器

固态继电器（简称 SSR）是一种无触点通断电子开关，因为可实现电子继电器的功能，固称固态继电器，又因其断开和闭合均为无触点，无火花，因而又称其为无触点开关。其型号含义如图 4-32 所示。

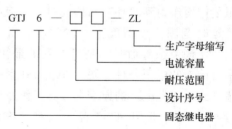

图 4-32 固态继电器的型号含义

由于固态继电器是由固体元件组成的无触点开关元件，所以与电磁继电器相比，它具有体积小、重量轻、工作可靠、寿命长，对外界干扰小、能与逻辑电路兼容、抗干扰能力强、开关速度快、使用方便等一系列优点。同时由于采用整体集成封装，使其具有耐腐蚀、抗振动、防潮湿等特点，因而在许多领域有着广泛的应用，在某些领域有逐步取代传统的电磁继电器的趋势。固态继电器的应用还在电磁继电器难以胜任的领域得到扩展，如计算机和可编程序控制器的输入输出接口，计算机外围和终端设备、机械控制、中间继电器、电磁阀、电动机等的驱动、调压、调速装置等。在一些要求耐振、耐潮、耐腐蚀、防爆的特殊装置和恶劣的工作环境中，以及要求工作可靠性高的场合中使用固态继电器都较传统电磁继电器具有无可比拟的优越性。

按负载电源类型分类，固态继电器可分为交流型固态继电器（AC-SSR）和直流型固态继电器（DC-SSR）两种，AC-SSR 以双向晶闸管作为开关元件，而 DC-SSR 以功率晶体管作为开关元件，分别用来接通或关断交流或直流负载电源。

交流型固态继电器可分为过零型和随机导通型两种，它们之间的主要区别在于负载端交流电流导通的条件不同。对于随机导通型 AC-SSR，当在其输入端加上导通信号时，不管负载电源电压处于何种相位状态下，负载端立即导通，而对于过零型 AC-SSR，当在其输入端加上导通信号时，负载端并不一定立即导通，只有当电源电压过零时才导通。

由于双向晶闸管的关断条件是控制极导通电压撤除，同时负载电流必须小于双向晶闸管导通的维持电流。因此，对于随机导通型和过零型 AC-SSR，在导通信号撤除后，都必须在负载电流小于双向晶闸管维持电流时才关断，可见这两种 SSR 的关断条件是相同的。

直流固态继电器 DC-SSR 内部的功率器件一般为功率晶体管，在控制信号的作用下工作在饱和导通或截止状态，DC-SSR 在导通信号撤除后立即关断。

如图 4-33 所示固态继电器应用电路，1、2 端接控制信号，3、4 端接负载和交流电源。

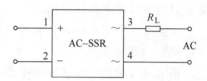

图 4-33 固态继电器的应用电路

8. 执行电器

机械设备的执行电器主要有电磁铁、电磁阀、电磁离合器、电磁抱闸等，许多机械设备的工艺过程就是通过这些元件来完成的。电磁铁、电磁阀已发展成为一种新的电器产品系列，并已经成为成套设备中的重要元件。

电磁阀是电气系统中用于自动控制开启和截断液压或气压通路的阀门，电磁阀按电源种类分有直流电磁阀、交流电磁阀、交直流电磁阀等；按用途分有控制一般介质（气体、流体）电磁阀、制冷装置用电磁阀、蒸汽电磁阀、脉冲电磁阀等；按动作方式分有直接起动式和间接起动式。各种电磁阀都有二通、三通、四通、五通等规格。图 4-34 所示是螺管电磁系统电磁阀的结构示意图，它由动铁心 1、静铁心 2、外壳 3、压盖 4、隔磁管 5、线圈 6、管路 7、阀体 8、反力弹簧 9 等组成。为了使介质与磁路的其他部分隔绝，用非磁性材料（如不锈钢）制成隔磁管将动铁心与静铁心包住，并将其下部与压盖密封，在压盖与阀体之间用氟橡胶密封圈密封，使进、出管之间不会泄漏。该电磁阀的阀门是直通式的，用反力弹簧压住动铁心上端，而动铁心下端的氟橡胶塞将阀门进出口密封阻塞。当接通线圈电源时，电磁吸力克服反力弹簧的阻力把动铁心吸起，开启阀门接通管道。

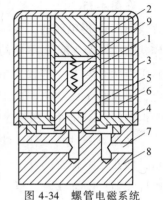

图 4-34　螺管电磁系统
电磁阀的结构示意图
1—动铁心　2—静铁心　3—外壳
4—压盖　5—隔磁管　6—线圈
7—管路　8—阀体　9—反力弹簧

　　在液压系统中，电磁阀也用来控制液流方向，而阀门的开关是由电磁铁来操纵的，所以控制电磁铁就是控制电磁阀。电磁阀的结构性能可用它的位置数和通路数来表示，并有单电磁铁（称为单电式）和双电磁铁（称为双电式）两种。图 4-35 是电磁阀的图形符号，其中，图 4-35a 为单电式两位二通电磁换向阀；图 4-35b 为单电两位三通电磁换向阀；图 4-35c 为单电两位四通电磁换向阀；图 4-35d 为单电两位五通电磁换向阀；图 4-35e 为双电两位四通电磁换向阀；图 4-35f 为双电三位四通电磁换向阀；图 4-35g 为电磁阀线圈的电气图形符号和文字符号。在单电电磁阀图形符号中，与电磁铁邻接的方格中表示孔的通向是电磁铁得电时的工作状态，与弹簧邻接的方格中表示的状态是电磁铁失电时的工作状态。双电磁铁图形符号中，与电磁铁邻接的方格中表示孔的通向是该侧电磁铁得电的工作状态。

　　如在图 4-35d 中，电磁铁得电的工作状态是 1 孔与 3 孔相通，2 孔与 4 孔相通；电磁铁失电时的工作状态，由于弹簧起作用，使阀芯处在右边，1 孔与 2 孔通，3 孔与 4 孔通，2 孔还与 4 孔通，即改变了油液（压缩空气）进入液（气）压缸的方向，实现了换向。

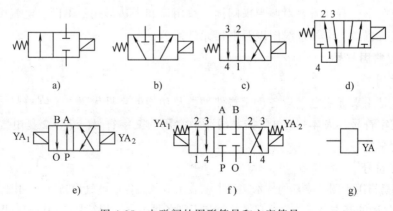

图 4-35　电磁阀的图形符号和文字符号

在图 4-35e 中，与 YA$_1$ 邻接的方格中的工作状态是 P 与 A 通，B 与 O 通，也即表示电磁线圈 YA$_1$ 得电时的工作状态。随后如果 YA$_1$ 失电，而 YA$_2$ 又未得电，此时，电磁阀的工作状态仍保留 YA$_1$ 得电时的工作状态，没有变化，直至电磁铁 YA$_2$ 得电时，电磁阀才换向。其工作状态为 YA$_2$ 邻接方格所表示的内容，即 P 与 B 通，A 与 O 通；同样，如接着 YA$_2$ 失电，仍保留 YA$_2$ 得电时的工作状态，如要换向，则需 YA$_1$ 得电，才能改变流向。在设计控制电路时，不允许电磁铁 YA$_1$ 与 YA$_2$ 同时得电。

在图 4-35f 中，当电磁铁 YA$_1$ 和 YA$_2$ 都失电时，其工作状态是以中中间方格的内容表示，四孔互不相通；当 YA$_1$ 得电时，阀的工作状态由邻接 YA$_1$ 的方格所表示内容确定，即 P 与 A 通，B 与 O 通；当 YA$_2$ 得电时，阀的工作状态视邻接 YA$_2$ 的方格所表示的内容确定，即 P 与 B 通，A 与 O 通。对三位四（五）通电磁阀，在设计控制电路时，同样是不允许电磁铁 YA$_1$ 与 YA$_2$ 同时得电。

电磁阀在选用时应注意以下几点：

1）阀的工作机能要符合执行机构的要求，据此确定所采用阀的形式（二位或三位，单电或双电，二通或三通，四通，五通等）。

2）阀的额定工作压力等级以及流量应满足系统要求。

3）电磁铁线圈采用的电源种类以及电压等级等都要与控制电路一致，并应考虑通电持续率。

4.3 电气控制电路图的识读

电气图是指用来指导电气工程和各种电气设备、电气线路的安装、接线、运行、维护、管理和使用的图样，必须根据国家标准，使用统一的文字符号、图形符号及绘制方法，以便于工程技术从业人员识读。由于电气图描述的对象复杂、表达形式多种多样、应用领域广泛，因而使其成为一个独特的专业技术图种。作为电气工程从业技术人员，学会阅读和使用电气图是其必备的基本素质要求。

一项电气工程用不同的表达方式来反映工程问题的不同侧面，它们彼此作用不同，但又有一定的对应关系，有时需要对照起来阅读。按用途和表达形式的不同，电气图可分为电气原理图、电气位置图、电气接线图以及电器元件清单。

1. 常用电气图符号

（1）文字符号

文字符号是用来标明电气设备、元器件种类及功能的字母代码。文字符号分为基本文字符号和辅助文字符号。表 4-1 是电气控制线路中常用的文字符号。表 4-2 是电气控制线路中常用的辅助文字符号。

（2）图形符号

图形符号是指用于图样或其他技术文件中，表示电气元件或电气设备性能的图形、标记或字符，是构成电气图的基本单元，熟练掌握绘制和识别各种电气图形符号是识读电气图的关键。

电气控制线路常用图形符号如表 4-3 所示。

表 4-1　电气控制线路中常用的文字符号

设备和元器件中文名称	文字符号	设备和元器件中文名称	文字符号
电动机	M	指示灯	HL
控制按钮	SB	电流表	PA
选择开关	SA	电压表	PV
行程开关	SQ	电能表	PJ
控制变压器	TC	照明灯	EL
电磁阀	YV	电位器	RP
熔断器	FU	断路器	QF
时间继电器	KT	接触器	KM
继电器	KA	端子板	XT
电磁吸盘	YH	插头	XP
电磁离合器	YC	插座	XS
电磁制动器	YB	连接片	XB

表 4-2　电气控制线路中常用的辅助文字符号

设备和元器件中文名称	文字符号	设备和元器件中文名称	文字符号
电流	A	向后	BW
交流	AC	顺时针	CW
自动	AUT	逆时针	CCW
加速	ACC	制动	BRK
附加	ADD	黑	BK
蓝	BL	向前	FW
绿	GN	输入	IN
增	INC	中性线	N
断开	OFF	闭合	ON
输出	OUT	接地保护	PE
直流	DC	复位	RST
运转	RUN	启动	ST

表 4-3　电气控制线路常用图形符号

序号	类别	图形符号		
1	F:保护类器件 FU:熔断器	熔断器 		

（续）

序号	类别	图形符号		
2	Q:开关器件 （1）QS:刀开关 （2）QF:断路器 （3）QF:负荷开关	刀开关	断路器	负荷开关
3	K:接触器、继电器			
	（1）KM:接触器	线圈（R）	主触头（NO）	辅助触头（NC&NO）
	（2）K:继电器			
	1）电磁继电器 KA:中间继电器	线圈	常开触点（NO）	常闭触点（NC）
	2）KT:时间继电器 通电延时时间继电器	线圈	常开延时闭合触点	常闭延时断开触点
	断电延时时间继电器	线圈	常开延时断开触点	常闭延时闭合触点
	3）FR:热过载继电器	驱动器件	常闭触点	常开触点
4	T:变压器 （1）TA:互感器 （2）TC:电力变压器	互感器	电力变压器	电力变压器
5	控制回路中的开关器件			
	（1）SA:转换开关	常开	常闭	复合

（续）

序号	类别	图形符号		
5	（2）SB：按钮	启动按钮 	停止按钮 	复合按钮 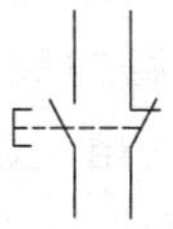
	（3）SQ：行程开关	常开 	常闭 	
6	H：指示器件 （1）HL：指示灯 （2）HA：蜂鸣器	指示灯	蜂鸣器	
7	R：电阻器 （1）R：电阻 （2）RP：电位器	电阻	电位器	
8	V：半导体器件 （1）VD：二极管 （2）VD：发光二极管 （3）VC：桥式整流器	二极管	发光二极管	桥式整流器
9	电动机 （1）M 直流电动机 （2）M：三相交流电动机	直流电动机	三相交流电动机	

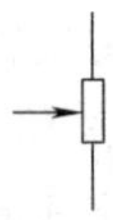

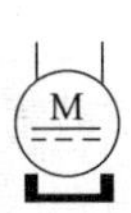

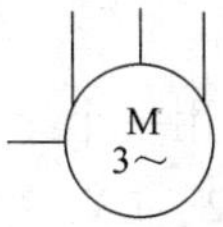

2. 电气原理图

电气原理图又称电路图，是根据生产机械运动形式对电气控制系统的要求，采用国家统一规定的电气图形符号和文字符号，按照电气设备和电器的工作顺序，详细表示电路、设备或成套装置的全部基本组成和连接关系，而不考虑其实际位置的一种简图。电气原理图能充分表达电气设备和电器的用途、作用和工作原理，是电气线路安装、调试和维修的理论依据。电气原理图是电气图中最重要的种类之一，也是识图的难点与重点。

绘制和精读电气原理图时应遵循以下原则：

1）电气原理图一般分电源电路、主电路和辅助电路三部分来绘制。电气原理图可以水平布置，也可以垂直布置。水平布置时，电源线垂直画，控制电路水平画，控制电路的耗能元件画在电路的最右边；垂直布置时，电源线水平画，控制电路垂直画，控制电路的耗能元件画在电路的最下边。

2）三相交流电源的标记为 L1、L2、L3，中线 N 和保护地线 PE。直流电源用 "+" "−" 标记或 L+、L−。

主电路是从电源向用电设备供电的路径，由主熔断器、接触器的主触头、热继电器的热元件以及电动机等组成。主电路通过的电流较大，一般要画在电气原理图的左侧，用粗实线表示。

辅助电路一般包括控制电路、信号电路、照明电路及保护电路等。辅助电路由继电器和接触器的线圈、继电器的触头、接触器的辅助触头、主令电器的触头、信号灯和照明灯等电器元件组成。辅助电路通过的电流较小，一般不超过 5A。画辅助电路图时，辅助电路要跨接在两根电源线之间，一般按照控制电路、信号电路和照明电路的顺序依次垂直画在主电路图的右侧，且电路中与下边电源线相连的耗能元件（如接触器和继电器的线圈、信号灯、照明灯等）要画在电路图的下方，而电器的触头要画在耗能元件与上边电源线之间。为读图方便，一般应按照自左至右、自上而下的排列来表示操作顺序。

3）原理图中各电器元件不画实际的外形图，而是采用国家统一规定的电气图形符号和文字符号来表示。

4）原理图中所有电器的触头位置都按电路未通电或电器未受外力作用时的常态位置画出。分析原理时，应从触头的常态位置出发。

5）原理图中各个电器元件及其部件（如接触器的触头和线圈）在图上的位置是根据便于阅读的原则安排的，同一电器元件的各个部件可以不画在一起，即采用分开表示法。但它们的动作却是相互关联的，因此，必须标注相同的文字符号。若图中相同的电器较多时，需要在电器文字符号后面加注不同的数字，以示区别，如 SB1、SB2 或 KM1、KM2、KM3 等。

6）画原理图时，电路用平行线绘制，应尽量减少线条、避免线条交叉并尽可能按照动作顺序排列，便于阅读。对交叉而不连接的导线在交叉处不加黑圆点；对十字形连接点（有直接电联系的交叉导线连接点），必须要用小黑圆点表示；对 T 形连接点处则可不加。

7）为安装检修方便，在电气原理图中各元件的连接导线往往予以编号，即对电路中的各个接点用字母或数字编号。

主电路的电气连接点一般用一个字母和一个一位或两位的数字标号，如在电源开关的进线端按相序依次编号为 L1、L2、L3，电动机所在主电路用 U、V、W，然后按从上至下，从左至右的顺序，标号的方法是经过一个元件就变一个号，如 M1 所在主回路 U11、V11、W11；M2 所在主回路 U21、V21、W21。单台三相交流电动机（或设备）的三根引出线按相序依次编号为 U、V、W。对于多台电动机引出线的编号，为了不致引起误解和混淆，可在字母前用不同的数字加以区别，如 U1、V1、W1；U2、V2、W2。

辅助电路编号按 "等电位" 原则从上至下、从左至右的顺序用数字依次编号，每经过一个电器元件后，编号要依次递增。

回路的标号以电路元件为界，经过压降元件时的不同线段分别按奇数和偶数的顺序标号，如一侧按 1、3、5……等标号，另一侧按 2、4、6……标号。电路元件一般包括接触器线圈、继电器线圈、电阻器、电容器照明灯、电铃等。

当电路比较复杂时，回路中的不同线段较多时，标号可连续递增到两位或三位奇数或偶数进行编写，如"101、103、105"，"102、104、106"等。

电气原理图在图中体现了组成原理图的各个元素。也就是说，在一张机床电气原理图中，要划分图区、功能区、标题栏。图区的行用阿拉伯数字标注，图区的列用大写的英文字母标注，而且图区的行一定是偶数。功能区简要说明该区域内电路的作用或功能。在图中要有元件图形符号、文字符号、技术数据、线号、导线规格，图线、触点所在图区标注等信息。识读电气原理图的方法如图 4-36 所示。

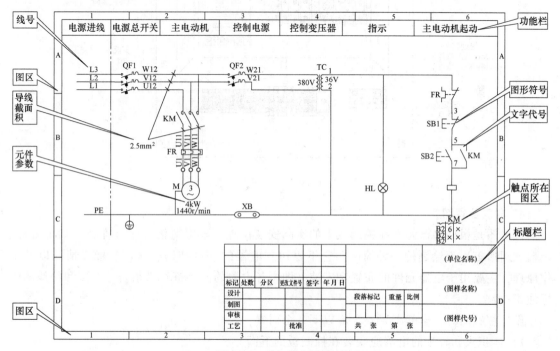

图 4-36　电气原理图图例

3. 电气装配图

装配图包括装配总图、箱体装配图、面板装配图、配电盘装配图等。

装配总图主要提供电气部分（配电盘、按钮站、行程开关、电动机等）在机床上的安装位置和方式，电气各部分连接线的走向，导线的保护措施（如护套管的类型、直径、种类），导线的固定方式，及使用紧固件的规格。配电盘装配图提供元件的装配空间，配电盘的尺寸大小，元件之间相互位置关系，即元件的安装位置或排列位置。元件的安装方式，即元件是用螺钉紧固，还是装在卡轨上，或粘接。被安装元件的规格或型号、数量，紧固件的规格和数量等。在电气装配图中，元件可使用国家规定的标准电气符号标示，也可使用元件的外形标识。在同一张图中即可使用元件的图形符号，也可使用元件的外形标识。但必须标明元件的相互位置，安装方式。

在识读电气装配图时，要注意元件的安装方向。认真审阅元件指引号内容，从中找到元件的规格型号及数量和紧固件的规格和数量。电气装配图图例如图 4-37 所示。

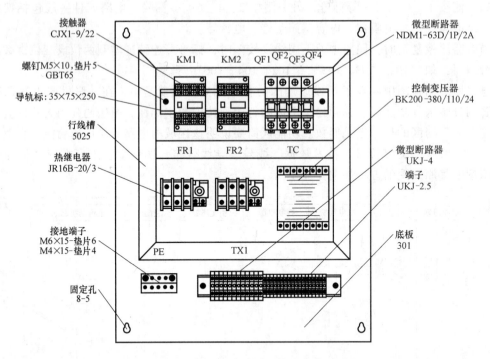

接触器
CJX1-9/22

螺钉M5×10,垫片5
GBT65

导轨标:35×7.5×250

行线槽
5025

热继电器
JR16B-20/3

接地端子
M6×15-垫片6
M4×15-垫片4

固定孔
8-5

微型断路器
NDM1-63D/1P/2A

控制变压器
BK200-380/110/24

微型断路器
UKJ-4
端子
UKJ-2.5

底板
301

KM1 KM2 QF1 QF2 QF3 QF4

FR1 FR2 TC

PE TX1

图 4-37　CA6136 车床配电盘电气装配图

4. 电气位置图

位置图是根据电器元件在控制板上的实际安装位置，采用简化的外形符号（如正方形、矩形、圆形等）而绘制的一种简图。它不表达各电器的具体结构、作用、接线情况以及工作原理，主要用于电器元件的布置和安装。图中各电器的文字符号必须与原理图和接线图的标注相一致。

设计位置图时，电气布置要考虑以下几个因素：

1）体积大和较重的电器应安装在控制板的下面。

2）安放发热元件时，必须注意电柜内所有元件的温升保持在它们的允许极限内。对散发很大热量的元件，必须隔离安装，必要时可采用风冷。

3）为提高电子设备的抗干扰能力，除采取接参考电位电路或公共连接等措施外，还必须把灵敏的元件分开、屏蔽或分开加屏蔽。

4）元件的安排必须遵守规定的间隔和爬电距离，并应考虑有关的维修条件。经常需要维护检修操作调整用的电气，安装位置要适中。

5）尽量把外形及结构尺寸相同的电气元件安装在一起，以利于安装和补充加工。布置要适当、均称、整齐、美观。

图 4-38 为电气位置图。

5. 电气接线图

安装接线图是根据电气设备和电器元件的实际位置和安装情况绘制的，只用来表示电气设备和电器元件的位置、配线方式和接线方式，而不明显表示电气动作原理。为了具体安装接线、检查线路和排除故障，必须根据原理图查阅安装接线图。安装接线图中各电器元件的图形符号及文字符号必须与原理图核对。接线图和接线表有单元接线图和接线表、互连接线图和接线表、端子接线图和接线表等几种类型。

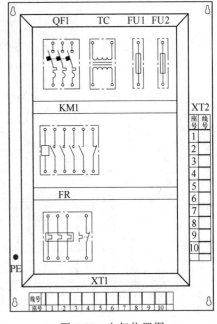

图 4-38　电气位置图

绘制和精读安装接线图时应遵循以下原则：

1）接线图中一般显示出如下内容：电气设备和电器元件的相对位置、文字符号、端子号、导线号、导线类型、导线截面积、屏蔽和导线绞合等，同时还应标注导线的走向、屏蔽、捆扎方式、导线的长度，也应标注出信号名称。

2）在接线图中，所有的电气设备和电器元件都按其所在的实际位置绘制在图样上。元件所占图面按实际尺寸以统一比例绘出。单元接线图和接线表只表示其内部各项目之间的连接关系，并不表示与外部的连接关系。所选视图一般最能反映各项目的端子和布线情况。为能够更清楚反映出接线和布线情况，可选用多个视图。当项目为层叠时，可移动或翻转后再画出。

互连接线图和互连接线表是表示两个或两个以上单元之间的连接情况的图表。不包括单元内的接线情况。各单元要画在一个平面内，单元框线使用点画线，连接线可以是单根线也可以是多根线，可使用连续线方式，也可以使用断续线方式表示。端子接线图和接线表示设备的端子和外部导线的连接关系端子接线内容包括端子代号、线号、电缆号等。

3）同一电器的各元件根据其实际结构，使用与原理图相同的图形符号画在一起，并用点画线框上，即采用集中表示法。

4）接线图中各电器元件的图形符号和文字符号必须与原理图一致，以便对照检查接线。

5）各电器元件上凡是需要接线的部件端子都应绘出并予以编号，各接线端子的编号必须与原理图上的导线编号相一致。

6）接线图中的导线有单根导线、导线组（或线扎）、电缆等之分，可用连续线和中断线来表示。凡导线走向相同的可以合并，用线束来表示，到达接线端子板或电器元件的连接点时再分别画出。在用线束来表示导线组、电缆等时可用加粗的线条表示，在不引起误解的情况下也可采用部分加粗。另外，导线及管子的型号、根数和规格应标注清楚。

7）安装配电板内外的电气元器件之间的连线，应通过端子进行连接。

8）常用配线方式　根据机床电气布置位置，绘制机床内部接线图。对于简单的电气系统，可直接画出两个元件之间的连线，采用图 4-39a 的画法。对于较复杂的电气系统，接线关系采用符号标准，不直接画出两元件之间的连接，采用图 4-39b 的画法。分线盒进线和出线的接线关系要表示清楚，接线板的线号要排列清晰，且便于查找及配线施工。对于非常复杂的电气系统，常采用图 4-39c 的画法，标明该端子的线号和去向。

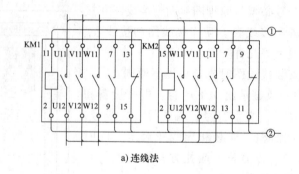

a) 连线法

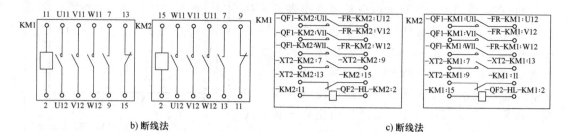

b) 断线法   c) 断线法

图 4-39 电气布线图标注方法

6. 设备元件表

设备元件表是把成套装置、设备中各组成元件的名称、型号、规格和数量列成的表格。在实际中，原理图、接线图和位置图要结合起来使用。

7. 电气图的其他知识

根据国家标准规定，按照所绘图的内容复杂程度，选择图样的尺寸（图幅）。根据国家标准规定或行业标准及图的布局，选择或绘制标题栏（标准图纸幅画、标题栏、请查找相关标准）。

1）图幅：分别为 A0、A1、A2、A3、A4。尺寸分别为（mm×mm）841×1189、594×841、420×594、297×420、210×297。

加长版的尺寸为（mm×mm）：A3×3 420×891、A3×4 420×1189、A4×3 297×630、A4×4 297×841、A4×5 297×1051。

2）图区：为偶数等长，一般为 25～75mm。横向编号用阿拉伯数字，竖写用大写的英文字母，图区标号：字母在前，数字在后，如 B2。

4.4 建筑配电照明安装工程识图

照明工程图中符号主要包括文字符号、图形符号等，绘制图时，一般用于图样或其他文件来表示一个设备或概念的图形，标记或字符的符号称为电气图形符号。文字符号通常标在电气图形符号近旁，以表明电气设备、装置和元器件的名称、功能和特征等。

常见的符号主要包括线路敷设方式的文字符号、照明设备图形符号、开关设备图形符号和插座设备图形符号等。

1. 导线的表示方法

一般情况下，可以用一条直线表示两根导线，而不必标注根数。对于多于两根导线可以在直线上打上短斜线表示根数；也可以画一根短斜线，在旁边标注数字表示根数。导线表示方法如图 4-40 所示。

电气线路所使用的导线型号、根数、截面积等，需要在导线图形符号旁加文字标注，一般情况下导线标注格式为

$$a\text{-}b\text{-}c\times d\text{-}e\text{-}f$$

式中，a 表示线路编号；b 表示导线型号；c 表示导线根数；d 表示导线截面积；e 表示敷设管径；f 表示敷设部位。

导线标注格式如图 4-41 所示。

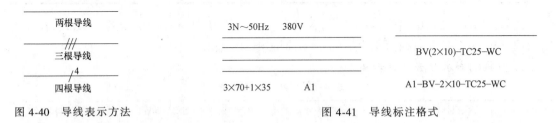

图 4-40　导线表示方法　　　　　　　　　　图 4-41　导线标注格式

2. 常用线路敷设方式文字符号（见表 4-4）

表 4-4　常用线路敷设方式文字符号

名　　称	旧代号	新代号	名　　称	旧代号	新代号
用瓷瓶或磁柱敷设	CP	K	用电缆桥架敷设	—	CT
用塑料线槽敷设	XC	PR	用瓷夹敷设	CJ	PL
用钢管槽敷设	GC	SR	用塑料夹敷设	VJ	PCL
穿焊接钢管敷设	G	SC	穿蛇皮管敷设	SPG	CP
穿电线管敷设	DG	TC	穿聚氯乙烯管敷设	VG	PC
穿阻燃半硬聚氯乙烯管敷设	ZVG	FPC			

3. 常用线路敷设部位的文字符号（见表 4-5）

表 4-5　常用线路敷设部位文字符号

名　　称	旧代号	新代号	名　　称	旧代号	新代号
沿钢索敷设	S	SR	暗敷设在梁内	LA	BC
沿屋架或跨屋架敷设	LM	BE	暗敷设在柱内	ZA	CLC
沿柱或跨柱敷设	ZM	CLE	暗敷设在墙内	QA	WC
沿墙面敷设	QM	WE	暗敷设在地面或地板内	DA	FC
沿天棚面或顶板面敷设	PM	CE	暗敷设在屋面或顶板内	PA	CC
在能进入的吊顶内敷设	PNM	ACE	暗敷设在不能进入的吊顶内	PNA	ACC

4. 常见导线型号（见表 4-6）

表 4-6　常见导线型号

型号	名称	型号	名称
BV	铜芯塑料绝缘导线	BLVVB	铝芯塑料绝缘护套平行线
BLV	铝芯塑料绝缘导线	RV	铜芯塑料绝缘软线
BVR	铜芯塑料绝缘软护套导线	RVB	铜芯塑料绝缘平行软线
BVCV	铜线塑料绝缘护套圆形导线	RVS	铜芯塑料绝缘绞形软线
BLVV	铝芯塑料绝缘护套圆形导线	RV-105	铜芯耐热 105 度塑料绝缘软线
BV-105	铜芯耐热 105C 塑料绝缘导线	RTV	铜芯塑料绝缘护套圆形软线
BVVB	铜芯塑料绝缘护套平行线	RVVB	铜芯塑料绝缘护套平行软线

例如，"BV（2×10）-TC25-WC"的含义是：用直径为 25 mm 的电线管（TC），在墙内暗敷设（WC）2 根金属截面积为 10 mm^2 的铜芯塑料绝缘线（BV）。

5. 灯具的表示方法（见表 4-7）

表 4-7　灯具的表示方法

名称	图形符号	文字符号	名称	图形符号	文字符号
灯	⊗　○	一般灯具符号	防水防尘灯	⊙	FS
荧光灯 （单管、三管、5 管）	┣━┫　⬚　5	Y	吸顶灯	◖	D
局部照明灯	●		壁灯	◗	B
安全灯	⊖		花灯	⊗	H

为了能在图样上说明灯的具体情况，通常在灯具图形符号旁边用文字符号加以标注，即

$$a-b\,\frac{c×d×l}{e}\,f$$

式中，a 表示灯具数量；b 表示灯具类型；c 表示灯具内的灯光或灯管数量；d 表示每个灯泡或灯管的功率；e 表示灯具安装高度；f 表示安装方式；l 表示光源种类（可省略不写）。

灯具的安装方式文字符号见表 4-8。

表 4-8　灯具的安装方式文字符号

灯具安装方式	文字符号	灯具安装方式	文字符号
线吊式	CP	壁装式	W
墙壁内安装	WR	链吊式	CH
嵌入式	R	防水线吊式	CP2
吸顶式	S	顶棚内安装	CR

6. 开关、插座及其他电气设备表示方法（见表 4-9）

表 4-9　开关、插座及其他电气设备表示方法

名称	图形符号	说明	名称	图形符号	说明
插座		一般符号	带熔断器的插座		
单相插座		明装 暗装 密闭 防爆	开关		开关一般符号
			开关	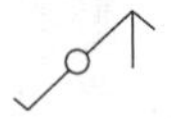	单极双控拉线开关
			开关	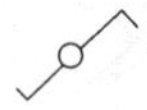	双控开关
单相三孔插座		明装 暗装 密闭 防爆	开关	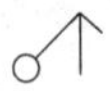	单极拉线开关
			单极开关	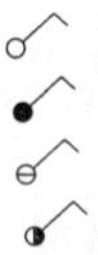	明装 暗装 密闭 防爆
三相四孔插座		明装 暗装	配电箱		画于墙外为明装， 画于墙内为暗装
多个插座	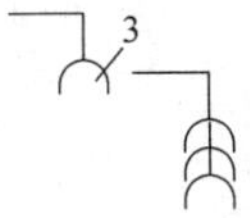	3 个	吊扇		
带开关插座	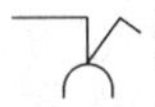	具有单极开关 的插座	电扇调速开关	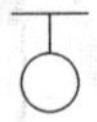	

7. 照明电气系统图

照明电气系统图又称照明配电系统图，简称照明系统图，是用国家标准规定的电气图用图形符号、文字符号绘制的，用来概略地表示电气照明系统的基本组成、相互关系及其主要特征的一种简图。其具有电气系统图的基本特点，能集中反映照明的安装容量、计算容量、计算电流、配电方式、导线或电缆的型号、规格、数量、敷设方式及穿管管径、开关及熔断器的规格型号等。

照明系统图用单线图绘制，一般应标出配电箱、开关、熔断器、导线型号、保护管径和敷设方法，以及用电设备名称等，如图 4-42 所示。

8. 照明平面图

照明平面图是住宅建筑平面图上绘制的实际配电布置图，安装照明电气电路及用电设备，需根据照明电气平面图进行。在照明平面图中标有配电箱位置，灯具、开关、插座位置，还可以标明线路敷设方式，以及线路和电气设备等各项数据，用以说明图中无法表达的

一些内容。照明平面图是照明电气施工的关键图纸，是指导照明电气施工的重要依据，如图 4-43 所示。

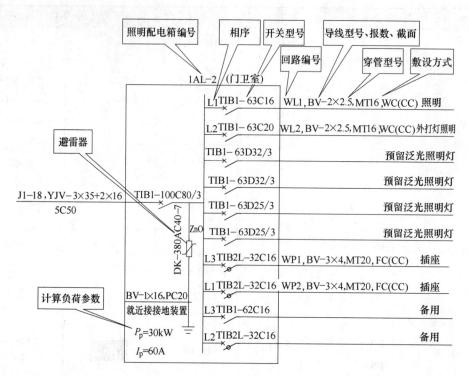

图 4-42　照明系统图

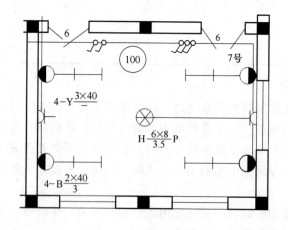

图 4-43　照明平面图

第5章 楼宇配电照明线路的安装

电力作为原动力，由配电线路将其分配到用电单位和住宅区去，楼宇配电照明电路的安装和检修更是家庭、办公楼宇综合布线中最简单、最基本的部分，也是电气职业技术人员必须掌握的一项基本功。通过本章的工程实训，可以掌握楼宇线路的主要配线安装方法和基本操作工艺。

5.1 楼宇配电箱安装工程

1. 工程任务描述

楼宇配电系统安装，三相五线电缆输入，设计总负载为20kW。要求有总电能计量，两路分支电路，一路单相送照明配电箱负载按10kW，要求有电能计量，另一路三相送其他照明配电箱负载按10kW设计。

2. 工程需要学习的相关知识

（1）电流互感器

文字符号为TA，图形符号为ϕ或$\overline{\phi}$。

电流互感器的结构特点是：一次绕组匝数很少（有的利用导线穿过铁心，只有一匝），导线相当粗；二次绕组匝数很多，导线较细。一次绕组串联接入一次回路，二次绕组和仪表、继电器等电流线圈串联，形成闭合回路，由于仪表（电流表）、继电器线圈（电流继电器）阻抗很小，所以电流互感器的二次回路近于短路状态。二次绕组的额定电流一般为5A。在使用电流互感器时要注意：在工作时二次侧不得开路；二次侧有一端必须接地；在连接时要注意端子极性，一般用 L1、L2 表示一次绕组端子，K1、K2 表示二次绕组端子。L1 和 K1 及 L2 和 K2 为"同极性端"。图 5-1 所示为 LMZJ1-0.5 型电流互感器的外形。

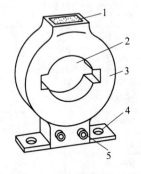

图 5-1 LMZJ1-0.5 型电流
互感器外形
1—铭牌 2——次侧母绞穿孔
3—铁心、外绕二次绕组、环
氧树脂浇注 4—安装板（底座）
5—二次侧接线端子

1）电流互感器使用注意事项如下：

① 电流互感器二次回路两端的接线桩要与电能表电流线圈的接线桩正确连接，不可接反。电流互感器的一次回路的接线桩要与电源的进出线正确连接。

② 电流互感器二次侧的接线桩外壳和铁心都必须可靠接地。

2）电流互感器的型号含义如下：

3）LMZJ1-0.5 型电流互感器技术参数见表 5-1。

表 5-1　LMZJ1-0.5 型电流互感器技术参数

额定电流比	穿心匝数	准确级及额定输出				额定绝缘水平
		0.2	0.5	1	3	
15/5	10					
20/5	10					
30/5	5					
40/5	5					
50/5	3	2.5A				
75/5	2					
100/5	2					
150/5	1		10A	15A		
200/5	1					
300/5	1					0.5/3
400/5	1					
500/5	1					
600/5	1	5A				
800/5	1					
1000/5	1					
1500/5	1					
2000/5	1	10A	15A	20A	50A	
3000/5	1					
4000/5	1					
5000/5	1					

（2）电能表

电能表的文字符号为 PJ，图形符号为 $\boxed{\overline{kW \cdot h}}$。

电能表是用来测量某一段时间内发电机发出的电能或负载所消耗电能的仪表。所以电能表是累计仪表，其计量单位是 kW·h。电能表的种类繁多，按其准确度分为 0.5 级、1.0 级、2.0 级、2.5 级、3.0 级等。按其结构和工作原理又可分为电解式、电子数字式和电气机械式 3 类。电解式电能表主要用于化学工业和有色金属冶炼工业中电能的测量；电子数字式电能表适用于自动检测、遥控和自动控制系统；电气机械式电能表又可分为电动式和感应式两种，电动式主要用于测量直流电能，交流电能表都是采用感应式电能表。

1）电能表的主要组成部分。

电能表大都采用感应式，其外形如图 5-2 所示，原理结构如图 5-3 所示。其主要由以下部件组成：

① 驱动元件。

图 5-2　感应式电能表外形

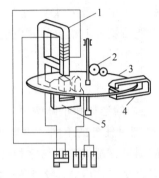

图 5-3　感应式电能表原理结构图

1—叠片铁心　2—计数机构　3—铝盘
4—制动磁铁　5—驱动元件

a）电流部件。其是由铁心及绕在它上面的电流线圈组成。电流线圈的匝数较少，导线较粗，铁心由硅钢片叠合而成。

b）电压部件。其是由铁心及绕在它上面的电压线圈组成。电压线圈的匝数较多，导线较细，铁心由硅钢片叠合而成。

② 转动元件。转动元件由铝制圆盘和转轴组成，轴上装有传递转数的蜗杆，转轴安装在上、下轴承里，可以自由转动。

③ 制动元件。制动元件由制动永久磁铁和铝盘等组成。其作用是在转盘转动时产生制动力矩，使转盘转速与负载的功率大小成正比，从而使电能表能反映出负载所消耗的电能。

④ 积算机构。积算机构用来计算电能表转盘的转数，实现电能的测量和积算。当转盘转动时，通过蜗杆、蜗轮及齿轮等传动机构，最后使"字轮"转动，便可以从计算器窗口上直接显示出盘的转数。不过一般电能表所显示的并不是盘的转数而是直接显示出负载所消耗的电能的"度"数。此外电能表还有轴承、支架、接线盒等部件。

2）单相交流电能表的工作原理。

当交流电流通过感应式电能表的电流线圈和电压线圈时，在铝盘上会感应产生涡流，这些涡流与交变磁通相互作用产生电磁力，使铝盘转动。同时制动磁铁与转动的铝盘也相互作用，产生了制动力矩。当转动力矩与制动力矩平衡时，铝盘以稳定的速度转动。铝盘的转速与被测电能的大小成比例，从而可测出所耗电能。由以上简单的原理分析可知，铝盘的转速与负载的功率有关，负载功率越大，铝盘的转速越快。即

$$P = C\omega$$

式中，P 为负载的功率；ω 为铝盘的转速；C 为常数。

若测量时间为 T，且保持功率不变，则有

$$PT = C\omega T$$

式中，PT 为在时间 T 内负载消耗的电能 W；而 ωT 为铝盘在时间 T 内的转数 n，即

$$W = Cn$$

上式表明，电能表的转数 n，正比于被测电能 W。

由上式可求出常数 $C(\mathrm{kW \cdot h/r})$，$C = W/n$，即铝盘每转一圈所代表的 $\mathrm{kW \cdot h}$ 数。

通常电能表铭牌上给出的是电能表常数 $N[\mathrm{r/(kW \cdot h)}]$，它表示每 $\mathrm{kW \cdot h}$ 对应的铝盘转数，即

$$N = 1/C = n/W$$

3）电能表的选择和正确使用。

① 根据测量任务的不同，电能表型式的选择也会有所不同。对于单相、三相，有功和无功电能的测量，都应选取与之相适应的仪表。在国产电能表中，型号中的前后字母和数字均表示不同含义。其中第一个字母 D 代表电能表；第二个字母中的 D 则表示单相，S 表示三相三线，T 表示三相四线，X 表示无功；后面的数字代表产品设计定型编号。

② 根据负载的最大电流及额定电压，以及要求测量值的准确度选择电能表的型号。应使电能表的额定电压与负载的额定电压相符。而电能表的额定电流应大于或等于负载的最大电流。

③ 当没有负载时，电能表的铝盘应该静止不转。当电能表的电流线路中无电流而电压线路上有额定电压时，其铝盘转动应不超过潜动允许值。

4）新型电能表简介。

在科技迅猛发展的今天，新型电能表已进入千家万户。下面介绍具有较高科技含量的静止式电能表和电卡预付费电能表。

① 静止式电能表是借助于电子电能计量的原理，继承传统感应式电能表的优点，采用全屏蔽、全密封的结构，具有良好的抗电磁干扰性能，集节电、可靠、轻巧、高精度、高过载、防窃电等为一体的新型电能表。

静止式电能表由分流器取得电流采样信号，分压器取得电压采样信号，经乘法器得到电压电流乘积信号，再经频率变换产生一个频率与电压电流乘积成正比的计数脉冲，通过分频驱动步进电动机，使计度器计量。

静止式电能表按电压分为单相电子式、三相电子式和三相四线电子式等，按用途又分为单一式和多功能（有功、无功和复合型）等。

静止式电能表的安装使用要求，与一般机械式电能表大致相同，但接线宜粗，避免因接触不良而发热烧毁。

② 电卡预付费电能表即机电一体化预付费电能表，又称 IC 卡表或磁卡表，如图 5-4 所示。它不仅具有电子式电能表的各种优点，而且电能计量采用先进的微电子技术进行数据采集、处理和保存，实现先付费后用电的管理功能。

　　电卡预付费电能表通过电阻分压网络和分流元件分别对电压信号和电流信号采样，送到电能计量芯片，在计量芯片内部经过差分放大、A-D 转换和乘法器电路进行乘法运算，完成被计量电能的瞬时功率测量；再通过滤波和数字频率转换器，输出与被计量电能平均功率成比例的频率脉冲信号，其中高频脉冲输出可供校验使用，低频脉冲输出给计度器显示电量及 CPU 进行通信抄收等数据处理。其工作原理框图如图 5-5 所示。

图 5-4　电卡预付费电能表外形图

　　电卡预付费电能表也有单相和三相之分。单相电卡预付费电能表的接线如图 5-6 所示。

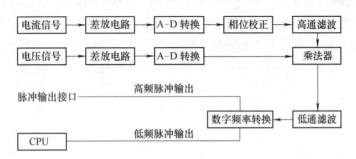

图 5-5　电卡预付费电能表工作原理框图

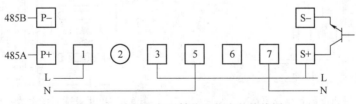

图 5-6　单相电卡预付费电能表的接线图

5）智能电能表的工作特点。

　　智能电能表采用了电子集成电路的设计方式，因此与感应式电能表相比，智能电能表不管在性能还是操作功能上都具有很大的优势。

　　① 功耗：由于智能电能表采用电子集成电路设计方式，因此一般每块表的功耗仅有 0.6~0.7W，对于多用户集中式的智能电能表，其平均到每户的功率则更小。而一般每块感应式电能表的功耗为 1.7W 左右。

　　② 精度：就表的误差范围而言，2.0 级电子式电能表在 5%~400% 标定电流范围内测量的误差为 ±2%，而且目前普遍应用的都是精确等级为 1.0 级的电能表，误差更小。感应式电能表的误差范围则为 0.86%~5.7%，而且由于机械磨损这种无法克服的缺陷，导致感应式电能表越走越慢，最终误差越来越大。国家电网曾对感应式电能表进行抽查，结果发现 50% 以上的感应式电能表在用了 5 年以后，其误差就超过了允许的范围。

　　③ 过载、工频范围：智能电能表的过载倍数一般能达到 6~8 倍，有较宽的量程。目前

8～10 倍率的表正成为越来越多用户的选择，有的甚至可以达到 20 倍率的宽量程。工作频率范围也较宽，为 40～1000Hz。而感应式电能表的过载倍数一般仅为 4 倍，且工作频率范围仅在 45～55Hz 之间。

④ 功能：智能电能表由于采用了电子技术，可以通过相关的通信协议与计算机进行联网，通过编程软件实现对硬件的控制管理。因此智能电能表不仅有体积小的特点，还具有了远程控制、复费率、识别恶性负载、反窃电、预付费用电等功能，而且可以通过对控制软件中不同参数的修改，来满足对控制功能的不同要求，而这些功能对于传统的感应式电能表来说都是很难或不可能实现的。

6）电能表的接线方法。

电能表接线比较复杂，易接错，在接线前要查看附在电能表上的说明书，根据说明书上的要求和接线图把进线和出线依次对号接在电能表的线头上。接线时应遵守"发电机端"守则，即将电流线圈和电压线圈带"＊"的一端，一起接到电源的同一极性端上。

① 单相电能表的接线方法。在低电压、小电流线路中，电能表可直接接在线路上，如图 5-7 所示，电能表的接线端子盖上一般都画有接线图。它的电流线圈与线路串联，所有负载电流都通过它。电压线圈与线路并联，承受线路的全部电压。此时电能表上的读数就是所测电能。

测量低电压、大电流的电能时，电能表必须通过电流互感器与线路相连，如图 5-8 所示。

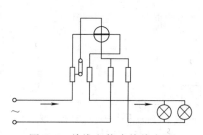

图 5-7　单线电能表接线方法

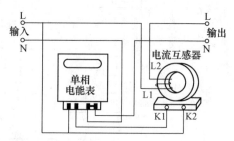

图 5-8　单相电能表经电流互感器接线方法

② 三相电能表的接线方法。测量低压三相四线制线路的有用功时，常采用三元件三相电能表。若线路的负载电流未超过电能表的量程，则可将电能表直接接在线路上。

若线路的负载电流超过电能表的量程则必须通过电流互感器将电能表接入线路。

三相电能表按接线不同分为三相四线制和三相三线制两种。由于负荷容量和接线方式不同，又分为直接式和互感器式两种。直接式三相电能表有 10A、20A、30A、50A、75A、100A 等规格，常用于电流容量较小的电路。互感器式三相电能表的量程为 5A，可按电流互感器的不同比率（电流比）扩大量程，通常接于电流容量较大的电路。直接式三相四线制电能表共有 11 个接线桩，跟单相电能表一样，从左至右编号。其中 1、4、7 号接电源进线的三根相线，3、6、9 号分别接三根相线的出线，并与总开关进线接线桩连接。2、5、8 号空着不用，10、11 号分别接三相电源中性线的进线和出线，如图 5-9 所示。

互感器式三相四线制电能表由一块三相电能表配用 3 只规格相同、比率适当的电流互感器以扩大电能表量程。接线时 3 根电源相线的进线分别接在 3 只电流互感器一次绕组接线桩

L1 上，3 根电源相线的出线分别从 3 个互感器一次绕组接线桩 L2 引出。并与总开关进线接线桩相连。然后用 3 根铜芯绝缘线分别从 3 个电流互感器一次绕组接线桩 L1 引出，与电能表 2、5、8 号接线桩相连。再用 3 根同规格的绝缘铜芯线将 3 只电流互感器二次绕组接线桩 K1 与电能表 1、4、7 号接线桩相连。将 3 只互感器二次绕组接线桩 K2，与电能表 3、6、9 号接线桩相连。最后将 3 个 K2 接线桩用一根导线统一接中性线。因中性线一般与大地相连，使各互感器 K2 接线桩均能良好接地。如果三相电能表中如 1、2、4、5、7、8 号接线桩之间接有连片时，应事先将连片拆除。互感器式三相四线制电能表原理图如图 5-10 所示，接线图如图 5-11 所示。

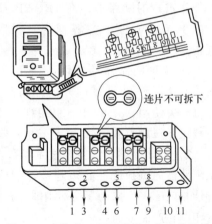

图 5-9　直接式三相四线制电能表的接线

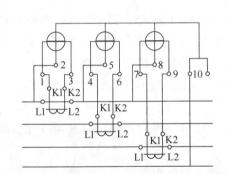

图 5-10　互感器式三相四线制电能表原理图

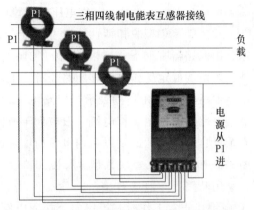

图 5-11　互感器式三相四线制电能表接线图

在三相四线制供电网络中，还有用 3 只单相电能表代替三相四线制电能表的方法。为扩大电能表量程，亦用 3 只电流互感器与之配套。接线原理图如图 5-12 所示。在读数时，将 3 只电能表各自读数乘以电流互感器比率，然后再相加。

（3）低压断路器（俗称空气开关）

文字符号为 QF，图形符号为 ⌐⌐×。

低压断路器在居室供电中作总电源保护开关或分支线保护开关用，它集控制和保护功能于一体。当电路发生短路、过载、失电压等故障时，断路器能及时切断电源电路，从而保证了电路的安全，其外形如图 5-13 所示。

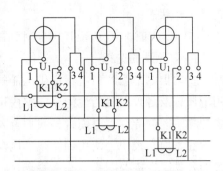

图 5-12　三只单相电能表测
三相电路接线原理图

由于断路器具有在故障处理后一般不需要更换零部件便可重新恢复供电的优点使得它得到了广泛应用。尤其在建筑电气上，现在已经全部使用断路器。目前家庭使用 DZ 系列（塑料外壳式）的断路器，有 1P、2P、3P、4P 四种类型，所谓的 P（Pole），中文解释为"极"，每种类型又有多种规格。

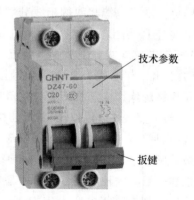

图 5-13　小型断路器外形图

1）4 种断路器的应用：1P 用于一根相线的开、闭控制。2P 用于一相一零的开闭控制，一般作为交流 220V 电源总开关使用，3P 用于 3 根相线的开、闭控制，3P 断路器一般用于三相负载，4P 用于三相一零的开、闭控制。

2）低压断路器的主要技术参数：为起到保护作用，低压断路器的保护特性必须与被保护线路及设备的允许过载特性相匹配。厂家为了方便用户选择，一般都把其主要参数印制在产品表面。

① 产品规格 DZ47-63。DZ 指塑料外壳式断路器，47 是设计代号，63 为壳架等级额定电流。

② 400V 指断路器的额定工作电压值，说明本产品断路器工作电压不能超过 400V。

③ C32。C 指 C 型脱扣特性，32 指额定工作电流为 32A。

家庭用断路器有如下些规格：C10、C16、C25、C32、C40、C63。其中，C 指断路器脱扣特性。所谓的额定工作电流即断路器跳断电流值。例如"C10"表示当回路电流达到 10A 时，断路器跳闸。"C40"则表示当回路电流达到 40A 时，断路器跳闸。还有，为了确保安全可靠，断路器的额定工作电流一般应大于所需最大负荷电流的 2 倍，为以后家庭的用电需求留有余量，即应该考虑到以后用电负荷增加的可能性。

断路器有 B 型、C 型、D 型 3 种脱扣特性，B 型、C 型、D 型有不同的过载曲线和启动速度，家用断路器一般选 C 型。

④ 扳键。正常工作时，扳键向上接通电路，在电路发生严重的过载、短路以及欠电压等故障时，自动切断电路（扳键被弹下），待故障处理完毕后，需人工向上扳动合闸，恢复正常工作状态。

⑤ 3C 认证。3C 认证是国家对强制性产品认证使用的统一标志。

（4）导线的选择

室内供电是为各种电器提供电能的最基础供电部分，因此室内供电的优劣直接影响家庭用电质量及各种电器的性能，而室内用导线的好坏则直接影响室内供电，所以根据不同的需要选择不同的导线、电缆，是我们首要掌握的知识。

在室内布线中，使用的导线、电缆一律使用绝缘导线。下面介绍室内所需各种导线、电缆的种类、性能及配线的基本要求。

1）室内用导线与电缆的规格。

① 聚氯乙烯绝缘硬线首字母通常为"B"，线芯数较少，通常不超过 5 芯，常见聚氯乙烯绝缘硬线的规格、性能及应用见表 5-2。

② 聚氯乙烯绝缘软线的型号多以"R"字母开头，通常线芯较多，导线本身较柔软，耐弯曲性较强，多作为电源软接线使用。常见聚氯乙烯绝缘软线的规格、性能及应用见表5-3。

表 5-2　常见聚氯乙烯绝缘硬线的规格、性能及应用

型号	名　　称	截面积/mm²	应　　用
BV	铜芯聚氯乙烯绝缘导线	0.8 ~ 95	常用于明敷和暗敷用导线,最低敷设温度不低于 −15℃
BLV	铝芯聚氯乙烯绝缘导线		
BVR	铜芯聚氯乙烯绝缘软护套导线	1 ~ 10	固定敷设,用于安装要求柔软的场合,最低敷设温度不低于 −15℃
BVCV	铜芯聚氯乙烯绝缘护套圆形导线	1 ~ 10	固定敷设于潮湿的室内和机械防护要求高的场合,可用于明敷和暗敷
BLVV	铝芯聚氯乙烯绝缘护套圆形导线		
BV-105	铜芯耐热 105℃聚氯乙烯绝缘导线	1 ~ 10	固定敷设于高温环境的场所,可明敷和暗敷,最低敷设温度不低于 −15℃
BVVB	铜芯聚氯乙烯绝缘护套平行线	1 ~ 10	适用于照明线路敷设
BLVVB	铝芯聚氯乙烯绝缘护套平行线		

表 5-3　常见聚氯乙烯绝缘软线的规格、性能及应用

型号	名称	截面积/mm²	应用
RV	铜芯聚氯乙烯绝缘软线	0.2 ~ 2.5	可供各种交流、直流移动电器、仪表等设备接线用,也可用于照明装置的连接,安装环境温度不低于 −15℃
RVB	铜芯聚氯乙烯绝缘平行软线		
RVS	铜芯聚氯乙烯绝缘绞形软线		
RV-105	铜芯耐热 105℃聚氯乙烯绝缘软线		用途同 RV 导线,还可用于高温环境
RTV	铜芯聚氯乙烯绝缘护套圆形软线		用途同 RV 导线,还可用于潮湿和机械防护要求高,以及经常移动和弯曲的场合
RVVB	铜芯聚氯乙烯绝缘护套平行软线		用途同 RV 导线

聚氯乙烯绝缘软线的机械强度不如硬线,但是相同截面积软线的载流量比聚氯乙烯绝缘硬线(单芯)高。

2)导线与电缆截面积的选用。

导线截面积规格通常有 1mm²、1.5mm²、2.5mm²、4mm²、6mm²、10mm²、16mm²、25mm²、35mm²、50mm²、70mm²、95mm²、120mm²、150mm²、185mm² 等。

选择导线截面积必须同时考虑 4 个条件:经济电流密度、安全载流量、电压损失和机械强度。计算时以 1 个为主,同时验算其他 3 个条件合格。

① 输配电线路按经济电流密度选择,使电能损失和资金投入在最合理范围。

经济电流密度和电压损失都和导线的长度有关,即相同的截面积,相同的电流,线路越长,电能损失和电压就越大,比如 50kW、50m 距离,50mm² 铜线,电压损失是 2V,电能损失是 0.4kW;如果是 100m,电压损失是 4V,电能损失是 1.6kW;如果是 400m,电压损失是 8V,电能损失是 3.2kW。

载流量和导线的截面积有关,截面积越大,单位载流量越小。

② 近距离负荷主要按发热条件(安全载流量)选择导线截面,发热的温度要在合理范围,一般要求不超过 60℃,还和敷设方式有关。

为了保证导线长时间连续运行所允许的电流称安全载流量。一般规定是：铜线选 5～8A/mm^2；铝线选 3～5A/mm^2。

③ 大电流负荷和低压动力线主要按电压损失条件选择导线截面，要保证到负荷点的电压在合格范围。

为了保证电力用户的用电设备正常可靠运行，要求输送给设备的电压在一定的范围内，在 GB 50052—2009《供配电系统设计规范》中指出供电电压偏差应满足的要求：380V 电压偏差在额定电压的 ±5% 以内。对于单相 220V，电压偏差在额定电压的 +7%～-10%，对于线路电压的最大损失率 ΔU 也是不超过 +7%～-10%。

电压损失率或导线截面积简易计算公式为

$$\Delta U = PL/CS$$
$$S = PL/C\Delta U$$

式中，ΔU 为电压损失率；P 为输送的有功功率（kW）；L 为输送的距离（m）；S 为导线截面积（mm^2）；C 为常数，铝线单相为 8.3，铝线三相四线为 46；铜线单相为 12.8，铜线三相四线为 77；铝合金单相为 6.4，铝合金三相为 39。

设备电压如果是 380V，一般 1kW 按照 2A 计算，220V 设备，1kW 按照 5A 计算，导线 10mm^2 以下就是截面积乘以 5 即载流量了。

室内使用导线的截面积选择，应根据导线负载电流及安装敷设方式等因素选择。

$$I = \frac{P}{U\cos\varphi}$$

式中，I 为负载电流；P 为负载功率，$\cos\varphi$ 为功率因数。

一般负载有阻性有载和感性负载之分。对于阻性负载，功率因数取 1，对于感性负载，不同感性负载功率因数不同，如荧光灯的功率因数为 0.5，空调器功率因数为 0.8，为方便估算，一般负载功率因数统一取 0.8。

④ 大档距和小负荷还要根据导线受力情况，考虑机械强度问题，要保证导线能承受拉力。

在室内照明系统布线时，考虑购买导线的一致性、布线时的机械强度以及为日后用电量的增长留出余量的安全性，即使像照明灯这样没有太大电流量的支路，也应选择 2.5mm^2 的铜导线，也就是说，室内线路在选取时，导线最小截面积为 2.5mm^2，而空调器等大功率电器要用 4mm^2 的铜芯导线。

500V 铜芯导线在不同敷设方式下长期连续负荷载流量关系见表 5-4。

表 5-4　500V 铜芯导线长期连续负荷载流量关系

导线截面积 /mm^2	线芯结构			导线明敷设时允许的负荷电流/A	多根同穿在一根塑料管内时允许的负荷电流/A		
	股数	单芯直径/mm	成品外径/mm		2 根	3 根	4 根
1.0	1	1.1	4.4	18	13	12	11
1.5	1	1.3	4.6	22	17	16	14
2.5	1	1.7	5.0	30	25	22	20
4	1	2.2	5.5	39	33	30	26

（续）

导线截面积 /mm²	线芯结构			导线明敷设 时允许的负 荷电流/A	多根同穿在一根塑料管内时 允许的负荷电流/A		
	股数	单芯直径/mm	成品外径/mm		2 根	3 根	4 根
6	1	2.7	6.2	51	43	38	34
10	10	1.3	7.8	70	59	52	46

3）室内线管的选择。

室内用导线与电缆选择完成后，需要选择穿导线使用的线管，保护导线的截面积不超过线管截面积的 40%，以保证线路正常散热。

（5）配电系统图识图

配电系统图是用国家标准规定的电气图用图形符号、文字符号绘制的，用来概略地表示电气照明系统的基本组成、相互关系及其主要特征的一种简图。它具有电气系统图的基本特点，能集中反映照明的安装容量、计算容量、计算电流、配电方式以及导线或电缆的型号、规格、数量、敷设方式和穿管管径、开关和熔断器的规格型号等。

1）主要参数 P_e 是额定功率（安装容量），K_x 是需用系数，P_{js} 是计算总有功功率（计算负载），I_{js} 是计算总电流。

它们之间的关系如下：

$$P_{js} = K_x P_e$$
$$I_{js} = P_{js} / (1.732 U_e \cos\phi)$$

式中，$U_e = 380V$ 为额定电压；$\cos\phi$ 为功率因数。

2）回路额定功率。

回路额定功率指在同一回路中所有负载（用电设备）的额定功率的总和。

3）线管、线槽的规格以及敷设方式。

常用管线有镀锌电线管（TC）、聚氯乙烯硬质管（PC）、塑料线槽（PR）、镀锌线槽（SR），如图 5-14 所示；常用敷设方式有吊顶内敷设（SCE）、墙内暗敷设（WC）、地板内暗敷设（FC）、沿天棚面或顶板面敷设（CE）、沿墙面敷设（WE），如图 5-15 所示。

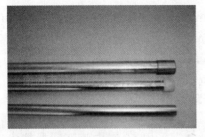
镀锌电线管

镀锌线槽

聚氯乙烯硬质管

图 5-14　常用走线用管槽

4）电线电缆规格、型号。

常用的电线电缆有 ZR-BV、ZR-BVV、NH-VV、NH-YJV（见图 5-16）。ZR-BV 是指阻燃型铜芯聚氯乙烯绝缘线，ZR-BVV 是指阻燃型铜芯聚氯乙烯绝缘聚氯乙烯护套线，NH-VV 是指耐

暗敷设在地面

暗敷设在墙面和顶面

吊顶内敷设

图 5-15　常用敷设方式

火型铜芯聚氯乙烯绝缘聚氯乙烯护套电力电缆，电压等级 1~6kV；NH-YJV 是指铜芯交联聚乙烯绝缘聚氯乙烯护套耐火电力电缆，电压等级 6~500kV。例如：ZR-BVV，3×2.5 中的 3 表示导线根数，2.5 表示一根导线的截面积，可以读作 3 根截面积为 2.5mm^2 的阻燃型铜芯聚氯乙烯绝缘聚氯乙烯护套线。

图 5-16　常用电缆

5）回路编号。

回路编号是为了区分每一个线路而赋予每一个线路而的名称（代号）。可以用 n_1，n_2，n_3……表示；一般不同负载的线路由不同的代号表示，例如照明线路用 "WL" 表示，插座线路用 "WX" 表示，电力线路用 "WP" 表示，应急照明线路用 "WE/WEL"，混合型线路也可用 "WL" 表示；有时在一个配电系统中多个照明线路则在 "WL" 前后用阿拉伯数字分级区分，例如：1WL、1WL1、1WL1-1、1WL1-1-1。

6）三相线代号。

三相电源由 3 条相线 L1、L2、L3 和 1 条零线 N 组成。其中零线 N 和地线 PE 不在系统图中表现出来，如果回路是三相电源则用 L1、L2、L3 表示，如果回路是单相电源，而配电箱进来的是三相电源则该回路用 L1、L2、L3 区分开来，若配电箱进来的是单相电源则不写。三相线代号在系统图的设计作用是维持三相电源的三相平衡。

7）分路断路器。

断路器就是用于切断电流的设备，主要用于对电路出现短路电流时的保护，当电路出现短路时立即断开电路。

断路器设计通则：照明回路一般用额定电流 16A 或 10A 的断路器，即使回路的额定电流只有 2A，因为低于 10A 的断路器越小越贵；凡回路的负载是空调或者是其他的电动机都使用 D 型电路器；凡插座回路都用漏电断路器。超过 63A 的断路器一般使用塑壳断路器。

断路器额定电流规格为 1A、2A、4A、6A、10A、16A、20A、25A、32A、40A、50A、63A、80A、100A、125A、160A、200A、225A、250A、315A、350A、400A 等。

3. 配电箱元器件选型

根据设计任务内容，由于总电流达 50A，总电能计量电表采用 50/5 电流互感器接法，互感器选用 LMZJ1-0.5 型，总电能计量表选用 DT862-4 3×5（20）A 型三相四线制电能表；总断路器选用 DZ158-125/80（4P）型其他照明电路断路器选用 DZ47-63/D50（4P）型，照明支路的断路器选用 DZ47-63/C50（2P）型。

4. 配电系统图设计

楼宇配电系统图如图 5-17 所示。

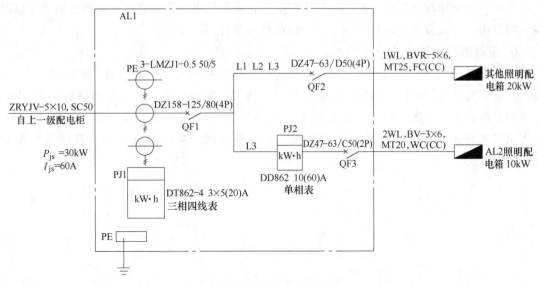

图 5-17　楼宇配电系统图

系统图说明如下：配电箱编号为 AL1，由四极断路器，两极漏电保护断路器和三极漏电保护断路器、三相四线电能表、单相电能表、3 个互感器、保护接地线接线板组成。主线路进线由上一级配电柜通过 5 芯 10mm² 铜芯交联聚氯乙烯绝缘聚氯乙烯护套电力电缆通过 ϕ50mm 钢管引入，通过四极断路器分为动力分支（WP）和照明分支（WL）两路，WP 支路经三极漏电保护断路器后用 5 根 6mm² 铜芯聚氯乙烯绝缘导线穿 ϕ25mm 电线管暗敷设在地板或屋顶内，WL 支路经二极漏电保护断路器后用 3 根 6mm² 铜芯聚氯乙烯绝缘导线穿 ϕ20mm 电线管暗敷设在地板或屋顶内。

5. 楼宇配电箱电路原理图

根据楼宇配电箱系统图，可以绘制出电路原理图，如图 5-18 所示。

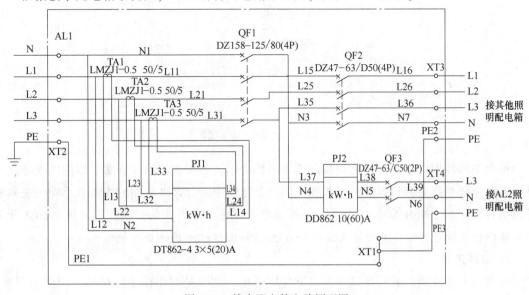

图 5-18　楼宇配电箱电路原理图

配电箱电路原理图反映了配电系统图中配电箱内各配电元器件之间对应的连接关系以及各回路所用的导线数量和编号，为下一步编制接线图打下了基础。

6. 接线图的绘制

本着方便抄表及操作的原则，楼宇配电箱的元器件布局是一般电能表在配电箱最上方，箱门对应位置可做透明窗，这样不用打开箱门，即可观察电能表读数。总断路器位于中部，分支断路器在下方依次排列，电源进出线根据工程的实际情况，有上进上出、上进下出、下进下出等多种形式。本工程采用下进下出方式，所有端子排安排在下部，具体接线图如图5-19所示。

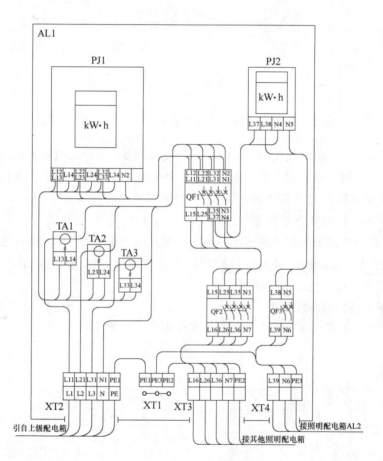

图 5-19　楼宇配电箱接线图

配电箱接线图中元器件上的接线螺栓用方格表示，方格内填写原理图上标注的线号。方格内有两个线号代表两根导线的线头接入同一个螺栓中。元器件之间的线条表示同一走向的导线捆扎在一起。所有编号 L1 开头的导线颜色为红色，L2 开头的导线颜色为黄色，L3 开头的导线颜色为绿色，N 开头的导线颜色为蓝色，PE 的导线颜色为黄绿色。

7. 材料清单

根据以上布线图，我们可以得到以下材料清单，这也是制作楼宇配电箱所用到的材料，见表5-5。

表 5-5　楼宇配电箱主要材料清单

序号	名称	型号	参数	单位	数量	备注
1	配电箱		40kW	个	1	
2	互感器	LZMJ1-0.5	50/5	个	3	
3	三相电能表	DT862-4 3×5(20)A	20A	个	1	三相四线有功
4	单相电能表	DD862 10(60)A	60A	个	1	
5	主断路器	DZ158-125/80(4P)	80A	个	1	4P
6	分断路器 1	DZ47-63/D50(4P)	50A	个	1	4P
7	分断路器 2	DZ47-63/C50(2P)	50A	个	1	2P
8	端子板	镀锌铜板		个	1	接地用
9	导线			m	若干	内部配线
10	端子排				3	实际工程根据需要可以省略

8. 配电箱安装布线工艺

（1）元器件安装

1）核对配套的元器件的额定电压、额定电流、接通和分断能力参数是否符合技术规范表的要求。

2）箱内用以固定元器件及连接导线的紧固件应紧固，螺钉应拧紧无打滑及损坏镀层等现象，并应有防松措施，螺钉拧紧后，螺钉端部露出 2~5 扣螺距，元器件上不接线的螺钉也应拧紧。同一元器件使用的紧固件应是同一标准号、同一种工艺处理后的标准件。

3）元器件安装时按元器件布置图中的位置进行安装。

4）3 个电流互感器安装时，优先采用水平排列，电流互感器之间最少有 3mm 的间隙，有困难时采用"品"字形排列，L2 相的电流互感器与 L1、L3 相电流互感器之间最少有 10mm 的间隙。

（2）箱内导线要求及布线工艺

1）导线的颜色及线径按图样要求。

2）导线连接元器件，要求剥线长度以插入元器件连接端子孔底部加 0.5~2mm。

3）导线出元器件要根据垂直端子孔，出线长度 5~25mm 后折 90°弯，楼宇配电箱要求下到箱底面上，以方便固定。

4）导线走线要求横平竖直，转弯折 90°角。

5）同向的线靠在一起，方便捆扎固定。

6）楼宇配电箱走线时，导线出元器件落箱底前可以交叉，导线走线至配电箱底板上后不允许交叉。

7）导线布线时要求离元器件距离不少于 5mm。

以上是最基本的工艺要求，是保证走线美观、便于检修和捆扎固定牢固的重要条件。当然在实际工程中，要同时按照工艺文件、国家标准、客户要求等进行。

最终接线大致效果如图 5-20 所示。

9. 检验和检修

（1）检验

1）手动检查各元器件的机械联锁是否可靠、准确。

2）用 500V 绝缘电阻表对线路进行绝缘摇测，包括相间、相对地、相对零、零对地线路。

3）外观检测，检查元器件型号、导线颜色和线径以及接线位置是否符合图样要求，导线布线是否符合工艺要求。

4）静态测试，打开所有断路器，用指针万用表电阻×100 档或数字万用表×200 档对进线各导线至出线各导线的接通性进行测试，要求电阻不能过大。

5）动态测试，关闭所有断路器，进线端送电后，用试电笔测试是否正确送电。逐级合上断路器，并测试元器件送电是否正常。

图 5-20　三相电能表互感器接线效果图

（2）检修

对于静态测试不通或接触不良的回路，应采取以下措施。

1）检查各元器件的内部电路是否正常，不正常的话更换新元器件。

2）逐级检查元器件间连接导线的接头和元器件螺栓的压紧情况。对于剥线不符合工艺、螺栓未拧紧的情况，重新剥线和固定压紧。

3）检查导线是否有断的情况，对于不良导线进行更换。

10. 验收

验收是对工程中的技术指标和任务单的核对，看是否达到任务单的要求。同时对工程的图样、测试记录进行归档。验收单见表 5-6。

表 5-6　楼宇配电箱工程验收单

主控项目	1	金属箱体的接地或接零	箱体做可靠接地，开启的箱门用裸编制铜线连接
	2	电击保护和保护导体截面积	相线 16mm² 以下时，保护线截面同相线； 相线 16～35mm² 时，保护线截面为 16mm²； 相线 35mm² 以上时，保护线截面是相线的 1/2
	3	箱间线路绝缘电阻值测试	导线绝缘电阻值大于 0.5MΩ
	4	箱内接线及开关动作	配线整齐，压接牢固，开关动作灵敏
一般项目	1	箱内检查试验	控制开关、保护装置选型符合设计要求
	2	箱间配线	配线选用塑铜线，额定电压不低于 750V 的线芯截面积不小于 2.5mm²

5.2　室内配电盘安装工程

1. 工作任务要求

某办公室原明装配电盘老化，需要更换。现用电情况为照明灯总功率 1.2kW，插座总功率 3.5kW，空调 3.0kW，要求安装室内配电盘，照明灯、空调、插座可单独控制。

2. 工程需要学习的知识

漏电保护断路器的文字符号为 QF，图形符号为 。

漏电保护断路器通常被称为漏电保护开关或漏电保护器，是为了防止低压电网中人身触电或漏电造成火灾等事故而研制的一种新型电器。除了有断路器的作用外，还能在设备漏电或人身触电时迅速断开电路，保护人身和设备的安全，因而使用十分广泛，图 5-21 所示为小型漏电保护断路器的外形图。

图 5-21　小型漏电保护断路器的外形图

（1）分类

漏电保护断路器因不同电网、不同用户及不同保护的需要，有很多类型。按动作原理可分为电压动作型和电流动作型两种。现在多用电流动作型（剩余电流动作保护器）；按电源分有单相和三相之分；按极数分有 2、3、4 极之分；按其内部动作结构又可分为电磁式和电子式，其中电子式可以灵活地实现各种要求并具有各种保护性能。漏电保护断路器现已向集成化方向发展。目前，电器生产厂家把断路器和漏电保护器制成模块结构，根据需要可以方便地把两者组合在一起，构成带漏电保护的断路器，其电气保护性能更加优越。

（2）漏电保护断路器工作原理

1）三相漏电保护断路器。

三相漏电保护断路器的基本原理与结构如图 5-22 所示，由主电路断路器（含跳闸脱扣器）和零序电流互感器、放大器 3 个主要部件组成。

当电路正常工作时，主电路电流的相量和为零，零序电流互感器的铁心无磁通，其二次绕组没有感应电压输出，开关保持闭合状态。当被保护的电路中有漏电或有人触电时，漏电电流通过大地回到变压器中性点，从而使三相电流的相量和不等于零，零序电流互感器的二次绕组中就产生感应电流，当该电流达到一定的数值并经放大器放大后就可以使脱扣器动作，使断路器在很短的时间内动作而切断电路。

在三相五线制配电系统中，零线一分为二：工作零线（N）和保护零线（PE）。工作零线与相线一同穿过漏电保护断路器的互感器铁心，通过单相回路电流和三相不平衡电流。工

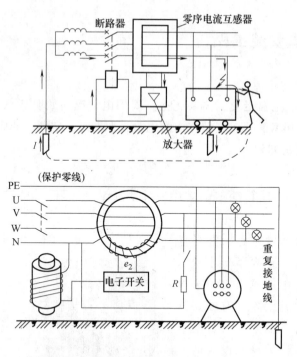

图 5-22　三相漏电保护断路器的基本原理与结构

作零线末端和中端均不可重复接地。保护零线只作为短路电流和漏电电流的主要回路，与所有设备的接零保护线相接，它不能经过漏电保护断路器，末端必须进行重复接地。漏电保护断路器必须正确安装接线，错误的安装接线可能导致漏电保护断路器的误动作或拒动作。

　　2）单相电子式漏电保护断路器。家用单相电子式漏电保护断路器的外形及动作原理如图 5-23 所示。其主要工作原理为：当被保护电路或设备出现漏电故障或有人触电时，有部分相线电流经过人体或设备直接流入地线而不经零线返回，此电流则称为漏电电流（或剩余电流），它由漏电流检测电路取样后进行放大，在其值达到漏电保护断路器的预设值时，将驱动控制电路开关动作，迅速断开被保护电路的供电电源，从而达到防止漏电或触电事故的目的。而若电路无漏电或漏电电流小于预设值时，电路的控制开关将不动作，即漏电保护断路器不动作，系统正常供电。

　　漏电保护断路器的主要型号有：DZ5-20L、DZ15L 系列、DZL-16、DZL18-20、DZ47LE 等，其中 DZL18-20 型由于放大器采用了集成电路，体积更小、动作更灵敏、工作更可靠。

　　（3）漏电保护断路器的选用

　　1）应根据所保护的线路或设备的电压等级、工作电流及其正常泄漏电流的大小来选择。在选用漏电保护断路器时，首先应使其额定电压和额定电流值大于或等于线路的额定电压和负载工作电流。

　　2）应使其脱扣器的额定电流大于或等于线路负载工作电流。

　　3）其极限通断能力应大于或等于线路最大短路电流，线路末端单相对地短路电流与漏电保护断路器瞬时脱扣器的整定电流之比应大于或等于 1.25。

　　4）对以防触电为目的的漏电保护断路器，如家用电器配电线路，宜选用动作时间为

0.1s 以内、动作电流在 30mA 以下的漏电保护断路器。

5）对于特殊场合，如 220V 以上电压、潮湿环境且接地有困难，或发生人身触电会造成二次伤害时，供电回路中应选择动作电流小于 15mA、动作时间在 0.1s 以内的漏电保护断路器。

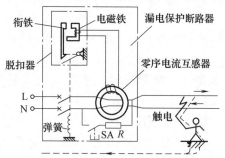

图 5-23　家用单相电子式漏电保护断路器的外形及动作原理

6）选择漏电保护断路器时，应考虑灵敏度与动作可靠性的统一。漏电保护断路器的动作电流选得越低，安全保护的灵敏度就越高，但由于供电回路设备都有一定的泄漏电流，容易造成误动作，或不能投入运行，破坏供电的可靠性。

（4）漏电保护断路器的安装及技术要求

1）漏电保护断路器应安装在配电盘上或照明配电箱内。安装在电能表之后、熔断器之前。对于电磁式漏电保护断路器，也可安装于熔断器之后。

2）所有照明线路的导线（包括中性线在内），均需通过漏电保护断路器，且中性线必须与地绝缘。

3）电源进线必须接在漏电保护断路器的正上方，即外壳上标有"电源"或"进线"端；出线均接在下方，即标有"负载"或"出线"端。倘若将进线、出线接反了，将会导致其动作后烧毁线圈或影响接通、分断能力。

4）安装漏电保护断路器后，不能拆除单相刀开关或瓷插式熔断器、熔丝盒等。这样一是维修设备时有一个明显的断开点；二是在刀开关或瓷插式熔断器中安装有熔丝起着短路或过载保护的作用。

5）漏电保护断路器安装后若是始终合不上闸，说明用户线路对地漏电可能超过了额定漏电动作电流值，应将保护器的"负载"端上的导线拆开，对线路进行检修，合格后才能送电。如果漏电保护断路器"负载"端线路断开后仍不能合闸，则说明漏电保护断路器有故障，应送有关部门进行修理，用户切勿乱调乱动。

6）漏电保护断路器在安装后先带负荷分、合开关 3 次，不得出现误动作；再用试验按钮试验 3 次，应能正确动作（即自动跳闸，负载断电）。按动试验按钮时间不要太长，以免烧坏保护断路器，然后用试验电阻接地试验一次，应能正确动作，自动切断负载端的电源。方法是：取一只 7kΩ（220V/30mA ≈ 7.3kΩ）的试验电阻，一端接漏电保护断路器的相线输出端，另一端接触一下良好的接地装置（如水管），漏电保护断路器应立即动作，否则，此漏电保护断路器为不合格产品，不能使用。严禁用相线直接碰触接地装置试验。

7）运行中的漏电保护断路器，每月至少用试验按钮试验一次，以检查漏电保护断路器的动作性能是否正常。

（5）使用注意事项

1）漏电保护断路器的保护范围应是独立回路，不能与其他线路有电气上的连接。一台漏电保护断路器容量不够时，不能由两台并联使用，应选用容量符合要求的漏电保护断路器。

2）安装漏电保护断路器后，不能撤掉或降低对线路、设备的接地或接零保护要求及措施，安装时应注意区分线路的工作零线和保护零线，工作零线应接入漏电保护断路器，并应穿过漏电保护断路器的零序电流互感器。经过漏电保护断路器的工作零线不得作为保护零线。不得重复接地或接设备的外壳。线路的保护零线不得接入漏电保护断路器。

3）在潮湿、高温、金属占有系数大的场所及其他导电良好的场所，必须设置独立的漏电保护断路器，不得用一台漏电保护断路器同时保护两台以上的设备（或工具）。

4）安装不带过电流保护的漏电保护断路器时，应另外安装过电流保护装置。采用熔断器作为短路保护时，熔断器的安秒特性与漏电保护断路器的通断能力应满足选择性要求。

5）安装时应按产品上所标示的电源端和负载端接线，不能接反。

6）使用前应操作试验按钮，看是否能正常动作，经试验正常后方可投入使用。

7）有漏电动作后，应查明原因并予以排除，然后按试验按钮，正常动作后方可使用。

3. 元器件选择

（1）断路器选配

配电箱中总断路器的额定电流必须小于电能表的最大额定电流。如根据用户需要选用了最大额定电流为40A的电能表，则总断路器应选用小于40A的断路器。

（2）配电盘的选配

其包括对配电盘及配电盘内综合断路器的选配，选配时总断路器的额定电流也应满足该支路的用电量。

1）配电盘的选用。在选配配电盘时，除了用于输出电力的配件为金属材质外，其他配件均为绝缘材质，且应根据用户室内的支路个数进行选配。

2）配电盘支路断路器的选用。配电盘内的支路断路器的选配方法与总断路器的选配方法相同，也应根据主要参数进行选配，其额定电流应该大于该支路中所有可能同时使用的家用电器的总的电流量。随着家用电器在日常生活中使用越来越多，有些支路中的家用电器会比较集中（如厨房），如果该支路的实际电流量过大，可以将其分为两个支路（如将原插座支路分为插座支路和厨房支路两路）。

配电盘内的断路器除了根据参数进行选配外，还应遵循选配的合理性原则。在选配配电盘内的断路器时，总断路器通常带有漏电保护断路器，用于室内的漏电保护；而空调的支路断路器通常选用单进单出的断路器，若空调支路使用了漏电保护断路器，少许的漏电会使空调支路出现频繁的跳闸，导致空调无法正常使用。

根据以上选型原则，确定照明配电盘元器件。

① 入室总开关选择，总功率7.7kW，$I = \dfrac{P}{U\cos\varphi}$，其中电压为220V，功率因数取0.8，则电流约为44A，选用63A漏电保护断路器；

② 照明灯分支电流为7A，选用10A断路器；

③ 空调分支电流为17A，选用32A断路器；

④ 插座分支电流为20A，选用32A断路器。

4. 电气原理图绘制

根据工程要求，配电盘为3分支电路，配电系统图如图5-24所示，配电盘电路原理图如图5-25所示。

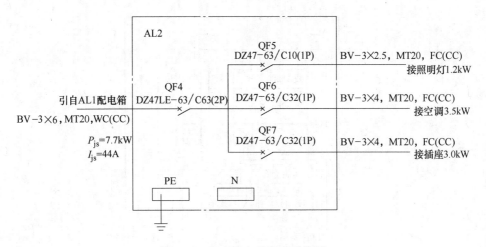

图 5-24　室内配电盘配电系统图

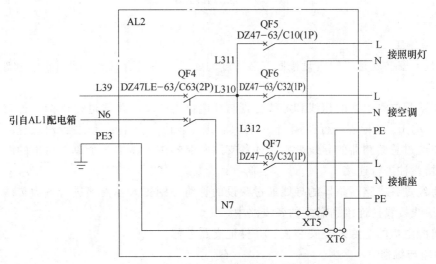

图 5-25　室内配电盘电路原理图

5. 接线图绘制（见图 5-26）

6. 材料清单

根据接线图，得到材料清单见表 5-7。

表 5-7　室内配电盘主要材料清单

序号	名称	规格参数	单位	数量	备注
1	照明配电盘	7.7kW	个	1	
2	断路器	63A	个	1	2P，带漏电保护
3	断路器	10A	个	1	1P
4	断路器	32A	个	2	1P
5	导线		m	若干	红色、蓝色

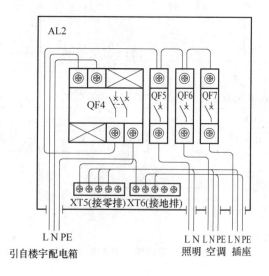

图 5-26　室内配电盘接线图

7. 安装施工

配电盘的安装就是将配电盘按照安装高度的要求安装到墙面上，然后在配电盘内固定和连接断路器。

1）将从配电箱引来的相线和零线分别与配电盘中的总断路器进行连接（连接时，应根据断路器上的 L、N 标志进行连接），并将其接地线与配电盘中的地线接线柱连接。

2）将经过总断路器的导线分别送入各支路断路器中，其中 3 个单进单出的断路器的零线则采用接线柱进行连接。

3）将经过各支路断路器的导线通过敷设的管路分别送入各支路进行电力传输，并将地线通过各地线接线柱连接到需要的各支路中。

4）将配电盘的绝缘外壳安装上，并标记支路名称。

8. 检验与维修

1）配电盘内干净无杂物。

2）配电盘要求安装牢固端正。

3）接线符合接线图要求，没有错接和漏接情况。

4）配线颜色规格符合图样要求。

5）盘内端子排和配线排列整齐，标示牌、标志、信号齐全、正确、清晰。检查端子排上螺钉是否松动。对于排列不整齐的端子排和配线要整理整齐。

6）配线要求走线横平竖直，排在一起的配线进行捆扎，保证稳固，效果如图 5-27 所示。

9. 验收

填写验收表，配电盘工程验收表见表 5-8。

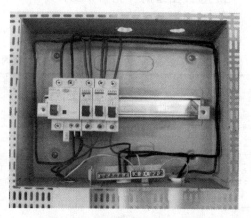

图 5-27　室内配电盘装配效果

表 5-8　配电盘工程验收表

主控项目	1	金属箱体的接地或接零	箱体做可靠接地,开启的箱门用裸编制铜线连接
	2	电击保护和保护导线截面积	箱内保护导线的最小截面相线为 16mm² 以下时,保护导线与相线同截面积,相线为 16mm² 以上时,保护导线为相线截面的 1/2
	3	箱间线路绝缘电阻值测试	导线绝缘电阻值大于 0.5MΩ
	4	箱内接线及开关动作	配线整齐,压接牢固,开关动作灵敏
一般项目	1	箱内检查试验	控制开关、保护装置选型符合设计要求
	2	箱间配线	配线选用塑铜线,额定电压不低于 750V 的线芯截面积不小于 2.5mm²

5.3　一控一灯及两控一灯明装线槽工程

1. 工作任务

有两间仓库,由于线路老化,需要重新走线,其中一间一扇门,配电盒在门旁(见图 5-28),要求装一盏照明灯,另外一间两扇门,装一盏照明灯,要求采用塑料线槽明装。

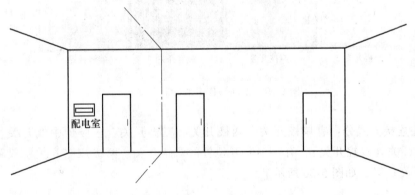

图 5-28　照明工程场地图

2. 工程需要学习的相关知识

(1) 照明开关

照明开关是用来接通和断开照明线路电源的一种低压电器。开关、插座不仅是一种装饰功能用品,更是照明用电安全的主要零部件,其产品质量、性能材质对于预防火灾、降低损耗都有至关重要的决定作用。

1) 开关种类繁多,一般分类方式如下:

① 按装置方式分:明装式,用于明线安装;暗装式,用于暗线安装;悬吊式,用于开关处于悬吊方式的安装;附装式,用于器具外壳上的安装。

② 按面板型分:有 75 型、86 型、118 型、120 型、146 型 75 型,目前较常用的有 86 型

和 118 型，见表 5-9。

表 5-9　常用开关面板类型

开关类型	图　示	说　明
86 型		外形尺寸 86mm×86mm，安装孔中心距为 60.3mm，外观是正方形，86 型为国际标准，是目前我国大多数地区工程和家装中最常用的开关
118 型		面板尺寸一般为 70mm×118mm 或类似尺寸，是一种横装的长条开关，分为大、中、小 3 种型号，其功能件（开关件、插座件、电话件、电视件、计算机件）与面板可以随意组合，如长三位、长四位、方四位；主要是日本、韩国等采用该形式产品，我国也有部分地区采用该形式产品；118 型开关插座的优势在于风格比较灵活，可以根据自己的需要和喜好调换颜色，拆装方便，风格自由

③ 按操作方法分：有跷板式、声控式、触屏式和旋转式等，如图 5-29 所示。

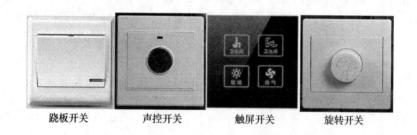

跷板开关　　　　声控开关　　　　触屏开关　　　　旋转开关

图 5-29　不同操作方法的开关

④ 按开关连接方式分：有单极开关、两极开关、三极开关、三极加中线开关、有公共进入线的双路开关（双控开关）、有一个断开位置的双路开关、两极双路开关、双路换向开关（或中向开关）等，如图 5-30 所示。

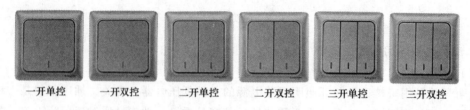

一开单控　　一开双控　　二开单控　　二开双控　　三开单控　　三开双控

图 5-30　不同连接方式的开关

⑤ 按防水的防护等级分：有普通防护等级 IPX0 或 IPX1 的开关（插座）、防溅型防护等级 IPX4 开关（插座）、防喷型防护等级 IPXe 开关（插座），如图 5-31 所示。

常见的照明开关见表 5-10。

图 5-31　防溅防护盒

表 5-10　常见的照明开关

开关种类	使用说明
普通开关	最常用的有单开、双开、三开等,有时采用插座带开关(可以控制插座通断电,也可以单独作为开关使用,多用于常用电器处,如微波炉、洗衣机等,还有的用于镜前灯处)
双控开关	两个开关在不同位置控制同一盏灯,如位于楼梯口、大厅、床头等,需预先布线
夜光开关	开关上带有荧光或散光指示灯,便于夜间寻找位置,注意:使用几年以后荧光会变暗
调光开关	该开关可通过旋钮调节灯光强弱,注意:只能与白炽灯配合使用
触摸开关	一般是指应用触摸感应芯片原理设计的一种墙壁开关,是传统机械按键式墙壁开关的换代产品,能实现更智能化、操作更方便的触摸开关
延时开关	延时开关是为了节约电力资源而开发的一种新型的自动延时电子开关,省电、方便,主要用于楼梯间、卫生间等场所,常用的有声光延时开关、触摸延时开关
遥控开关	手控、遥控同时具备,保留机械开关所有功能,如遇停电,则开关系统转为自动保护状态,避免自启动,与网络控制系统连接实现远程控制

2）照明开关的选用。

照明开关的种类很多,选择时应从实用、质量、美观、价格等几个方面进行综合考虑。选用时,每个照明工程的开关、插座应选用同一系列的产品,最好是同一厂家的产品。

① 一般进门开关建议使用带提示灯的,为夜间使用提供方便。

② 开关面板的尺寸应与预埋的开关接线盒的尺寸一致。

③ 安装于潮湿或溅水环境的场所(如卫生间)的照明开关宜采用防水开关,可在跷板开关外加一个防水软塑料罩,也可选用全密封防水开关。同时宜和排气扇采用双联型。

④ 过道及起居室的部分开关为方便两地控制,应选用带指示灯型的双控开关。

⑤ 楼梯间开关用节能延时开关,如可用声控或人体感应延时开关。

⑥ 一个场地需要分别控制多个照明电器时,可根据所连接电器的数量,选用双联、三联、四联等开关。

⑦ 对于显示经常断电的电器,为了防止拔插头后吊着影响美观,可以选用带开关的插座。

一般来说,好的开关,轻按开关功能件,滑板式声音越轻微、手感越顺畅,节奏感强则质量越好;反之,启闭时声音不纯、动感涩滞,有中途间歇状态声音的则质量较差。

3）开关的安装要求。

① 开关距地面的高度为 1.4m,距门口为 150～200mm;开关不得置于单扇门后。

② 暗装开关的面板应端正、严密并与墙面相平。

③ 开关位置应与灯位相对应，同一室内开关方向应一致。

④ 成排安装的开关高度应一致，高低差不大于 2mm，暗盒之间的间距为 10mm。

⑤ 卫生间等潮湿场所和户外应选用防水开关或加装保护箱。

⑥ 明线敷设的开关应安装在不少于 15mm 厚的木台上。

4）照明开关安装施工要求。

① 安装前应检查开关规格型号是否符合设计要求，并有产品合格证，同时检查开关操作是否灵活。

② 用万用表 R×100 档或 R×10 档检查开关的通断情况。

③ 用绝缘电阻表摇测开关的绝缘电阻，要求不小于 2MΩ。摇测方法是将一条测试线夹在接线端子上，另一条夹在塑料面板上。由于室内安装的开关、插座数量较多，电工可采用抽查的方式对产品绝缘性能进行检查。

④ 开关切断相线，即开关一定要串接在电源相线上。

⑤ 同一室内的开关高度偏差不能超过 5mm，并排安装的开关高度偏差不能超过 2mm，开关面板的垂直允许偏差不能超过 0.5mm。

⑥ 开关必须安装牢固。面板应平整，暗装开关的面板应紧贴墙壁，且不得倾斜，相邻开关的间距及高度应保持一致。

5）接线操作。

① 开关在安装接线前，应清理接线盒内的污物，检查盒体无变形、破裂、水渍等易引起安装困难及事故的遗留物。

② 先把接线盒中理好的导线理好，留出足够操作的长度，应长出盒沿 10～15cm。注意不要留得过短，否则很难接线；也不要留得过长，否则很难将开关装进接线盒。

③ 用剥线钳把导线的绝缘层剥去 10mm，把线头插入接线孔，用小螺钉旋具把压线螺钉旋紧，注意线头不得裸露。

图 5-32 所示为单联双控开关接线柱位置，单联单控开关无接线柱 L2，其他结构同单联双控开关。

6）面板安装。

开关面板分为两种类型，一种是单层面板，面板两边有螺钉孔；另一种是双层面板，把下层面板固定好后，再盖上上层面板。

① 单层开关面板安装的方法：先将开关面板后面固定好的导线理顺盘好，把开关面板压入接线盒。压入前要先检查开关跷板的操作方向，一般按跷板的下部，跷板上部凸出时，为开关接通灯亮的状态。按跷板上部，跷板下部凸出时，为开关断开灯灭的状态。再把螺钉插入螺钉孔，对准接线盒上的螺母旋入。在螺钉旋紧前注意检查面板是否平齐，旋紧后面板上边要水平，不能倾斜。

② 双层开关面板安装方法：双层开关面板的外边框是可以拆掉的，安装前先用小螺钉旋具把外边框撬下来，把底层面板先安装好，再把外边框卡上去。

（2）灯具

1）电光源常用术语。

照明电光源常用术语含义见表 5-11。

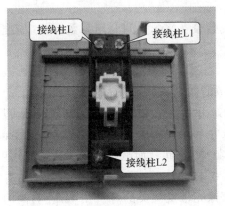
明装开关

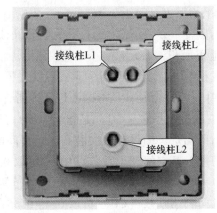
暗装开关

图 5-32　单联双控开关接线示意图

表 5-11　照明电光源常用术语含义

术　语	含　义
光通量	光源在单位时间内向周围空间辐射并引起视觉的总能量,单位是流明(lm)
发光强度	单位时间内电光源在特定方向单位立体角内发射的光通量,单位是坎德拉(cd),又称烛光
发光效率	电光源消耗单位功率(1W)所发射的光通量,单位是流明/瓦(lm/W)
亮度	单位面光源($1m^2$ 面光源)在其法线方向的发光强度,单位是坎德拉/平方米(cd/m^2)
照度	受照物体单位面积($1m^2$)上所得到的光通量,单位是勒克斯(lx)
色温	电光源发出的光的颜色与黑体加热到某一温度所发出的光的颜色相同时,这个温度即为色温,单位为开尔文(K)
光色	随着光的色温从低向高变化,人眼感觉其颜色从暗红→鲜红→白→浅蓝→蓝变化
显色指数	又称显色性,指物体用电光源照明显现的颜色和用标准光源或准标准光源照明显现的颜色的接近程度,单位为数字;通常用正常日光作为准标准光源,国际上规定正常日光的显色指数为100
眩光	光强过大或闪烁过甚的强光令人眼花目眩,这种强光称为眩光
初始值	电光源老化一定时间(如100h)后测得的光电参数值
光通维持率	电光源使用一段时间后的光通量与其初始值之比,通常用百分数表示
光衰	指电光源使用一段时间后,其光通量的衰减情形。光衰大,光通维持率小;光衰小,光通维持率大;可以说,光衰是电光源衰减快慢的定性描述,而光通维持率是电光源衰减快慢的定量描述
寿命	电光源燃点至明显失效或光电参数低于初始值的某一特定比率(如50%)时的累计使用时间,单位为小时(h)
平均寿命	指一批产品测得的寿命的平均值,单位为小时(h)
启动电压	指放电灯开始持续放电所需的最低电压,单位为伏特(V)
额定电压	维持电光源正常工作所需的工作电压,单位为伏特(V)
额定电流	电光源正常工作时的工作电流,单位为安培(A)或毫安(mA)
额定功率	电光源正常工作时所消耗的电功率,单位为瓦特(W)

2）平均照度计算。

平均照度（E_{av}）＝单个灯具光通量 Φ×灯具数量（N）×空间利用系数（CU）×维护系数（MF）÷地板面积（长×宽）

公式说明：

① 单个灯具光通量是指这个灯具内所含光源的裸光源总光通量值。

② 空间利用系数（CU）是指从照明灯具放射出来的光束有百分之多少到达地板和作业台面，与照明灯具的设计、安装高度、房间的大小和反射率有关。如常用灯具在 3m 左右高的空间使用，其空间利用系数（CU）可取 0.6～0.75 之间；而悬挂灯铝罩，空间高度在 6～10m 时，其空间利用系数（CU）的取值范围在 0.45～0.7；筒灯类灯具在 3m 左右空间使用，其空间利用系数（CU）可取 0.4～0.55；而像光带支架类的灯具在 4m 左右高的空间使用时，其空间利用系数（CU）可取 0.3～0.5。

③ 维护系数（MF）是指伴随着照明灯具的老化、灯具光输出能力的降低和光源使用时间的增加，光源发生光衰；或由于房间灰尘的积累，致使空间反射效率降低，致使照度降低而乘上的系数。一般较清洁的场所，如客厅、卧室，办公室、教室、阅读室、医院、高级品牌专卖店、艺术馆、博物馆等，其维护系数（MF）取 0.8；一般性的商店、超市、营业厅、影剧院、机械加工车间、车站等场所，维护系数（MF）取 0.7；污染指数较大的场所，维护系数（MF）则取 0.6 左右。

3）住宅建筑照明的照度标准见表 5-12。

表 5-12　住宅建筑照明的照度标准

类　别		规定照度的作业面	照度范围/lx					
			混合照明			一般照明		
办公室、资料室、会议室、报告厅		距地 0.75m	—	—	—	—	—	—
工艺室、设计室、绘图室		距地 0.75m	300	500	750	100	150	200
打字室		距地 0.75m	500	750	1000	150	200	300
阅览室、陈列室		距地 0.75m	—	—	—	100	150	200
医务室		距地 0.75m	—	—	—	75	100	150
食堂、车间休息室、单身宿舍		距地 0.75m	—	—	—	50	75	100
浴室、更衣室、厕所、楼梯间		地面	—	—	—	10	15	20
盥洗室		地面	—	—	—	20	30	50
托儿所、幼儿园	卧室	距地 0.4～0.5m	—	—	—	20	30	50
	活动室	距地 0.4～0.5m	—	—	—	75	100	150

4）常见电光源。

生活比较常见的电光源有白炽灯、卤钨灯、荧光灯和 LED 灯等，这些灯在使用上各有利弊。

① 白炽灯。

白炽灯的显色指数很高，能够达到 100，这就意味着可以完全显示物体本来面目。白炽
灯的色温在 2700~2800K 之间，颜色比较柔和。根据上述特点，
家居中白炽灯常常在餐厅、儿童房等空间使用，看上去颜色比较
舒服。尤其是在儿童房中使用，对保护婴幼儿的视力有很大的好
处，具体结构如图 5-33 所示。

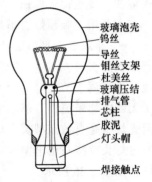

图 5-33　白炽灯结构

白炽灯最大的缺点就是寿命短和耗电量大，白炽灯的使用时
间一般在 3000~4000h 之间。

② 卤钨灯。

卤钨灯（见图 5-34）俗称射灯，属于金属卤化物灯的一种，
主光谱波长的有效范围在 350~450nm 之间。卤钨灯的寿命一般
在 3000~4000h 之间，其色温在 2700~3250K 之间。这种灯可用
于重点照明，例如，为了凸显墙上的装饰画及室内的摆件等，可
以用卤钨灯进行照射，这种白光可以根据不同的家装风格进行变化，与整体氛围保持一致。
因为在泡壳内部有一定量的反射型涂层，使灯泡能将光线推向前方，与普通型白炽灯相比更
方便地控制光束。

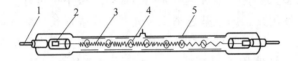

图 5-34　卤钨灯结构

1—灯脚　2—钼箔　3—灯丝（钨丝）　4—支架　5—石英玻管

③ 荧光灯。

主要用放电产生的紫外辐射激发荧光粉而发光的放电灯称为荧光灯，荧光灯分传统型荧
光灯和无极荧光灯。

传统型荧光灯即低压汞灯，是利用低气压的汞蒸气在放电过程中辐射紫外线，从而使荧
光粉发出可见光，因此它属于低气压弧光放电光源，结构如图 5-35 所示。

无极荧光灯即无极灯，它取消了对传统荧光
灯的灯丝和电极，利用电磁耦合的原理，使汞原
子从原始状态激发成激发态，其发光原理和传统
型荧光灯相似，具有寿命长、节能、光效高、显
色性好等优点。

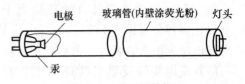

图 5-35　荧光灯结构

常见的荧光灯有以下几种类型。

a）直管形荧光灯：这种荧光灯属双端荧光灯。常见标称功率有 4W、6W、8W、12W、
15W、20W、30W、36W 和 40W。管径型号有 T5、T8、T10 和 T12（T 代表 1/8in，即
3.175mm，后面的数字代表 T 的倍数）。

目前较多采用 T5 型或 T8 型。为了方便安装、降低成本和安全起见，许多直管形荧光灯
的镇流器都安装在支架内，构成自镇流型荧光灯。

b）环形荧光灯：有粗管和细管之分，粗管直径在 30mm 左右，细管直径在 16mm 左右，

有使用电感镇流器和电子镇流器两种。从颜色上分，环形荧光灯色调有暖色和冷色，暖色比较柔和，冷色比较偏白。环形荧光灯用于室内照明，是绿色照明工程推广的主要照明产品之一，主要用于吸顶灯、吊灯等作为配套光源使用。

　　c）单端紧凑型节能荧光灯：这种荧光灯的灯管、镇流器和灯头紧密地连成一体（镇流器放在灯头内），除了破坏性打击，无法拆卸它们，故被称为"紧凑型"荧光灯。单端紧凑型荧光灯属于节能灯，能用于大部分家居灯具里，由于无需外加镇流器，驱动电路也在镇流器内，故这种荧光灯也是自镇流型荧光灯和内启动荧光灯。整个灯通过灯头直接与供电网连接，可方便地直接取代白炽灯，如图 5-36 所示。

　　节能灯因灯管外形不同，分为 U 形管、螺旋管和直管型 3 种。

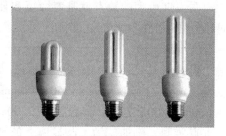

图 5-36　单端紧凑型节能荧光灯

　　单端紧凑型节能荧光灯的寿命比较长，一般是8000~1 000h。节能灯的显色指数为 80 左右，部分产品可达到 85 以上，节能灯的色温在2700~6500K 之间。节能灯有黄光和白光两种灯光颜色供选择。一般人心理上觉得黄光较温暖，白光较冷。现在很多家庭喜欢用黄色暖光的节能灯，效果也很好。

　　品质高的节能灯会使用真正的三基色稀土荧光粉，在确保长寿命的同时，还能保持较高的亮度。正常使用节能灯一段时间后，灯就会变暗，主要因为荧光粉的损耗，技术上称为光衰。有些品质较高的节能灯使用了恒亮技术，可以让灯管长久保持在最佳工作状态，使用2000h 后，光衰不到 10%。随着我国环保力度的加大，由于荧光管使用的汞材料是重金属，泄漏的话会造成污染，因此荧光灯逐渐被 LED 灯取代。

　　④ LED 灯。

　　LED 即发光二极管，是一种能够将电能转化为可见光的固态半导体器件，它可以直接把电能转化为光，其英文为 Light Emitting Diode，习惯上用其英文首字母 LED 来表示该器件的名称。

　　LED 依靠电流通过固体直接辐射光子发光，发光效率是白炽灯的 10 倍、荧光灯的 2 倍。同时，其理论寿命长达 100000h，防振，安全性好，不易破碎，非常环保。

　　由于 LED 可以实现几百种甚至上千种颜色的变化。在现阶段讲究个性化的时代里，LED 颜色多样化有助于 LED 装饰灯市场的发展。LED 可以做成小型装饰灯、礼品灯以及一些发光饰品应用在酒店、音乐酒吧和居室中。

　　LED 室内装饰及照明的灯具主要有：LED 点光源、LED 玻璃线条灯、LED 球泡灯、LED 灯串、LED 洗墙灯、LED 地砖、LED 墙砖、LED 荧光灯、LED 大功率吸顶盘等。

　　近年来，LED 在家庭装修中的应用正在逐渐流行。随着照明灯饰的发展，传统的灯具已经无法满足现在家庭照明的需要，从以前一个房间安装一个灯泡，到现在装修安装的各种各样的灯具已经发生了超越时代的变化。从传统的白炽灯、荧光灯，到现在的吊灯、水晶灯、筒灯、射灯等各种灯具，现在的灯具不完全是用来照明了，还有一个作用就是艺术装饰，灯具不但能起到照明效果，而且更多地体现了艺术氛围，灯光在夜间也是一种装饰和调节气氛的工具。例如，在室内吊顶时，采用方向可任意调节的装饰性暗光灯具，借助 LED 灯光控制器，可营造出多种浪漫的情景。

5）常用电光源技术参数见表 5-13。

表 5-13　常用电光源技术参数表

光源种类	光效/(lm/W)	显色指数(R_a)	色温/K	平均寿命/h
白炽灯	15	100	2800	1000
卤钨灯	25	100	3000	2000~5000
普通荧光灯	70	70	全系列	10000
三基色荧光灯	93	80~98	全系列	12000
紧凑型荧光灯	60	85	全系列	8000

（3）灯头和灯座

1）灯头。

灯头是保持灯的位置和使灯与灯座相连接的器件。普通灯头的外形采用圆形设计，适用于多种灯泡，挂口灯头和螺口灯头如图 5-37 和图 5-38 所示。

<table>
<tr><td align="center">图 5-37　挂口灯头</td><td align="center">图 5-38　螺口灯头</td></tr>
</table>

2）灯座。

灯座有两个作用，一是固定灯泡，二是与灯头保持良好接触，把电能传递给灯泡。灯座必须与灯泡的灯头配套使用才能发挥作用。

室内照明灯座的种类比较多，下面介绍几种常用的分类方法。

① 从安装方式分，有卡口式（B 系列）、螺旋式（E 系列）、插入式（G 系列）等方式，图 5-39 所示为不同安装方式灯座。

卡口式(B系列)　　　　　螺旋式(E系列)　　　　　插入式(G系列)

图 5-39　不同安装方式灯座

B 系列灯座的灯头与灯泡结合方式为卡口式，B 后面的数字表示螺壳卡口的内径。例如，B22 表示该灯头为卡口式，螺壳卡口内径为 22mm。这类灯座多用于英国、澳大利亚等英联邦国家或地区。我国前些年白炽灯泡常用这种灯座，近年来室内装修很少用 B 系列灯座。

E 系列灯座的灯头与灯泡结合方式为螺旋式，E 后面的数字表示螺壳螺纹的内径，例如，通常用的灯座 E27 表示该灯头为螺旋式，螺壳螺纹内径为 27 mm。比较常用的 E 系列灯座还有 E12、E14、E17 和 E26 等。这类灯座在室内装修时是使用最普遍的，例如，节能灯的灯座就是 E 系列灯座。

G 系列灯座的灯头与灯泡结合方式为插入式，G 后面的数字表示灯泡的两插脚之间的中心距离。例如，G9 表示该灯头为插入式，两插脚中心距离为 9mm。

配合传统荧光灯和新型 LED 荧光灯的灯座通常有 T8、T5、T4 灯座等。

② 灯座的安装要求。

对于 E 系列灯座，经开关后的相线应接在灯座内中央舌片连接的螺钉上，零线则应接在螺口的螺钉上。

对于 B 系列灯座，两个接线柱可任意接零线或接相线。

（4）板槽

土建抹灰之后对电线进行敷设时需要采用明敷操作，它是指电线沿着墙壁、天花板、柱子等在建筑物表面进行的一种敷设方法，该方法需通过选择线管、定位画线、线管加工、线管的安装固定、电线的敷设等 5 个步骤进行。

板槽布线是指将绝缘电线安装在板槽线槽内的一种布线方式，主要用于科研室或预制墙板结构无法安装暗配线的工程，也适用于旧工程改造及线路吊顶内布线。就其制作材料而言，主要有木板槽（目前已较少采用）、塑料板槽和金属板槽，下面就常用板槽类型做一简单介绍。

1）类型介绍。

① 塑料板槽。塑料板槽具有重量轻、绝缘性能好、耐酸碱腐蚀、安装维修方便等特点，因此应用较为广泛，塑料板槽的外形如图 5-40 所示。

② 金属板槽。金属板槽坚固耐用，可分为明装金属板槽和地面线槽。它既可用于明敷布线，也可在地面内暗装布线，其外形如图 5-41 所示。其中，地面线槽是为了适应现代化建筑电气配线日趋复杂、出线位置多变的特点而推出的一种新型敷设管件系列产品，可广泛用于大间办公自动化写字楼、阅览室、展览室、实验室、电教室、商场和机房，尤其适用于隔墙任意变化的建筑物。

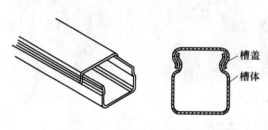

图 5-40　塑料板槽外形图

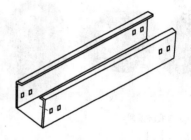

图 5-41　金属板槽外形图

2）板槽布线的步骤。

明敷板槽布线过程主要有以下几道工序。

① 准备。首先确定板槽的敷设路径及固定方式。一般来说，塑料板槽可以直接固定于建筑物构件表面，而金属板槽由于重量较大，多采用吊架或托架安装，因此需在板槽布线前在墙体内预埋固定用金具。

② 定位。布线前要在敷设的建筑构件表面上进行定位画线，板槽排列应整齐、美观，应尽量沿房屋的线脚、横梁、墙角等隐蔽部位敷设，且与建筑物的线条保持水平或垂直。

③ 固定。塑料线槽的固定方式主要有 3 种，即用伞形螺栓固定、用塑料胀管固定、用木砖固定，金属线槽可用塑料胀管直接固定于墙上，也可固定于吊架或托架上。

④ 放线。放线时先将导线放开伸直，从始端到末端边放边整理，导线应顺直，不得有挤压、背扣、扭结和损坏等现象。

⑤ 检查。配线工程结束后应进行绝缘检查，并做好测量记录。

3）板槽布线的注意事项。

① VXC 塑料线槽明敷时，槽盖与槽体需错位搭接。

② 建筑物顶棚内不得采用塑料线槽布线。

③ 穿金属线槽的交流线路，应使所有的相线与中性线在同一外壳内。

④ 强、弱电线路不应敷设于同一线槽内。

⑤ 电线、电缆在线槽内不得有接头，电线的分接头应在接线盒内进行。

⑥ 线槽内电线或电缆的总截面积（包括外护层）不应超过线槽截面积的 20%，载流导线不宜超过 30 根。

4）塑料线槽工艺。

① 固定方式。通常先用冲击钻在墙上打孔，然后塞入塑料胀管，采用塑料胀管后用木螺钉垫圈将线槽固定在胀管上，完成线槽固定，如图 5-42 所示。

② 切割拼接安装法。将线割用刀进行切割或切 45°角，如图 5-43 所示，然后进行拼接，如图 5-44 所示。

③ 拐角配件安装法。拐角配件安装法是利用成品的拐角配件进行线槽连接的一种安装方法，常用的拐角配件有三通、阳转角、阴转角和直转角等，如图 5-45 所示。

安装完成的效果如图 5-46 所示。

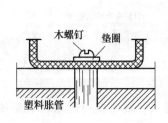

图 5-42 线槽固定

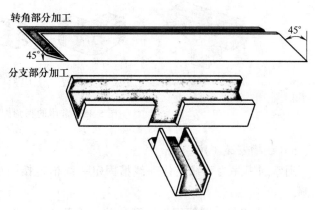

图 5-43 线槽切割

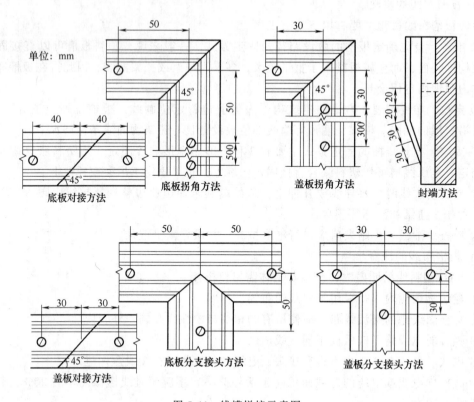

图 5-44　线槽拼接示意图

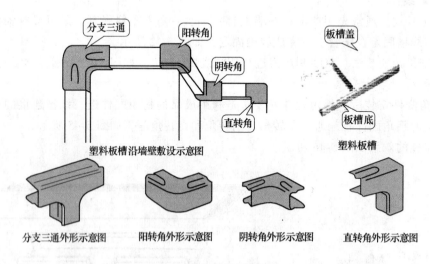

图 5-45　常用的拐角配件

5）线槽安装工序。

通常的工序为弹线定位→线槽固定→线槽连接→槽内放线→导线连接→线路检查绝缘摇测。

① 弹线定位。弹线定位应符合以下规定：

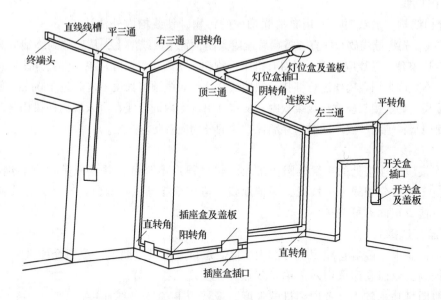

图 5-46　拐角配件安装效果图

a）线槽配线在穿过楼板或墙壁时，应用保护管，而且穿楼板处必须用钢管保护，其保护高度距地面不应低于 1.8m；装设开关的地方可引至开关的位置。

b）过变形缝时应做补偿处理。

弹线定位方法：按设计图确定进户线、盘、箱等电气器具固定点的位置，从始端至终端（先干线后支线）找好水平或垂直线，用粉线袋在线路中心弹线，分均档，用笔画出加档位置后，再细查木砖是否齐全，位置是否正确，否则应及时补齐。然后在固定点位置进行钻孔，埋入塑料胀管或伞形螺栓，弹线时不应弄脏建筑物表面。

② 线槽固定。混凝土墙、砖墙可采用塑料胀管固定塑料线槽。根据胀管直径和长度选择钻头，在标出的固定点位置上钻孔，不应歪斜，有豁口，应垂直钻好孔后，将孔内残存的杂物清净，用木槌把塑料胀管垂直敲入孔中，并以与建筑物表面平齐为准，再用石膏将缝隙填实抹平，用半圆头木螺钉加垫圈将线槽底板固定在塑料胀管上，紧贴建筑物表面。应先固定两端，再固定中间，同时找正线槽底板，要横平竖直，并沿建筑物形状表面进行敷设。

③ 线槽连接。线槽及附件连接处应严密平整，无缝隙，紧贴建筑物固定点。

a）槽底和槽盖直线段对接。

槽底固定点的间距不应小于 500mm，盖板不应小于 300mm，底板离终点 50mm 及盖板距离终端点 30mm 处均应固定。三线槽的槽底应用双钉固定，槽底对接缝与槽盖对接缝应错开并不小于 100mm。

b）线槽分支接头，线槽附件（如直通、三通转角、接头、插口、盒、箱）应采用相同材质的定型产品。槽底、槽盖与各种附件相对接时，接缝处应严实平整，固定牢固。

c）线槽各种附件安装要求如下：

盒子均应两点固定，各种转角、三通等固定点不应少于两点（卡装式除外），接线盒、灯头盒应采用相应插口连接，线槽的终端应采用终端头封堵，在线路分支接头处应采用相应接线箱。

④ 槽内放线。

a）清扫线槽。放线时，先用布清除槽内的污物，使线槽内外清洁。

b）放线。先将导线放开伸直，捋顺后盘成大圈，置于放线架上，从始端到终端（先干线后支线）边放边整理，导线应顺直，不得有挤压、背扣、扭结和受损等现象。绑扎导线时应采用尼龙绑扎带，不允许采用金属丝进行绑扎。在接线盒处的导线预留长度不应超过150mm。线槽内不允许出现接头，导线接头应放在接线盒内；从室外引进室内的导线在进入墙内一段用橡胶绝缘导线，严禁使用塑料绝缘导线。同时，穿墙保护管的外侧应有防水措施。

⑤ 导线连接。

导线连接应使连接处的接触电阻值最小，机械强度不降低，并恢复其原有的绝缘强度。连接时，应正确区分相线、中性线、保护地线。可用绝缘导线的颜色进行区分，或使用仪表测试对号，检查正确方可连接。

3. 元器件选择

根据工程要求，两盏仓库照明灯选用100W螺口灯泡进行照明，单门仓库选用单联单控开关进行控制，双门仓库选用两个单联双控开关实现两控一灯。

由于照明灯功率较小，考虑到机械强度，应选用BV2.5导线连接。

4. 电路原理图

根据任务单的功能要求，绘制出电路原理图，如图5-47所示。

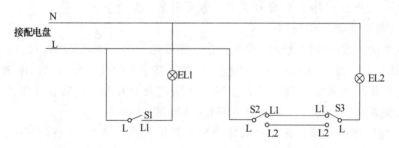

图 5-47　单控及双控电路原理图

5. 接线图

室内照明灯在天花板正中间，灯开关装于门打开侧的内墙上，高度1.3m，离门30cm。为了美观，线槽保持与墙边平行。其中横槽位于墙面贴近天花板的位置。

绘制如图5-48所示的照明安装平面图。

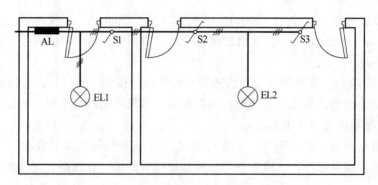

图 5-48　一控一灯及两控一灯工程照明安装平面图

根据布局图，得到接线图，如图 5-49 所示。

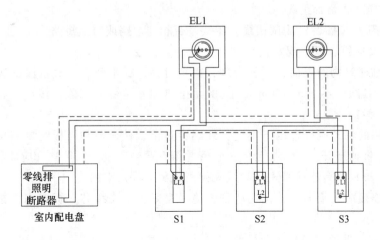

图 5-49　电路接线图

6. 材料清单

根据以上设计，得到材料清单如表 5-14 所示。

表 5-14　照明工程材料清单

序号	名称	规格参数	单位	数量	备注
1	白炽灯	100W E27	个	2	
2	灯座	E27	个	2	
3	单联单控开关		个	1	明装
4	单联双控开关		个	2	明装
5	线槽	10×20	m	若干	PVC
6	导线	BV2.5	m	若干	红（控制线）
7	导线	BV2.5	m	若干	蓝（零线）
8	导线	BV2.5	m	若干	黄（双控控制线）
9	膨胀管		个	若干	固定元器件及线槽
10	螺钉		个	若干	固定元器件及线槽
11	线槽配件		个	若干	拐角、T 形接头等

其中导线的计算方法为将每根导线路径测量后两头各加 10 ~ 15cm 即可，注意各种导线颜色分开计算。

主要工具有：铅笔、卷尺、线坠、粉线袋、活扳手、手锤、錾子、钢锯、钢锯条、手电钻、电锤、万用表、绝缘电阻表、工具袋、工具箱和人字梯等。

7. 施工工艺要求

1）元器件布置合理。

2）电路连线工艺要美观，线槽符合工艺要求。没有架空线。

3）相线进开关，通过开关进灯头，零线直接进灯头。

4）元器件固定可靠，导线连接可靠，连接导线不受机械力。

8. 检测维修

1）核对图样接线是否正确。

2）绝缘电阻表（摇表）测试相线、零线是否相互短路或对地短路。

3）板槽敷设应符合以下规定：

① 板槽紧贴建筑物的表面，布置合理，固定可靠，横平竖直。直线段的盖板接口与底板接口应错开，其间距不小于100mm。盖板无扭曲和翘角变形现象，接口严密整齐，板槽表面色泽均匀无污染。

② 板槽线路的保护应符合以下规定：线路穿过梁、柱、墙和楼板时要有保护管，跨越建筑物变形缝处板槽断开，导线加套保护软管并留有适当余量，保护软管应放在板槽内。线路与电气器具、塑料圆台连接平密，导线无裸露现象，固定牢固。

③ 导线的连接应连接牢固，包扎严密，绝缘良好，不伤线芯，板槽内无接头，接头放在器具或接线盒内。

4）常见电气、照明电路故障及检修。

① 常见故障。

a）断路故障：表现形式为灯具不亮。

b）短路故障：表现形式为跳闸（断路器、漏电保护器）或熔丝熔断（普通负荷开关）。

c）灯具故障：表现形式为接通电源后，灯具不亮或忽明忽暗（如白炽灯也可能出现暗红火或特亮；荧光灯闪动或只有两头发光，光在灯管内滚动或灯光闪烁）、开灯跳闸等。

② 故障原因：在照明线路中，产生断路的原因主要有灯丝烧断、熔丝熔断、开关没有接通、线头松脱、接头腐蚀（特别是铝线接头和铜铝接头）以及断线。

在照明线路中，造成短路的原因大致有以下几种：电气设备接线不符合规范，以致在接头处碰在一起或碰到金属外壳。开关进水或有金属异物造成内部短路。导线绝缘外皮损坏或老化，使相线和零线相碰或相线与金属外壳相碰造成短路。灯具本身损坏造成短路。

③ 故障检查。

首先应按两下控制这盏灯的开关，检查开关是否在闭合位置。然后，检查灯具是否有问题，如果没问题，则应拆开开关检查（注意检查时应断开总闸），检查开关接触是否良好，若开关良好，则可检查灯头及各接头处是否接触良好。

如果无问题，则检查总闸是否接通或总熔断器是否熔断，其次检查是否已停电，再次检查电源主干路。若是线路的问题，则可用下述方法进行检查。

a）停电检查法。该方法是在线路的某一位置（一般在线路的中间位置）用万用表的电阻档测量相线与零线之间的电阻。若所测电阻为无穷大，则此位置至灯具这段线路有断路；若所测电阻约等于灯具应有的电阻，则此位置至电源这段线路有断路。此时，可再在有断路的线路上选择另一位置，用同样的方法检查，直至查到故障点为止。

b）带电检查法。该方法是在上述位置用验电器测量相线和零线，若两根线都有电，则电源侧的零线有断路；若两根线均无电，则电源侧的相线有断路；若一根有电，另一根没电，则灯泡侧的零线或相线有断路。在故障线路上，再用上述方法检查，直到找到故障点为止。

施工效果图如图 5-50 所示。

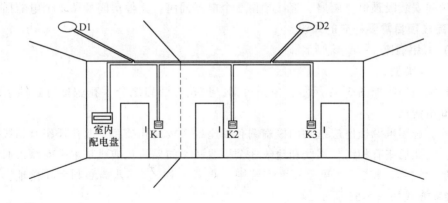

图 5-50　一控一灯及两控一灯工程施工效果图

9. 验收

1）确认电线规格颜色是否正确，照明灯控制是否正常。

2）观察走线是否横平竖直。

3）观察开关、灯座线接头是否牢固。

4）观察开关安装是否平正，高低是否一致，位置是否符合要求。

5）检验开关是否灵活有效。

5.4　套装房用照明线路安装工程

1. 工作任务

有一旧套装房（两室一厅、一厨一卫），配电盘位于客厅门旁边，具体布局见图 5-51。由于线路老化，负载能力不足，需要对线路重新安装，要求暗敷，完成后墙面应重新粉刷。

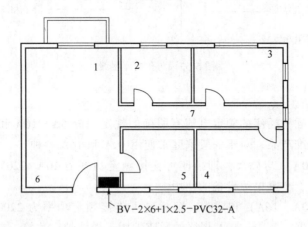

图 5-51　套装房平面图

1—客厅　2—卫生间　3—卧室　4—书房　5—厨房　6—餐厅　7—走道

灯插座安装要求：

客厅、书房、卧室预留空调插座，客厅、书房、卧室安装荧光灯管，阳台、房间走廊、厨房卫生间安装吸顶灯。厨房、客厅预留 2 个电器插座，其他房间预留 1 个电器插座。

2. 完成项目需要补充的知识

（1）家用插座

1）插孔类型。

几种家用插座如图 5-52 所示，由图可知，插孔有圆扁之分，我国推行扁插系统，圆孔插座已基本淘汰。

因此，选用电源插座应选购两极扁圆孔插座或三极扁孔插座。两孔插座有相线与零线的接线柱，三孔插座有相线、零线和地线 3 个接线柱。如果两孔插座是水平安装，通常规定接线方式是"左零右相"。如果是立面安装则"上零下相"。三孔插座则大孔接地，"左零右相"。接线方式如图 5-53 所示。

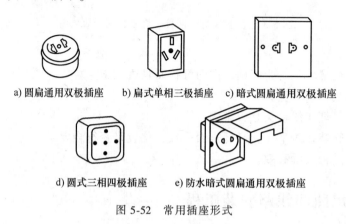

a) 圆扁通用双极插座　　b) 扁式单相三极插座　　c) 暗式圆扁通用双极插座

d) 圆式三相四极插座　　e) 防水暗式圆扁通用双极插座

图 5-52　常用插座形式

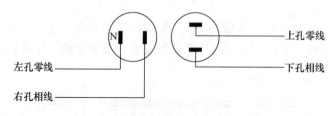

图 5-53　两孔插座接线

2）插座额定电流。

国家标准对家用插头插座的额定电流有明确的规定，分 6A、10A 和 16A 三个级别，其他标注级别均为非标准产品。对于一般家庭常使用 10A 和 16A 两种。

① 两极插座（10A）与插头，即插座可连接额定功率为 10A×220V = 2200W 的电路负载，适合电视、音响、小家电等设备的使用。

② 三极插座（10A、16A）和插头，即插座可连接额定功率为 2200～3520W 的电路负载，适用于需接地电器，其中，10A 规格的插座常用于微波炉、冰箱、电饭煲、洗衣机等家电产品，16A 规格的插座一般用于空调器和电热水器。

3）三极插座及接线。

三极插座插头接线示意如图 5-54 所示。一般而言，只有那些带有金属外壳的用电器才会使用三脚插头，即家用电器上的三脚插头，两个脚接用电部分，另外与接地插孔相对应的

脚是与家用电器的外壳接通的。这样，把三脚插头插在三孔
插座里，在把用电部分连入电路的同时，也把外壳与大地连
接起来，这样，即使外壳带了电，也会从接地导线泄放，因
此人体接触外壳也就没有危险了。

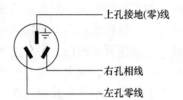

图 5-54　三极插座接线

　　4）四极插座及接线

　　四极插孔也称三相四线插座，即三相电的 3 条相线（U、
V、W）加上一条零线（N）。如图 5-55 所示，其中，一个端
子接地线，其他 3 个按 U、V、W 顺序接相线，如果接电动机，电动机反转说明顺序接反
了，只要把其中两条相线换一下就可以了。

　　5）二、三极一体化插座

　　二、三极一体化插座俗称五孔插座，可同时插入二极和三极插头，形式多样，应用广泛。

　　"带开关插座" 就是通过开关来控制插座是否有电的插座，它的选择主要考虑两点：一
个是解决家用电器的 "待机耗电" 的问题，另一个是方便
人们使用。带开关插座适用于使用频繁、但平时不通电的
家电产品，例如，热水器、洗衣机、微波炉、空调器等电
器，其优点在于不拔下插头，也可通过开关操作开关电气
设备。如图 5-56。

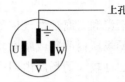

图 5-55　四极插座接线

　　6）防水插座

　　防水插座就是在插头面板外面加了一个防水盒，从而提高了安全性。防水插座实物图如
图 5-57 所示，常用于洗手间和厨房等场所。

图 5-56　带开关二、三极一体化插座

图 5-57　防水插座

　　防水盒有深、浅两类，深盒插头插上后可以关盒，即可防水。而浅盒则需使用后将插头
拔出后才能关盒，所以意义不大，故而浅盒主要用于防水开关。

　　7）安全插座。

　　国家电气标准规定，安装高度在 1.8m 以下的插座，需采用有保护门设置的安全插座。
也就是说，家庭使用的插座除空调、冰箱、电视机及一些特定用途的插座外，一般都应该有
保护门设置，特别是离地 300mm 的插座必须附保护装置。

　　保护门主要预防外部金属意外插入造成的漏电事故，特别是对儿童的保护。儿童往往对
新奇事物抱有很强的好奇心，对室内触手可及的插座，可能用手指或其他硬物捅插口，有保

护门能很大程度减少危险的发生。对于二孔插座而言，只有两个插脚同时插入才能将保护门顶开。三极插头的防单极插入一般有两种设计，一种接地极无保护门，相、零两极也要同时插入才能顶开保护门；另外一种三极都有保护门，在接地插脚顶开保护门时，相、零两极保护门才会打开，安全插座与一般普通插座外形上相似。需要补充说明的是，对于没有保护门设置的插座，也可以使用安全插头盖来保护儿童的安全，这种安全插头的安装，只需将绝缘插头对准插座孔，轻轻推入，即可使保护罩盖住所有的电源孔。取出时，捏住保护罩两端，轻松拔出，否则不易拔出。

（2）PVC 线管配线的方法和工艺

1）线管选择。选择 PVC 线管时，通常根据敷设的场所来选择线管类型，根据穿管电线截面积和根数来选择线管的直径。选管时应注意以下几点：

① 敷设电线的硬 PVC 线管应选用热 PVC 线管，其优点是在常温下坚硬，有较大的机械强度，受热软化后，又便于加工。对管壁厚度的要求是：明敷时不得小于 2mm；暗敷时不得小于 3mm。

② 在潮湿和有腐蚀性气体的场所，不管是明敷还是暗敷，均应采用高强度 PVC 线管。

③ 干燥场所内明敷或暗敷均可采用管壁较薄的 PVC 线管。

④ 腐蚀性较大的场所内明敷或暗敷应采用硬 PVC 线管。

⑤ 根据穿管导线截面积和根数来选择线管的直径。要求穿管导线的总截面积（包括绝缘层）不应超过线管内径截面积的 40%。

2）截管。截管前应检查 PVC 线管的质量，有裂纹、瘪陷的及管内有锋口杂物等时，均不能使用。以两个接线盒之间为一个线段，根据线路弯曲转角情况来决定用几根 PVC 线管接成一个线段和确定弯曲部位，一个线段内应尽可能减少管口的连接接口。

截 PVC 线管时，必须根据实际需要将其切断。切断的方法是用台虎钳将其固定，再用钢锯锯断。锯割时，在锯口上注少量润滑油可防止锯条过热。管口要平齐，并锉去毛刺。

截管也可用 PVC 管剪刀剪断。用 PVC 管剪刀时，应边慢慢转动管子边进行裁剪，这样刀子更容易切入管壁，刀子切入管壁后，应停止转动管子，以保证切口平整，并继续裁剪，直至管子被切断为止，具体操作见图 5-58。

a) 打开PVC管剪刀　　　　b) 把PVC管放入刀口内　　　c) 边转动边切割PVC管

图 5-58　PVC 管剪刀切管法

3）弯管。根据线路敷设的需要，在 PVC 线管改变方向时需将其弯曲。PVC 线管的弯曲方法分冷弯法和热弯法两种，热弯法主要对管径比较大（32 mm 以上）的 PVC 线管使用。热弯法加热时要掌握好火候，首先要使管子软化，不得烤伤、烤变色或使管壁出现凸凹状。为便于导线在 PVC 线管中穿越，PVC 线管的弯曲角度不应小于 90°，其弯曲半径可做如下选择：明敷不能小于管径的 6 倍；暗敷不得小于管径的 10 倍。对 PVC 线管的加热弯曲有直接加热和灌沙加热两种方法。

冷弯法主要介绍用弹簧弯管器冷弯法。弯管时。将与管子内径相应的弹簧弯管器插入管子需弯曲处，两手握住管子弯曲处有弹簧插入的部位，用手逐渐用力弯出需要的弯曲半径。若手力不够时，可将弯曲部位顶在膝盖或硬物上再用手扳。弯曲的力度不能太猛，不要一次性就将角度弯出，要逐渐用力，逐渐弯曲，用力与受力点要均匀，一般情况下弯出的角度应比所需弯曲的角度略小，待弯管回弹后，即可达到要求，然后将弹簧弯管器从塑料管内抽出，具体见图 5-59。

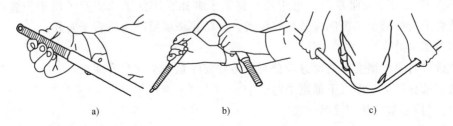

a)　　　　　　　　　　　b)　　　　　　　　　　　c)

图 5-59　弯管器的使用

弯管要求：

① 弯曲半径不应小于管外径的 6 倍。

② 管的弯曲处不应有折皱、凹穴和裂缝、裂纹。

③ 管的弯曲处弯扁的长度不应大于管子外径的 10%。

④ 硬质塑料管的弯曲角度一般不宜少于 90°。

⑤ 固定管子的管卡间距离不大于：管子直径 20mm 及以下为 1m；管子直径 25～40mm 为 1.5m；管子直径 50mm 及以上为 2m。

4）硬 PVC 线管的连接。

① 加热连接法。

a）直接加热连接法。对直径为 50mm 及以下的 PVC 线管可用直接加热连接法。连接前先将管口倒角，即将连接处的外管倒内角，内管倒外角。然后将内、外管各自插接部位的接触面用汽油、苯或二氯乙烯等溶剂洗净，待溶剂挥发完后用喷灯、电炉或其他热源对插接段加热，加热长度为管径的 1.1～1.5 倍。也可将插接段浸在 130℃ 的热甘油或石蜡中加热至软化状态，将内管涂上黏合剂，趁热插入外管并调到两管轴心一致时，迅速用湿布包缠，使其尽快冷却硬化。

b）模具胀管法。对直径为 65mm 及以上的硬 PVC 线管的连接，可用模具胀管法。先按照直接加热连接法对接头部分进行倒角，清除油垢并加热，待 PVC 线管软化后，将已加热的金属模具趁热插入外管接头。然后用冷水冷却到 50℃ 左右，取下模具，在接触面涂上黏合剂，再次加热，待塑料管软化后进行插接，到位后用水冷却，使外管收缩，箍紧内管，完成连接。

② 套管连接法。两根硬塑料管的连接，可在接头部分加套管完成。套管的长度为它自身内径的 2.5～3 倍，其中管径在 50mm 及以下者取较大值，在 50mm 及以上者取较小值，管内径以待插接的硬 PVC 线管在套管加热状态刚能插进为合适。插接前，仍需先将管口在套管中部对齐，并处于同一轴线上。

5）PVC 线管的敷设。

① 硬 PVC 线管明敷时，应采用管卡，固定管子的管卡需距离始端、终端或转角中点、接线盒或电气设备边缘 150~500mm。中间直线部分间距均匀，其最大允许间距参照值：管径在 20mm 及以下时，管卡间距为 1m；管径在 25~40mm 时，管卡间距为 1.2~1.5m；管径为 50mm 及以上时，管卡间距为 2m。管卡均应安装在木结构或木榫上。

② 线管在砖墙内暗敷时，一般在土建砌砖时预埋，否则应先在砖墙上留槽或开槽，然后在砖缝里打入木榫并钉上钉子，再用铁丝将线管绑扎在钉子上，并进一步将钉子钉入。

③ 线管在混凝土内暗敷时，可用铁丝将管子绑扎在钢筋上，将管子用垫块垫高 15mm 以上，使管子与混凝土模板间保持足够距离，并防止浇灌混凝土时管子脱开。

（3）暗敷操作

暗敷选材时要根据实际情况进行分析，特别要注意安全性与合理性。

暗敷在选材时可依据以下原则进行：

1）电气控制盒应使用品牌产品。

2）强电线缆的选择要符合安全标准。通常，家庭装修暗敷布线时既可选择硬铜线，也可以选择软铜线，照明线要用 2.5mm² 铜芯线，空调器等大功率电器要用 4mm² 铜芯线，而地线则最好选择软铜线，这是因为硬线易折断。

3）暗敷操作对线管的选择要求。

① 线管管径要求。管内绝缘导线总截面积（包括绝缘层）不应超过管内径截面积的 40%，管径选择见表 5-15。

表 5-15　PVC 线管直径选择

导线截面积/mm²	PVC 硬塑料管直径/mm		
	穿入 2 根导线	穿入 3 根导线	穿入 4 根导线
1.5	15	15	15
2.5	15	15	20
4	15	20	25
6	20	20	25
10	25	25	32
16	25	32	32

② 线管质量要求。管壁内不能存有杂物和积水。

③ 线管长度要求。当线管超过 15m 时，线管的中间应装设分线盒或拉线盒，否则应选用大一级的管子。

④ 线管垂直敷设时的要求。敷设于垂直线管中的导线，每超过下列长度时，应在管口或接线盒内加以固定。

导线截面积为 50mm² 以下，长度为 30m 时固定。

导线截面积为 70~95mm²，长度为 20m 时固定。

导线截面积为 120~240mm²，长度为 18m 时固定。

穿线 PVC 管敷设完毕，应将导线穿入线管中。穿线时应尽可能将同一回路的导线穿入同一管内，不同回路或不同电压的导线不得穿入同一根线管内。

4）画线和定位。

画线时，使用卷尺和铅笔，在开槽和预埋管线的地方画出导线的走线路径，并在每固定点中心画出"X"记号。画线时应避免弄脏墙面，其中强弱电一定要分别布线，强弱电的间距至少200mm，见图5-60。

图 5-60　画线和定位

5）开线槽。线路定位后，接下来是对画线部分进行开线槽的操作。开线槽期间要注意灰尘，特别是在使用切割机切割墙体时，极易产生大量的灰尘。过多的粉尘会对肺造成伤害，也会污染环境，因此在开线槽的时候，要做好降尘工作，见图5-61。

6）凿墙孔、开地槽。先将画线部分用水进行浇灌，使墙面潮湿；在开始切割时，一边切割一边向切割位置注水，切割完成后，可使用锤子和凿子进行细凿，即将切割机切线槽需要去除部分凿下来，使线槽内整齐无突出，并且保证线槽的深度能容纳线管和线盒，其深度一般为线管埋入墙体抹灰层的厚度（15mm）。

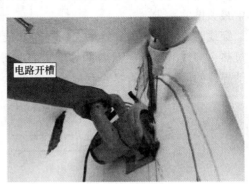

图 5-61　开线槽

提醒：使用水进行浇灌切割时，注意不要将水流入切割机中造成短路，而烧毁切割机，并且注意切割机的导线要与切割机的砂轮保持一定距离，避免将导线切断。

7）布管埋盒。细凿完成后，接下来使用水泥将线管和接线盒进行安装固定，线槽深度不够的位置，可以使用凿子对其重新进行凿切，然后再进行线管和接线盒的固定。

① 在布线埋盒操作时，应先对PVC线管进行清洁，然后对其进行裁切。

② 布管过程中若需要进行弯管操作，通常不使用弯角配件，而是直接将线管进行弯曲，以免影响穿线操作或是给后期换线带来不便。

③ 如果线路中所需线管的长度不够，则需要对线管进行粘接，为了要保证管路通畅，PVC线管可以采用热熔法进行连接。

④ 线管敷设完成后，需要对凿墙孔/开地槽进行修复，为了便于操作，这个步骤可以在管内穿线完成以后进行。

⑤ 接线盒敷设时，应将线管从接线盒的侧孔穿出，并利用锁紧螺母和护套将其固定，见图5-62。

8）供电接线盒的安装连接。

供电接线盒的安装与加工就是要将入户的供电线与供电接线盒连接。其过程可分为供电接线盒的加工处理、供电线与供电接线盒接口模块的连接和供电接线盒的固定这3个操作环节。

预留导线连接端子并没有预留出连接所需要的长度，因此，需要使用剥线钳将预留出的导线进行剥线操作。

进行下一步操作前，首先检查接线盒、插座及预留导

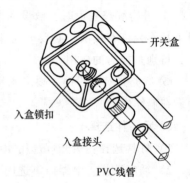

图 5-62　接线盒和
线管的连接

线是否正常，并将接线盒需要穿入导线一端的挡片取下；然后才能进行供电线与供电接线盒接口模块的连接。

将预留导线端子进行剥线操作后，将接线盒嵌入墙的开槽中。

供电接线盒的安装连接大体分为普通供电线盒的安装连接和控制功能的供电接线盒的安装连接。

9）穿线的相关注意事项。

开关、插座盒与线管连接应牢固密封。在未穿线时要将管口临时封堵，保证穿线管内壁光滑畅通、清洁和干燥。

管内穿线应在穿线管敷设完后，安装开关、插座、灯具等电气设备之前进行，是暗敷操作中最关键的一步。

穿线时，将连接着导线的穿线弹簧从线管的一端穿入，直到从另一端穿出。为了避免导线过热，穿线时，应注意内部导线的截面积不能超过线管的 40%，导线从另一端穿出后，拉动导线的两端，查看是否有过紧卡死的状况，具体见图 5-63。

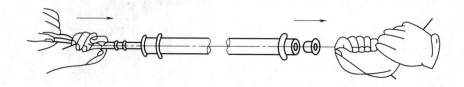

图 5-63　穿线方法示意

穿线时，塑料管分线盒需要使用接头将 PVC 线管和分线盒进行连接，并且需要使用线夹将导线线芯连接起来。

管内穿线完成后，对暗敷的基本操作就完成了，可以将凿墙孔、开地槽进行恢复。

10）暗敷操作应遵循的原则。

① 导线绝缘应符合线路安装环境和环境敷设条件，而且要求导线额定电压大于线路的工作电压。

② 强电和弱电要分开进行敷设，避免强电影响弱电信号，造成弱电信号传输不正常。

③ 在不同的供电系统中，禁止使用大地做零线。

④ 进行线路敷设时，敷设的导线应尽量减少接头。管道配线和板槽配线无论在什么情况下都不允许有接头，必要时可采用接线盒。在导线的接头处、分支处都不应受到机械应力，特别是拉力的作用。

⑤ 线路进行敷设时，要求水平和垂直，暗敷时使用线管进行线路的敷设，直接将导线埋设在墙体内。

3. 元器件选择

1）灯具选择：荧光灯选用 40W T8 灯，吸顶灯选用 60W 白炽灯。

2）插座选择：电器插座选用 5 孔 10A 插座，空调插座选用 3 孔 16A 带开关插座。

3）导线选择：照明、吊扇及插座选用 BV2.5 导线，空调导线选用 BV4，地线选用 BV2.5。

4. **电气原理图**（见图 5-64）

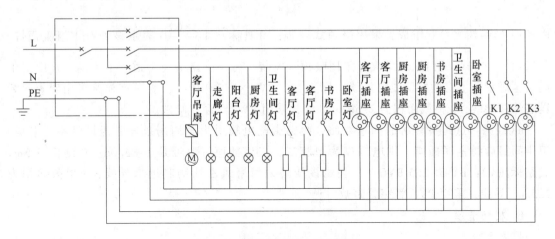

图 5-64　套装房照明电路原理图

5. **接线照明平面图**（见图 5-65）

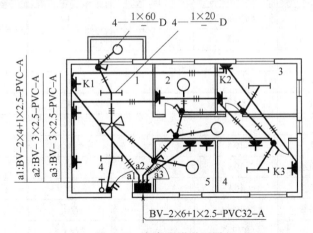

图 5-65　套房照明平面图

1）电源进线。标注 BV-2×6+1×2.5-PVC32-A，表示采用聚氯乙烯铜芯绝缘导线，截面积为 6mm² 的 2 根，截面积为 2.5mm² 的 1 根，采用直径为 32mm 的 PVC 管穿管暗敷。

2）零线接法。结合电气系统图设有保护接地和零线接线板各一块，即 PE 和 N；照明线路为单相两线制，即 L、N；插座线路为单相三线制，即 L、N、PE。

3）配线方式。室内配线为穿管暗敷，照明开关、插座均为暗装。

4）出线回路共 3 路，分别由 3 只单极保护型小型断路器控制。

a1 线路：线路由配电箱引出至客厅空调插座，经过主房空调插座，再引至客房空调插座。线路标注 a1：BV-2×4+1×2.5-PVC-A，表示该线路采用聚氯乙烯铜芯绝缘导线，截面积为 4mm² 的 2 根，截面积为 2.5mm² 的 1 根，采用 PVC 管穿管暗敷。插座为单相三极插座，型号是 L-B3/08KD，距地面 1.7m，主要为 3 台空调供电。

a2 线路：这是整套房的照明及吊扇线路，由配电箱引出到厨房，厨房设一吸顶灯，内置 60W 白炽灯泡，由单极单控开关控制，开关暗装于距地面 1.3m 处。然后做两路分支，一支路到客厅吊扇、照明和阳台照明，灯具标注 $1\text{-}\dfrac{1\times40}{-}\text{D}$ 表示该处有 1 组荧光灯灯具，每组由一根 40W 荧光灯管组成，采用吸顶式安装；灯具标注 $1\text{-}\dfrac{1\times60}{-}\text{D}$ 表示该处有 1 组吸顶灯，每组由一个 60W 的白炽灯组成，采用吸顶式安装。另一支路引至走道和卫生间，再由卫生间引至卧室和书房的照明线路。线路标注 a2：BV-3×2.5-PVC-A，表示该线路采用聚氯乙烯铜芯绝缘导线，3 根截面积为 2.5mm² 导线，采用 PVC 管穿管暗敷。

a3 线路：这是整套房的插座线路，线路由配电箱引出至厨房插座，经过卧室、书房、卫生间最后到客厅插座。供电插座为单相二、三极插座，型号是 L-B3/06，距地面 0.3m。线路标注 a3：BV-3×2.5-PVC-A，表示该线路采用聚氯乙烯铜芯绝缘导线，3 根截面积为 2.5mm² 导线，采用 PVC 管穿管暗敷。

6. 材料清单

见表 5-16。

表 5-16　套房照明工程材料清单

序号	名称	规格参数	单位	数量	备注
1	白炽灯	60W E27	个	4	
2	灯座	E27	个	4	
3	单联单控开关		个	7	暗装
4	双联双控开关		个	1	暗装
5	荧光灯管	T8 40W	根	4	
6	风扇调速器		个	1	
7	5 孔插座	10A	个	4	
8	防溅 5 孔插座	10A	个	3	卫生间、厨房用
9	3 孔插座	16A	个	3	带开关
10	PVC 硬塑料管	ϕ40mm	m	若干	
11	导线	BV2.5	m	若干	红（控制线）
12	导线	BV2.5	m	若干	蓝（零线）
13	导线	BV2.5	m	若干	黄（双控控制线）
14	导线	BV4	m	若干	接空调插座红
15	导线	BV4	m	若干	接空调插座蓝
16	其他管路配件		个	若干	管路入盒锁紧等

7. 施工工艺

（1）插座的安装

根据电源电压的不同插座可分为三相（四孔）插座和单相（三孔或二孔），插座根据单相插座的接线原则（即左零右相上接地），将导线分别接入插座的接线桩内。注意根据标准规定接地线应是黄绿双色线。

（2）插座接线应符合的规定

1）单相两孔插座，面对插座的右孔或上孔与相线连接，左孔或下孔与零线连接；单相三孔插座，面对插座的右孔与相线连接，左孔与零线连接。

2）单相三孔、三相四孔及三相五孔插座的接地（PE）接在上孔。插座的接地端子严禁与零线端子连接。同一场所的三相插座，接线的相序应一致。

3）接地（PE）在插座间不允许串联连接。

（3）插座的固定和连接

1）在对插座进行连接时，发现插座的接线孔处于连接状态，即接线孔处的螺钉处于拧紧状态，此时需选择合适的一字螺钉旋具依次将插座各接线孔处的螺钉拧松。

2）将插座护盖的按扣按下，并取下护盖。

3）连接相线（红色）。将预留出的相线（红色）连接端子插入插座的相线接线孔，再选择合适的一字螺钉旋具拧紧插座相线接线孔的螺钉，固定相线。

4）连接零线（蓝色）。将零线（蓝色）连接端子穿入插座零线接线孔内，再使用一字螺钉旋具拧紧插座零线接线孔的螺钉，固定零线。

5）连接地线。将接地线插入插座的接地接线孔，并进行固定。

6）检查导线端子连接是否牢固。将插座与预留导线端子连接完成后，检查导线连接端子是否连接牢固，以免导线连接端子连接不牢固引起漏电事故的发生。

7）供电接线盒的固定。插座连接并检查完成后，盘绕多余的导线，并将插座放置到接线盒的位置。将螺钉放置到插座的固定点，并使用合适的十字螺钉旋具拧紧螺钉，将插座进行固定。

8）安装插座护盖。插座固定完成后，将插座护盖安装到插座上，至此，单相三孔插座便已经安装完成。

（4）室内装修电气线路的安装

1）导线的选择。导线的选择应根据住户用电负荷的大小而定，应满足供电能力和供电质量的要求，并满足防火的要求。用电设备的负荷电流不能超过导线的额定安全载流量。一般每户住宅的用电量在 4 ~10kW，每户进户线宜采用截面积为 10mm² 的铜芯绝缘线，分支回路导线采用截面积不小于 2.5mm² 的铜芯绝缘导线。对特殊用户则应特别配线。为使所有的用电装置都能够可靠接地，应将接地线引入每户居民住宅，接地线采用不小于 2.5mm² 的铜芯绝缘线。在房屋装修中，所有线路都应采用铜芯绝缘线穿管暗敷方式。

2）室内布线。室内布线的技术要求如下：

① 室内布线根据绝缘导线的颜色区分相线、中性线和地线。

② 选用的绝缘导线其额定电压应大于线路工作电压，导线的绝缘应符合线路的安装方式和敷设的环境条件。

③ 配线时应尽量避免导线有接头。因为接头往往由于工艺不良等原因而使接触电阻变大，发热量较大会引起事故。必须有接头时，可采用压接和焊接，但其接触必须良好，无松动，接头处不应受到机械力的作用。

④ 当导线互相交叉时，为避免碰线，在每根导线上应套上塑料管或绝缘管，并将套管固定。

⑤ 若导线所穿的管为钢管，钢管应接地。当几个回路的导线穿同一根管时，管内的绝缘导线数不得多于 8 根。穿管敷设的绝缘导线的绝缘电压等级不应小于 500V，穿管导线的总截面积（包括外护套）应不大于管内径面积的 40%。布管工艺按工艺要求进行。

3）灯具的安装。室内灯具悬挂高度要适当，如果悬挂过高，不利于维修，而且降低了照度；如果悬挂过低，会产生眩光，降低人的视力，而且容易与人碰撞，不安全。灯具悬挂的高度应考虑便于维护管理、保证电气安全、限制直接眩光，且与建筑尺寸配合。

灯具布置前，应先了解建筑的高度及是否做吊顶等问题，灯具的基本功能是提供照明。在设计中应注意荧光灯比白炽灯光照度高，直接照明比间接照明灯具效率高，吸顶安装比嵌入安装灯具效率高。灯具遮光材料的透射率及老化问题也应在设计考虑范围之内，选择光效高、寿命长、功率因数高的光源，以及高效率的灯具和合理的安装使用方法，可以保证照度并节约用电。

灯具现在推荐采用 LED 灯，其发光效率高，安装形式有同白炽灯的灯口方式，也有同节能灯或荧光灯方式。灯具的选择视具体房间功能而定，如起居室、卧室可用升降灯，起居室、客厅设置一般照明、灯饰台灯、壁灯、落地灯等。厨房的灯具应选用玻璃或陶瓷制品灯罩配以防潮灯口，并且宜与餐厅用的照明光显色一致，浴室灯应选用防潮灯口的防爆灯。

安装灯具时，安装高度低于 2.4m 时，金属灯具应做接零或接地保护，开关距门框 0.15～0.2m，灯头距离易燃物不得小于 0.3m；在潮湿有腐蚀性气体的场所，应采用防潮、防爆的灯头和开关；灯具安装时应牢固可靠，质量超过 1kg 时，要加装金属吊链或预埋吊钩；灯架和管内的导线不应有接头；灯具配件应齐全，灯具的各种金属配件应进行防腐处理。

4）开关的安装。安装开关时，应注意开关的额定电压与供电电压是否相符；开关的额定电流应大于所控制灯具的额定电流；开关结构应适应安装场所的环境。明装时可选用拉线开关，拉线开关距地 2.8m，拉线可采用绝缘绳，长度不应小于 1.5m。成排安装开关时，高度应一致。开关位置与灯位相对应，同一室内开关的开、闭方向应一致。开关应串联在通往灯头的相线上。安装开关时，无论明装还是暗装，均应安装成往下扳动接通电源，往上扳动切断电源。

5）插座的安装。安装插座时，应注意插座的额定电压必须与受电电压相符，额定电流大于所控电器的额定电流；插座的型号应根据所控电器的防触电类别来选用；两孔插座原水平并列安装，不可以垂直安装；三孔或四孔插座的接地孔应置于顶部，不许倒装或横装；一般居室、学校，明装距地不应低于 1.8m，车间和实验室不应低于 0.3m。

插座宜固定安装，切忌吊挂使用。插座吊挂会使电线摆动，造成压线螺钉松动，并使插头与插座接触不良。对于单相双线或三线的插座，接线时必须按照左中性线、右相线、上接地线的方法进行，与所有家用电器的三线插头配合。

插座要充分考虑家庭现有和未来 5～10 年可能要添置的家用电器，尽可能多安装一些插座，避免因后期发现插座不够用而重新改造电气线路，将电气事故隐患的概率降到最低。同时，住宅内的插座应全部设置为安全型插座，在厨房、卫生间等比较潮湿的地方应加上防潮盖。

（5）客厅、卧室、厨房、餐厅、卫生间插座的安装高度及容量选择

1）客厅。客厅插座底边距地 1.0m 较为合适，既使用方便，也能与墙裙装修协调。另外，面积小于 20m² 的客厅，空调器一般采用壁挂式，空调器插座底边距地 1.8m。如果客厅面积大于 20m²，采用柜机，插座底边距地 1.0m。客厅插座容量的选择原则是：壁挂式空调器选用 10A 三孔插座，柜式空调器选用 16A 三孔插座，其余选用 10A 的多用插座。

2）卧室。卧室装修中，很少采用墙裙装修，空调器电源插座底边距地 1.8m，其余强、弱电插座底边距地 0.3m。空调器电源选用 10A 三孔插座，其余选用 10A 二、三孔多用插座。

3）厨房。厨房中家用电器比较多，主要有冰箱、电饭煲、排气扇、消毒柜、电烤箱、微波炉、洗碗机、壁挂式电话机等。在炉台侧面布置一组多用插座，供排气扇用，在切菜台上方及其他位置均匀布置 6 组三孔插座，容量均为 10A。以上插座底边距地均为 1.4m。

4）餐厅。餐厅中家用电器很少，冬天有电火锅，夏天有落地风扇等，沿墙均匀布置 2 组（二、三孔）多用插座即可，安装高度底边距地 0.3m，容量为 10A。装一个电话插座，安装高度底边距地 1.4m。

5）卫生间。卫生间中的家用电器有排气扇、电热水器等。一个 10A 多用插座供排气扇用，1 个 16A 三孔插座供电热水器用，底边距地 1.8m，安装时要远离淋浴器，且必须采用防溅型插座。

8. 检测与维修

（1）照明支路（a2）方法同 5.3 节第 8 部分

（2）插座支路（a1、a3）检修方法

1）常见故障。

插座带上负载没电或忽有忽无，带上负载跳闸。

2）故障原因。

①插座进水或有金属异物造成内部短路。

②导线绝缘皮损坏或老化，使相线和零线相碰或相线与金属外壳相碰造成短路。

③用电负载本身损坏造成短路。

3）检修方法。

①检修前的故障调查。在检修前，通过问、看、听、摸来了解故障前后的情况和故障发生后出现的异常现象，以根据故障现象判断出故障发生的部位，进而准确地排除故障。

②用逻辑分析法确定并缩小故障范围。结合故障现象和线路工作原理，进行认真的分析排查，即可迅速判定故障发生的可能范围。当故障的可疑范围较大时，不必按部就班地逐级进行检查，这时可在故障范围的中间环节进行检查，来判断故障究竟是发生在哪一部分，从而缩小故障范围，提高检修速度。

③对故障范围进行外观检查。在确定了故障发生的可能范围后，可对范围内的电气元件及连接导线进行外观检查，例如导线接头松动或脱落、电气开关的动作机构受阻失灵等，都能明显地表明故障点所在。

④用试验法进一步缩小故障范围。经外观检查未发现故障点时，可根据故障现象，结合电路原理分析故障原因，在不扩大故障范围的前提下进行直接通电实验，或除去负载进行通电试验，以判断引起故障的电路。在通电试验时，必须注意人身和设备的安全，要遵守安全操作规程，不得随意触动带电部分。

⑤用测量法确定故障点。测量法是用来准确确定故障点的一种行之有效的检查方法。常用的测试工具和仪表有测电笔、万用表等，主要通过测量电压、电阻、电流等参数，来判断电气元件的好坏、线路的绝缘情况以及线路的通断情况。常用的测量方法有电压分段测量法、电阻分段测量法和短接法。

检查分析电气设备故障时，应根据故障的性质和具体情况灵活选用采用的方法。断电检查多采用电阻法，通电检查多采用电压法或电流法。各种方法可交叉使用，以便迅速有效地找出故障点。

⑥ 修复。当找出电气设备的故障点后，就要着手进行修复、试运行、做记录等，然后交付使用，但修复必须注意以下事项。

a）在找出故障点和修复故障时，不能把找出的故障点作为寻找故障的终点，还必须进一步分析产生故障的根本原因。

b）找出故障点后，一定要针对不同故障情况和部位采取正确的修复方法。在修理故障点时，应尽量做到复原。

9. 工程验收

（1）材料达标、安全可靠、外观洁净，灵活有效

1）墙、顶、地面剔槽，埋 PVC 硬质阻燃线管及配件，内穿 $2.5mm^2$ 塑铜线，分色布线，空调器等大功率电器应采用 $4mm^2$ 塑铜线。

2）阻燃管内穿线不超过 4 根，与弱电线管水平间距不应小于 500mm，特殊情况时可考虑屏蔽后并行。

3）暗线敷设必须配阻燃管，严禁将导线直接埋入抹灭层内，导线在管内不得有接头和扭结，如需分线，必须用分线盒。暗埋时需留检修口。吊顶内可直接用双层塑胶护套线。

4）剔槽埋管后，需经客户签字验收后，方可用水泥砂浆或石膏填平。

5）安装电源插座时，面向插座应符合"左零右相，保护地线在上"的要求，有接地孔插座的接地线应单独敷设，不得与工作零线混用。

6）卫生间应安装防水插座，开关宜安装在门外开启侧的墙体上。

7）灯具、开关、插座安装牢固、灵活有效、位置正确，上沿标高一致，面板端正，紧贴墙面，无缝隙，表面洁净。

8）电气工程安装完后，应进行 24h 满负荷运行试验，检验合格后才能验收使用。

9）工程竣工后向用户提供电路竣工图，标明导线规格和暗线管走向。

（2）电工验收

1）确认电线。

2）观察走线是否横平竖直。

3）观察开关、插座接头是否牢固。

4）线径匹配，零、地、相三线位置是否合理。

5）观察开关、插座安装是否平正，高低是否一致。

6）检验开关是否灵活有效。

第6章 电气控制线路的安装调试维修

低压电器基本控制线路以电动机控制电路为主，所谓电动机控制电路就是利用导线将电动机、电器、仪表等电气元器件连接起来，实现电动机的起动、正反转、制动等控制作用的电路。

作为电气工程技术人员，不仅要会按照图样安装电气元器件，按照接线图连接，按照操作步骤进行调试维修操作，还必须会设计装配图和接线图。因为在企业中，作为一名电气工程技术人员所进行的工作都会涉及此类知识和技能。从设计到产品生产要经历几个主要环节？这是本章内容的要点，也是一名电气技术人员必须要掌握的内容。通过本章的内容，使读者了解电气工程制作的相关知识，为今后工作奠定一些基础。

6.1 三相异步电动机手动控制电路的安装与调试

1. 工程目的

通过对工作任务分析和现场勘察，使学生初步了解工程的概念，掌握水泵电动机手动控制电路的设计、安装与调试方法，能用仪表检测电路安装的正确性，能按照安全操作规程通电运行，并填写工程验收单，为今后走上工作岗位应用电气控制基本理论知识解决实际问题奠定良好的基础。

2. 工程来源

水泵在农田除涝、灌溉、调水等方面承担着极其重要的责任，在工农业的正常生产中起着不可代替的作用。三相异步电动机也以其优良的性能、无需维护的特点在水泵中得到了广泛的应用。鉴于水泵机组本身的特性以及外部环境的影响，存在多种起动方式。比较常见的有全压起动、减压起动、变频起动等。某生产企业泵房有一台 7.5kW 的水泵，额定电压为交流 380V，额定电流 15A，现需要对其控制电路进行安装，要求电气工程工作人员接受此任务并在规定期限内完成安装，并交付有关人员验收。

3. 设计与制作任务

通过对三相异步电动机手动控制电路的安装与调试，掌握电气控制工程的设计流程、安装调试过程和方法，建立工程概念，为安装较为复杂工程奠定基础。

（1）产品设计流程

产品设计要经过多个步骤，而设计阶段是最重要的一个环节，电气工程线路安装项目的工程设计一般流程为：掌握设计要求→确定设计方案→绘制原理图→选择电器元件→绘制电气安装图→绘制接线图→列元器件清单等。

（2）电气控制设计的基本原则

设计工作的首要问题是必须树立正确的设计思想，树立工程实践的观点，这是高质量完成设计任务的根本保证。在设计过程中，通常应遵循以下几个原则：

1）最大限度满足机械设备和工艺对电气控制系统的要求。

2）在满足控制要求的前提下，设计方案力求简单、经济和实用，不宜盲目追求自动化和高指标。

3）把电气系统的安全性和可靠性放在首位，确保使用安全、可靠。

4）妥善处理机械与电气两部分的关系，要从工艺要求、制造成本、机械与电气结构的复杂性和使用维护等方面综合考虑。

（3）电力拖动方案

合理选择电力拖动方案，是电气控制设计中很重要的一个环节，要根据生产设备工艺要求、生产机械的结构、运动部件的数量和运动要求以及负载特性和调速要求等，来确定电动机的型号、数目，并拟定电动机的控制方案。

（4）电动机的选择

机械设备的运动部分大多数由电动机驱动。因此，正确地选择电动机具有重要的意义。

1）电动机结构形式的确定。一般来说，应采用通用系列的普通电动机，只有在特殊场合才采用某些特殊结构的电动机，以便于安装。

在通常的环境条件下，应尽量选用防护式（开启式）电动机。对易产生悬浮飞扬的铁屑、废料、切削液、工业用水等有损于绝缘的介质能侵入电动机的场合，应采用封闭式为宜。煤油冷却切削刀具或加工易燃合金的机械设备应选用防爆式电动机。

2）电动机容量的选择。正确地选择电动机容量具有重要意义。电动机容量选得过大是浪费，且功率因数低；选得过小，会使电动机因过载运行而降低使用寿命。

电动机容量选择的依据是机械设备的负载功率。若机械设备总体设计中确定的机械传动功率为 P_1，则所需电动机的功率 P 为

$$P = P_1 / \eta$$

式中，η 为机械传动效率，一般取为 0.6~0.85。

3）电动机转速的选择。笼型异步电动机的同步转速有 3000r/min、1500r/min、750r/min 和 600r/min 等几种。一般情况下选用同步转速为 1500r/min 的电动机。因为这个转速下的电动机适应性强，而且功率因数和效率也较高。对于一定容量，转速选得越低，则电动机的体积就越大，价格也越高，并且功率因数和效率也越低。但选得太高，则增加了机械部分的复杂程度。

（5）电气控制设计的基本内容

电气控制设计包括原理设计与工艺设计两个基本部分。

1）原理设计内容：

a）拟订电气控制设计任务书。

b）选择拖动方案、控制方式和电动机。

c）设计并绘制电气原理图，选择电器元件，并制订元器件目录表。

d）对原理图各连接点进行编号。

2）工艺设计内容：

a）根据电气原理图（包括元器件表），绘制电气控制系统的总装配图及总接线图。

b）电器元件布置图的设计与绘制。

c）电气组件和元器件接线图的绘制。

（6）电气控制线路的设计

1）主电路的设计。对于三相笼型异步电动机，要考虑的主要问题是：根据工艺要求如何选择主电路电动机的起动方式、正反转控制及主电路的保护环节。这些控制方式及保护环节，在设计时应注意以下几方面的问题。

a）确定电动机是全压起动还是减压起动。全压起动必须要满足电源变压器容量足够大的条件，也可用经验公式来确定。若条件满足时，才能全压起动，反之必须采用减压起动。

全压起动的条件为
$$\frac{I_q}{I_e} \leqslant \frac{3}{4} + \frac{S_{eb}}{4P_e}$$

式中，S_{eb} 为电源变压器额定容量（kVA）；I_q 为电动机全电压起动电流（A）；I_e 为电动机额定电流（A）；P_e 为电动机额定功率（kW）。

b）全压起动：全压起动的特点是所需设备少，起动方式简单，成本低，电动机直接起动的起动转矩大，起动电流也较大，约是正常运行电流的 5 倍左右，理论上来说，只要向电动机提供电源的线路和变压器容量大于电动机容量的 5 倍以上，都可以直接起动。这一要求对于小容量的电动机容易实现，但对于大容量的电动机来说，一方面是提供电源的线路和变压器容量很难满足电动机直接起动的条件，另一方面强大的起动电流会冲击电网和电动机，影响电动机的使用寿命，对电网不利，所以大容量的电动机不能采用直接起动方式。

c）减压起动：指利用起动设备将电压适当降低后加到电动机的定子绕组上进行起动，待电动机起动运转后，再使其电压恢复到额定值正常运转，由于电流随电压的降低而减小，所以减压起动达到了减小起动电流的目的。但同时，由于电动机转矩与电压的二次方成正比，所以减压起动也将电动机的起动转矩大大降低。因此，减压起动需要在空载或轻载下起动。减压起动方式主要包括：定子串接电阻或电抗器起动，丫-△起动，自耦变压器起动和软起动。

丫-△减压起动是指电动机起动时，把定子绕组接成星形（丫），以降低起动电压，限制起动电流；待电动机起动后，再把定子绕组改接成三角形（△），使电动机全压运行。只有正常运行时定子绕组作△联结的异步电动机才可采用这种减压起动方法。电动机起动时，接成星形，加在每相定子绕组上的起动电压只有△联结直接起动时的 $1/\sqrt{3}$，起动电流为直接采用三角形联结时的 1/3，起动转矩也只有△联结直接起动时的 1/3。所以这种减压起动方法，只适用于轻载或空载下起动。丫-△减压起动的最大优点是设备简单、价格低、起动电流小、控制方式简单、维护方便，因而获得较广泛的应用。缺点是只用于正常运行时为△联结的电动机，减压比固定，有时不能满足起动要求。

d）对于正反转控制方式，应防止误操作而引起的电源相间短路，必须在控制电路中考虑互锁保护。

e）必须注意主电路中的短路保护、过载保护及其他安全保护元器件的选择和设置。

f）主电路与控制电路应保持严格的对应关系。

2）控制电路的设计。控制电路的经验设计法的基本步骤：

a）收集分析现有国内外同类型设备的电气控制电路，使控制系统满足设计原则。

b）根据生产机械对电气控制电路的要求，首先设计各个独立环节的控制电路，然后由各个控制环节之间的关系进一步拟定联锁控制电路及辅助电路的设计。一般的机械设备电气控制电路设计包括主电路、控制电路和辅助电路等设计。

c）主电路设计主要考虑电动机的起动、正反转、制动、点动及多速电动机的调速等。

d）控制电路设计主要考虑如何满足电动机的各种运转功能及生产工艺要求，包括实现加工过程自动化或半自动化的控制等。

e）辅助电路设计主要考虑如何完善整个控制电路的设计，包括短路、过载、超程、零压、联锁、光电测试、信号、照明等各种保护环节。

f）合理选择、固定各种电器元件，符合人机关系，便于使用和维修。

g）全面检查所设计电路，在条件允许情况下，进行模拟试验，克服在工作过程中因误而产生的事故因素，逐步完善整个电气控制电路的设计。

3）电源的设计。控制变压器可实现高低压电路的隔离，使得控制电路中的电气元件，如按钮、行程开关和接触器及继电器线圈等同电网电压不直接相接，提高了安全性。另外各种照明灯、指示灯和电磁阀等执行元件的供电电压有多种，有时也需要用控制变压器降压提供。常用的控制变压器有 BK-50、100、150、200、300、400 和 1000 等型号，其中的数字为额定功率（VA），一次侧电压一般为交流 380V 和 220V，二次侧电压一般为交流 6.3V、12V、24V、36V 和 127V。控制变压器具体选用时要考虑所需电压的种类和进行容量的计算。

（7）设计中应注意的问题

1）简化电路、减少触头，提高可靠性。从可靠性设计的观点看，在满足功能要求的前提下应可能简化。电气元器件越少，触头数量就越少，发生故障的概率降低，从而工作可靠性提高。在获得同样功能的情况下，电路上少用触头，但在合并触头时应当注意触头的额定电流值的限制。在设计中，减少触头可以利用具有转换触头的中间电器，将两对触头合并；还可以在直流电路中利用半导体二极管的单向导电性来有效地减少触头数，这对于弱电气控制电路是行之有效的方法；也可以利用逻辑代数进行电路化简。

2）正确连接电器的线圈。交流电器的线圈不能串联使用，即使两个线圈额定电压之和等于外加电压，也不允许串联使用。因为每个线圈上所分配到的电压与线圈阻抗成正比，当其中一个接触器先动作后，该接触器的阻抗要比未吸合接触器的阻抗大。因此，未吸合的接触器可能会因线圈电压达不到其额定电压而不能吸合，同时电路电流增加，引起线圈烧毁。所以若需要两个电器同时动作时，其线圈应该并联。

3）避免在控制电路中出现寄生回路。在控制电路的动作过程中或事故情况下，意外接通的电路称为寄生回路。

4）根据实际情况合理安排原理图中元件的位置。

5）尽量减少电器不必要的通电时间。对正常工作时，长时间不工作的电器，应尽量减少其不必要的通电时间，可节约电能及延长该电器寿命。

6）在误操作的情况下应具有必要的保护环节。在日常工作中，难免由于某些原因而引起操作者的失误。因此，设计者在条件允许的情况下，应尽量考虑必要的保护环节，如自锁、联锁控制环节。

4. 设计绘制电气原理图

容量在 10kW 以下的电动机，一般采用全压直接起动方式来起动。单向全压起动控制电路在普通机床上的冷却泵、小型台钻和砂轮机等小容量电动机，可直接用刀开关起动。鉴于本水泵控制工程电动机容量 7.5kW，不属于微型电机，所以用三相低压断路器实现控制。电动机直接起动控制电路的原理图如图 6-1 所示，电路由断路器 QF、导线及三相笼型异步电动机组成。断路器 QF 为电路电源开关，同时对电路起短路保护和过载保护的作用。其工作原理如下：手动合上电源开关 QF，三相交流电从 L1、L2、L3 引入，经过断路器 QF 至 U1、V1、W1 点，加在三相笼型异步电动机的三相绕组上，使电动机单向运转。手动断开断路器 QF，电动机断电停车。

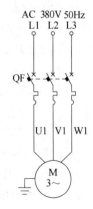

图 6-1　电动机直接起动原理图

5. 选择本电路电器元件

（1）断路器的选择

选用断路器要考虑其额定电压和额定电流，还应该考虑用于短路保护的电磁瞬时脱扣器的电流整定值，一般低压断路器的选择原则是：低压断路器额定电压 ≥ 线路额定电压；低压断路器额定电流 ≥ 线路计算负载电流；低压断路器的极限通断能力 ≥ 最大短路电流；脱扣器额定电流 ≥ 负载正常工作时可能出现的峰值电流。瞬时脱扣整定电流可按下式选取：$I_Z \geq KI_{ST}$，式中，K 为安全系数，可取 1.5 ~ 1.7；KI_{ST} 为电动机起动电流。本电路使用 7.5kW 电动机，额定电流约 15A，起动电流约为 105A（起动电流为额定电流的 5 ~ 7 倍），所以选用断路器的型号为 DZ47-63/3 D20。

（2）选择主电路导线

1）导线截面选择的一般知识。导线截面选择过大时，将增加有色金属消耗量，并显著增加线路的造价；导线截面选择过小时，线路运行期间不仅会产生很大的电压损失和电能损失，而且往往使导线接头处过热，以致引起断线等严重事故，另外还会限制以后负载的增加。因此合理选择导线的截面，对节约有色金属和减少建设费用，以及保证良好的供电质量都有重大意义。

导线的允许载流量也叫安全载流量，一般导线的最高允许工作温度为 65℃，若超过这个温度则导线的绝缘层会加速老化，甚至变质损坏而引起火灾。导线的允许载流量就是导线的工作温度不超过 65℃ 时可长期通过的最大电流值。

在电力工程中，导线载流量取决于导线材料、导线截面积（单位 mm²）、导线敷设条件三个因素。一般来说，单根导线比多根并行导线可取较高的载流量；明线敷设导线比穿管敷设的导线可取较高的载流量；铜质导线可比铝制导线取较高的载流量。按导线的安全载流量选择导线的方法是专业的方法，由于在使用过程中变数较多，一般电工难以掌握，从而有一种估算方法在家庭装修中十分流行，即根据用电负荷电流的大小来选择导线的截面积。

1mm² 铜芯线允许长期负载电流：6 ~ 8A。

1.5mm² 铜芯线允许长期负载电流：8 ~ 15 A。

2.5mm² 铜芯线允许长期负载电流：16 ~ 25A。

4mm² 铜芯线允许长期负载电流：25 ~ 32A。

6mm² 铜芯线允许长期负载电流：32 ~ 40A。

2）电动机的负荷电流计算：

单相电动机　　　　$I = \dfrac{P}{U\cos\varphi} \times 10^3$（$\cos\varphi$ 未知时可取 0.75）

三相电动机　　$I = \dfrac{P}{\sqrt{3}\,U\cos\varphi\,\eta} \times 10^3$（若 $\cos\varphi$ 和 η 未知，则都可取 0.85）

在交流电路中，电压与电流之间的相位差（φ）的余弦叫作功率因数，用 $\cos\varphi$ 表示。在数值上，功率因数是有功功率和视在功率的比值，即 $\cos\varphi = P/S$。

3）导线的颜色。要根据国家标准选用，主电路使用黑色导线，控制电路使用红色导线，中性线使用蓝色导线，直流电源使用蓝色导线，直流中线使用白色导线。

4）本电路 7.5kW 电动机的额定电流为 15A，按照导线选取经验，为提高安全系数，应选用 2.5mm^2 铜线。

（3）端子排的选择

端子排的选择要考虑到位数、电流的额定容量、安装方式、防护等级等，本电路选用端子排的型号为 TB2512。

6. 设计绘制电气位置图

根据元件的参数选择电器元件的型号和规格，元件的规格型号确定后，才可以绘制电气位置图。图 6-2 所示为电动机直接起动电气安装位置图。

7. 设计绘制电气接线图

在原理图、位置图绘制完成后，再绘制接线图。接线图体现的是元件与元件之间的连接关系。图 6-3 所示为电动机直接起动接线图。

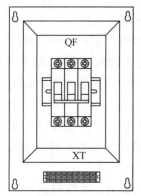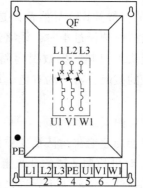

图 6-2　电动机直接起动电气安装位置图　　　　图 6-3　电动机直接起动接线图

8. 电器元件清单

本电路所需电器元件和电气辅助材料见表 6-1。

表 6-1　电动机直接起动电路所需要电器元件清单

序号	名称	符号	型号	数量	单位
1	安装板		300mm×400mm	1	块
2	断路器	QF	DZ47-63/3 D20	1	只
3	交流电动机	M	Y132M-4　7.5kW　AC380V	1	台
4	卡轨		DIN35	0.5	m
5	端子排	XT	TB2512	1	只
6	铜导线		BVR-2.5mm²（黄、绿、红）	若干	m
7	行线槽		PXC3　2520	若干	m
8	线号管		白色带线号	若干	只

（续）

序号	名称	符号	型号	数量	单位
9	紧固件		M4×20 螺杆	4	只
			$\phi4$ 平垫圈	4	只
			$\phi4$ 弹簧垫圈	4	只
			$\phi4$ 螺母	4	只
10	常用电工工具		螺钉旋具	1	套
11	万用表		MF47	1	块

9. 检测电器元件

断路器的检测：

1）观察断路器铭牌，铭牌在断路器正面，观察其额定电压、额定电流是否符合电路要求。

2）找到三对接线端子，此断路器为 3P，上下为一对端子。图 6-4 所示为断路器的实物图。

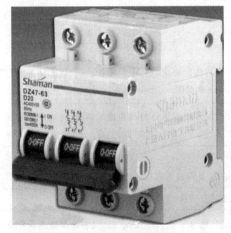

图 6-4　断路器实物图

3）将断路器拉闸为 OFF，将万用表打在 $R×1\Omega$ 档位，调零后，将表笔接触触头的上下端子，分别检测 3 对触头好坏，阻值均为 ∞，若阻值为 0，说明触头损坏。

4）将断路器合上为 ON，将万用表打在 $R×1\Omega$ 档位，调零后，将表笔接触触头的上下端子，分别检测 3 对触头好坏，阻值均为 0，若阻值为 ∞，说明触头损坏。

10. 安装电器元件

断路器应垂直于安装面，导轨螺钉应加弹簧垫和平垫，安装倾斜度<5°。安装接线时，注意不要将螺钉、螺母落入断路器内部，以防人为造成断路器不能正常工作或短路烧毁的后果。

11. 电气接线工艺

接线时，应符合平直、整齐、连接牢固的要求。

12. 线路调试

导线接好后，关闭柜内电源开关 QF，提供电源后用万用表 750V 电压档测量断路器上端

L1、L2、L3 各相电压均为 380V，合上开关 QF 后测量断路器下端 U1、V1、W1 各相电压也为 380V，然后开断开关，接水泵电动机，合上开关 QF，电动机能正常运行。

13. 工程验收

工程制作完成后，验收单位组织验收，填写项目验收单，见表 6-2。

表 6-2　电工工程项目验收单

项目名称		编号			
柜体名称		柜体规格			
项目	检验项目及技术要求			检验结果	备注
绝缘测试	相间电阻、相线与中线电阻均应大于 500MΩ			合格/不合格	
耐压测试	1. 主电路带电部件与地(框架)之间，2500V、5s 无击穿、无闪络现象			合格/不合格	
	2. 主电路母排各相之间，2500V、5s 无击穿、无闪络。主回路导线之间，750V、5s 无击穿、无闪络，二次回路 500V、5s 无击穿、无闪络			合格/不合格	
保护电路的连续性	1. 主接地线与门(箱体)之间的连续性试验，接地电阻<0.1Ω，试验电流为 ≥10A			合格/不合格	
	2. 主接地线与柜体裸露导电部件之间，接地电阻<0.1Ω，试验电流为 ≥10A			合格/不合格	
通电测试	1. 按装置的电气原理图要求进行模拟动作试验，试验结果应符合要求，5 次以上均正常动作			合格/不合格	
	2. 按装置的电气原理图要求进行故障模拟试验，其故障信号和报警指示应正确			合格/不合格	
	3. 通电试验时每个回路的一、二次接线均正确无误			合格/不合格	
	4. 各回路开关的容量应与图样相符			合格/不合格	
显示指示	各种标签标识必须与图样、工艺测试指示相吻合			合格/不合格	
性能参数	变频器、软起动器、热继电器、时间继电器、仪表等参数必须按所需功能设定			合格/不合格	
品牌检验	元器件品牌型号应与图样或者报价单一致			合格/不合格	
包装	1. 编号管、图样、安装附件应齐全			合格/不合格	
	2. 柜面、显示部分或突出部分应有保护措施			合格/不合格	

检验部门：　　　　　　质 检 人：　　　　　　检验日期：

6.2　三相异步电动机点动与连续运行控制电路的安装与调试

1. 工程目的

通过对镗床主轴电动机点动与连续运行电路的设计、安装、调试，使学生初步掌握电气控制系统的设计方法，以及常用电器元件的选型，使学生初步具有控制系统主电路、控制电路的设计和分析方法，了解交流接触器点动和自锁控制的区别，为今后走上工作岗位应用电气控制基本理论知识解决实际问题奠定良好的基础。

2. 工程来源

在一些有特殊工艺要求、精细加工或调整工作场合时，要求机床点动运行，但在机床加工过程中，大部分时间要求机床要连续运行，即要求电动机既能点动工作，又能连续运行，这时就要用到电动机的点动与连续运行控制电路。如机床调整刀架，试车，起重机在定点放落重物时，常常需要短时的连续工作。某生产企业镗床主轴电动机控制线路老化，现需要对其控制电路进行安装，此镗床主轴电动机 7.5kW，额定电压为交流 380V，额定电流为 15A，电工工作人员接受此任务并在规定期限内完成安装，最后交付有关人员验收。

3. 设计与制作任务

通过对三相异步电动机点动与连续运行控制电路的设计安装，熟悉电气控制线路的设计安装过程，明确电工工程制作流程为：掌握设计要求→确定设计方案→绘制电气原理图→选择电器元件→绘制电气安装图→绘制电气接线图→列出元器件清单→按照安装工艺安装电器元件→按照布线工艺布线→调试电路→工程验收。重点掌握电气控制柜低压电器元件的安装工艺、线槽配线工艺。

4. 设计绘制电气原理图

点动电路主要用于机床刀架、横梁、立柱的快速移动，机床的调整对刀等场合。该电路的主要控制要求是电动机的"点动控制"，即电动机的运行要"按则动，不按则停"。连续运行是完成对刀后连续完成镗孔加工过程，即自保持，又叫自锁控制。电动机点动控制与连续运转控制电路的关键是点动控制的时候接触器不用自锁，而连续运转时接触器就一定要自锁，因此，分析按钮 SB 的分、合对电动机的运行影响就是读图的关键所在。三相异步电动机点动与连续运行控制电路电气原理图如图 6-5 所示。

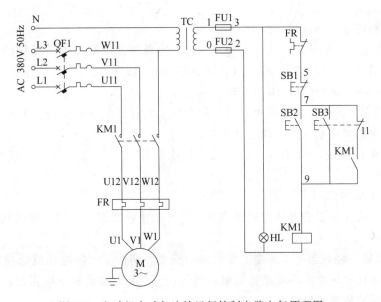

图 6-5　电动机点动与连续运行控制电路电气原理图

图中断路器 QF1 作为电路的总电源开关，并对电动机起短路保护和过载保护作用；控制变压器 TC 起降压和隔离的作用，熔断器 FU1、FU2 作为控制回路的短路保护；交流接触器 KM1 的主触点控制电动机电源的接通与断开，并具有欠电压、失电压保护作用；热继电器 FR 作为电动机的过载保护；HL 指示灯作为电源指示灯；SB1 作为电动机的停止按钮；按钮 SB2 作为电动机的连续起动按钮；按钮 SB3 作为电动机的点动起动按钮。电路的工作原理为：合开关 QF1、按起动按钮 SB2，接触器 KM1 线圈通电吸合，主触点闭合接通电动机电源、KM1 常开辅助触点闭合构成自锁，使电动机连续运转；按停止按钮 SB1，接触器 KM1 线圈失电，主触点断开，电动机停止运行，常开辅助触点断开，解除自锁。按点动按钮 SB3，按钮 SB3 常闭触点先断开，切断自锁电路，SB3 常开触点后闭合，接触器 KM1 线圈得电，KM1 自锁触头闭合自锁，主触点闭合接通电动机，电动机 M 得电运转。松开按钮 SB3，点动按钮常开触头先恢复断开，接触器 KM1 线圈失电断开，主触点断开，电动机停止。点动按钮常闭触头后闭合，（此时 KM1 自锁触头已分断）KM1 线圈不会再次通电运行。此电路主要利用了复合按钮先断开后闭合的特性来实现此功能。过载时，热继电器 FR 常闭辅助触点断开，切断控制回路电源。

5. 选择本电路电器元件

（1）交流接触器的选用

交流接触器适用于 500V 及以下的低压系统中，可频繁带负载分合电动机等电路。

选择交流接触器需注意以下几点：

1）主触头额定电流的选择

$$I_{NC} = \frac{P_N}{(1\sim1.4)U_N}$$

式中，I_{NC} 为主触头额定电流（A）；P_N 为电动机额定功率（W）；U_N 为电动机额定电压（V）。如接触器控制的电动机起动、制动频繁或正反转频繁，应将其主触头额定电流降一级使用。

主触头的额定电压≥负载额定电压。

2）线圈额定电压的选择。线圈额定电压不一定等于接触器铭牌上所标的主触头的额定电压。当线路简单、使用电器少时，可直接选用 380V 或 220V 电压；当使用电器超过 5 个时，可用 24V、48V 或 110V 电压的线圈。

3）操作频率的选择。操作频率是指接触器每小时通断的次数。操作频率若超过该型号的规定值，应选用额定电流大一级的接触器。

本电路电动机额定电流 15A，电动机操作次数频繁，所以选择交流接触器的型号为 CJ20-40 AC110V。

（2）热继电器的选用

热继电器一般作为交流电动机的过载保护，常和接触器配合使用。选用热继电器需注意以下几点：

1）类型选择。轻载起动、长期工作的电动机及周期性工作的电动机选择二相结构的热继电器；电源对称性较差或环境恶劣的电动机可选择三相结构的热继电器；△联结的电动机应选用带断相保护装置的热继电器。

2）额定电流的选择。热继电器的额定电流应大于电动机的额定电流。

3）热元件额定电流的选择。热元件的额定电流应略大于电动机额定电流。

总之，选用热继电器要注意下列几点：

1) 先由电动机额定电压和额定电流计算出热元件的电流范围，然后选型号及电流等级。

2) 例如：电动机额定电流 $I_N = 14.7A$，则可选 JR36-20 型热继电器，因其热元件电流 $I_R = 16A$。工作时，将热元件的动作电流整定在 14.7A。

3) 要根据热继电器与电动机的安装条件和环境的不同，将热元件电流做适当调整。如高温场合，热元件的电流应放大 $1.05 \sim 1.20$ 倍。

4) 设计成套电气装置时，热继电器应尽量远离发热电器。

5) 通过热继电器的电流与整定电流之比称之为整定电流倍数。其值越大，发热越快，动作时间越短。

6) 对于点动、重载起动、频繁正反转及带反接制动等运行的电动机，一般不用热继电器作过载保护。

（3）控制变压器的选用

1) 控制变压器主要起强电和弱电的隔离作用，提高控制电路的安全系数。选用控制变压器要考虑一二次侧电压值、电流值、功率等。

2) 根据控制电路在最大工作负载时所需要的功率进行选择，以保证变压器在长期工作时不至于超过允许温升。变压器的容量应能保证部分已经吸合的电器在起动其他电器时，仍能可靠地保持吸合，同时又能保证将要起动的电器也能吸合。

控制变压器的容量 P 可以根据由它供电的最大负载所需要的功率来计算，并留有一定的余量，这样可得经验公式：

$$P = K\Sigma P_1$$

式中，P_1 是电磁元件的吸持功率和灯负载等其他负载消耗的功率；K 为变压器的容量储备系数，一般取 $1.1 \sim 1.25$。

虽然电磁线圈在起动吸合时消耗功率大，但变压器有短时过载能力，故上述公式，对电磁器件仅考虑吸持功率。

对本实例而言，接触器 KM1 的吸持功率为 60W，指示灯 HL 的功率为 1.575W，易算得总功率为 61.575W，若取 K 为 1.25，则算得 P 约等于 76.97W，因此控制变压器 TC 可选用 BK-100VA，380、220V/110、36、6.3V。

（4）熔断器的选用

熔断器在电路中作为电气设备的短路和过载保护。选择熔断器时需注意以下几点：

1) 熔体额定电流：

一台电动机负载的短路保护时：

$$I_{N.r} \geq (1.5 \sim 2.5)I_N$$

式中，$I_{N.r}$ 是熔体额定电流；I_N 是电动机额定电流。

多台电动机负载的短路保护时：

$$I_{N.r} \geq (15 \sim 25)I_{N.max} + \Sigma I$$

式中，$I_{N.max}$ 是最大电动机的额定电流；ΣI 是其余电动机的计算负载电流。

输配电线路时：$\qquad\qquad\qquad\qquad I_{N.r} \leq I_{sa}$

式中，I_{sa} 是线路安全电流。

变压器、电炉、照明负载时：$\qquad\qquad I_{N.r} \geq I_{fz}$

式中，I_{fz} 是负载电流。

2）熔断器的选择。

$$U_{N.rd} \geq U_1$$

$$I_{N.rd} \geq I_1$$

式中，$U_{N.rd}$ 是熔断器额定电压；U_1 是线路电压；$I_{N.rd}$ 是熔断器额定电流；I_1 是线路电流。

本电路熔断器作为控制电路短路保护，易算得 KM1 线圈电流及指示灯 HL 电流之和小于 2A，故熔断器 FU2 和 FU3 均选用 RL18-32 型，熔体为 2A。

（5）按钮的选用

按钮是短时切换小电流控制电路的开关。根据控制功能，选择按钮的结构型式及颜色；根据同时控制的路数，选择触头对数及类型。按钮的额定电压：交流 500V，直流 400V，额定电流 5A。

按钮的选择原则：

1）按钮头数和颜色满足设计的要求和相关标准的规范。头数有单头和双头，颜色有白色、绿色、红色、黄色、蓝色等。如起动按钮选绿色，停止按钮选红色，有特殊需要时选指示灯式或旋钮式，紧急操作选蘑菇式等。

2）按钮头形状满足设计的要求和相关标准的规范。按钮头的形状有平头、凸头、蘑菇头、平头半透明式、带罩按钮头、带罩半透明式、带罩凹入式等。

3）按钮的复位方式满足设计的要求和相关标准的规范，其复位方式有自保持、弹簧复位和锁定式钥匙复位。

4）按钮是否带灯的选择满足设计的要求和相关标准的规范。选用带灯按钮时要考虑灯的电源类型、电压等级和颜色，灯参数应满足应用电路，常用的电压等级有 DC24V、DC110V、AC/DC220V 和 AC380V。

5）按钮结构的选择满足设计的要求和相关标准的规范。按钮按结构分为一体式按钮和模块式按钮。一体式按钮，安装方便，价格相对于模块型号的按钮较低；模块式按钮，使用灵活，方便触点的扩展。

6）选择质量较好、性价比较高的品牌。

本电路按钮选择的型号为 LA39-11。

（6）指示灯的选用

指示灯的选择原则：

1）指示灯电压类型满足应用电路。电压类型有交流和直流。

2）指示灯的额定电压等级满足应用电路。常用的电压等级有 AC/DC24V、AC/DC48V、AC110V、AC220V、AC380V、DC110V 和 DC220V。

3）指示灯颜色满足设计的要求和相关标准的规范。指示灯颜色一般有：白色、绿色、红色、黄色、蓝色。

4）指示灯形状满足设计的要求和相关标准的规范。一般选用直径 22mm 的圆形灯。

本电路指示灯选用的型号为 AD16-22。

6. 设计绘制电气位置图

根据选用的元器件画出电气安装位置图，元器件应整齐排列、均匀分布，元器件的间距要合理，以便于元器件的更换与维修。具体三相异步电动机点动与连续运行控制电路的电气位置图如图 6-6 所示。

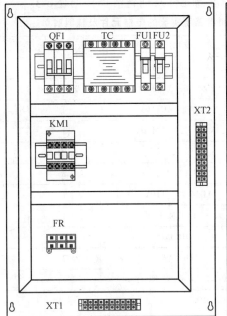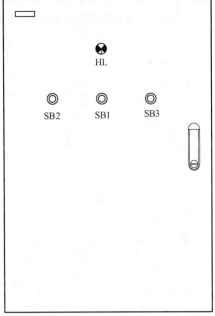

图 6-6　电动机点动与连续运行控制电路的电气位置图

7. 设计绘制电气接线图

在原理图、位置图绘制完成后，再绘制接线图。接线图体现的是元件与元件之间的连接关系。图 6-7 所示为电动机点动与连续运行控制电路的电气接线图。

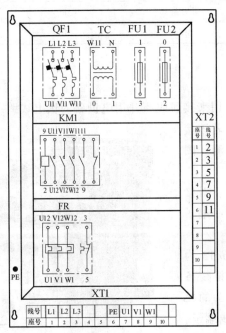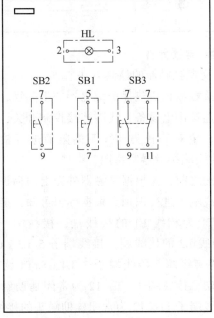

图 6-7　电动机点动与连续运行控制电路的电气接线图

8. 电器元件清单

电动机点动与连续运行控制电路所需要的电器元件及辅料清单，见表6-3。

表6-3　电动机点动与连续运行控制电路所需要的电器元件及辅料清单

序号	名称	符号	型号	数量	单位
1	安装板		400mm×500mm	1	块
2	断路器	QF1	DZ47-63/3　D20	1	只
3	交流接触器	KM1	CJ20-40　AC110V	1	台
4	控制变压器	TC	BK100　220V/110V	1	台
5	熔断器	FU1、FU2	RT18-32　2A	2	只
6	控制按钮	SB1、SB2、SB3	LA39-11	3	只
7	信号灯	HL	AD16-22　110V	1	只
8	交流电动机	M	Y132M-4	1	台
9	卡轨		DIN35	1	m
10	端子排	XT1、XT2	TB2512	2	只
11	铜导线		BVR-2.5mm²(黄、绿、红)	若干	m
12	行线槽		PXC3　5025	若干	m
13	线号管		白色带线号	若干	只
14	紧固件		M4×20 螺杆	若干	只
			φ4 平垫圈	若干	只
			φ4 弹簧垫圈	若干	只
			φ4 螺母	若干	只
15	常用电工工具		螺钉旋具	1	套
16	万用表		MF47	1	块

9. 检测电器元件

（1）交流接触器的检测方法

交流接触器位于热保护继电器的上一级，用来接通或断开用电设备的供电线路。接触器的主触头连接用电设备，线圈连接控制开关，若该接触器损坏，应对其触头和线圈的阻值进行检测。图6-8所示为交流接触器实物图。

在检测之前，先根据接触器外壳上的标识，对接触器的接线端子进行识别。根据标识可知，接线端子1/L1、2/T1为相线 L1 的接线端，接线端子 3/L2、4/T2为相线 L2 的接线端，接线端子 5/L3、6/T3 为相线 L3 的接线端，接线端子 7/L4、8/T4 为相线备用的接线端，接线端子 11、12 为常闭辅助触头的接线端，接线端子 11、12 为常闭辅助触头的接线端子，接线端子 23、24 为常开辅助触头的接线端子，接线端子 33、34 为常开辅助触头的接线端子，接线端子

图6-8　交流接触器实物图

41、42 为常闭辅助触头的接线端子，A1、A2 为线圈的接线端子。

为了使检修结果准确，可将交流接触器从控制线路中拆下，然后根据标识判断好接线端子的分组后，将万用表调至"$R×100$"电阻档，对接触器线圈的阻值进行检测。将红、黑表笔搭在与线圈连接的接线端子 A1、A2 上，正常情况下，测得阻值为 600 Ω。若测得阻值为"∞"或测得阻值为"0"，则说明该接触器已损坏。

根据接触器标识可知，该接触器的主触头都为常开触头，将红、黑表笔搭在任意对触头的接线端子（L1—T1、L2—T2、L3—T3、L4—T4）上，测得的阻值都为"∞"。当用手按下测试杆时，触头便闭合，红、黑表笔位置不动，测量阻值变为 0Ω。

将红、黑表笔搭在常闭辅助触头 11—12 上，测量阻值变为 0Ω，手按下测试杆时，测得的阻值都为"∞"。

若检测结果正常，但接触器依然存在故障，则应对交流接触器的连接线缆进行检查，对不良的线缆进行更换。

（2）复合按钮的检测方法

在未操作前，复合按钮内部的常闭触点处于闭合状态，常开触点处于断开状态。在操作时，复合式按钮内部的常闭触点断开，常开触点闭合。

根据此特性，使用万用表分别对复合按钮进行检测。检测时将万用表调至"$R×1$"电阻档，将两表笔分别搭在两个常闭触点上，测得的阻值趋于零。

接着用同样的方法检测两个常开触点之间的阻值，测得的阻值趋于无穷大，如图 6-9 所示。

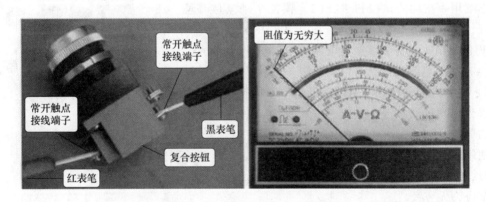

图 6-9　常开触点常态测量图

然后用手按下开关，此时再对复合按钮的常开触点进行检测。将红、黑表笔分别搭在常开触点上，由于常开触点闭合，其阻值变为 0Ω，如图 6-10 所示。

若检测结果不正常，说明该复合按钮已损坏，可将复合按钮拆开，检查内部的部件是否有损坏，若部件有维修的可能，则将损坏的部件代换即可；若损坏比较严重，则需要将复合按钮直接更换。

（3）热保护继电器的检测方法

热保护继电器上有三组相线接线端子，即 L1 和 T1、L2 和 T2、L3 和 T3，其中 L 一侧为输入端，T 一侧为输出端。接线端子 95、96 为常闭触点接线端，97、98 为常开触点接线端，

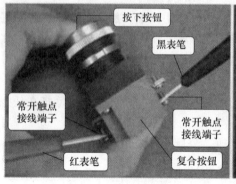

图 6-10 常开触点按下测量图

如图 6-11 所示。主触点用万用表"$R×1$"档分别测量 L1 和 T1、L2 和 T2、L3 和 T3 的阻值，应为热元件的阻值，若为"∞"，则说明热元件损坏。

将万用表调至"$R×1$"电阻档，进行零欧姆校正后，将红、黑表笔搭在热保护继电器的 95、96 端子上，测得常闭触点的阻值为 0 Ω。然后将红、黑表笔搭在 97、98 端子上，测得常开触点的阻值为"∞"。

用手按动测试按钮"STOP"，模拟过载环境，将红、黑表笔搭在热保护继电器的 95、96 端子上，此时测得的阻值为"∞"，97、98 测得的阻值为 0Ω。

继续用手按动测试按钮 RESET，模拟手动复位环境，然后将红、黑表笔搭在 95、96 端子上，测得的阻值为 0Ω。97、98 测得的阻值为无穷大。热继电器实物如图 6-11 所示。

（4）小型电源变压器的检测方法

1）绝缘性能的检测。用万用表"$R×10k$"档或者用绝缘电阻表分别测量铁心与一次侧、一次侧与二次侧、铁心与二次侧、屏蔽层与各线圈之间的电阻，阻值都应为"∞"，否则不能使用。变压器实物如图 6-12 所示。0、1、2 号端子对铁

图 6-11 热继电器实物图

心、11、12、13、14、15、16 号端子对铁心，0、1、2 端子和 11、12、13、14、15、16 的阻值都应为无穷大。

2）检测线圈的通断。用万用表"$R×1$"档测量变压器一、二次侧各个绕组线圈的电阻值：0-1、0-2 初级（几十欧到几百欧）11-12、11-13、11-14、11-15、11-16 次级（几欧到几十欧），若某个线圈电阻为无穷大，则说明该线圈断路。

（5）熔断器的检测方法

1）检测熔断器熔底座两触点之间的绝缘电阻，选万用表"$R×1Ω$"档，调零后，两表笔分别搭接在两个接线端子，阻值为 0Ω，若测量阻值为 ∞，说明熔断器损坏或底座接触不良。熔断器实物如图 6-13 所示。

2）如果熔断器检测出损坏，可打开熔断器，检测内部熔体的有无或熔体两端的绝缘电阻。

内部无熔体，可选择对应规格的熔体装入再检测好坏，若测量阻值为 ∞，说明熔体损

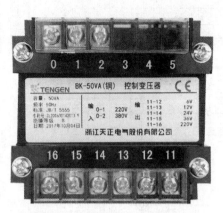

图 6-12 小型电源变压器实物图

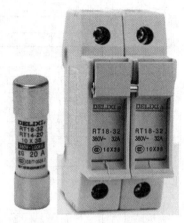

图 6-13 熔断器实物图

坏；若测量阻值为 0Ω，说明熔座有损坏或接触不良。

（6）指示灯的检测方法

1）查看铭牌标识，核查额定电压、安装尺寸、外观有没有损坏等情况。指示灯实物如图 6-14 所示。

2）此型号指示灯为 LED 灯，内部有电路，用万用表电阻档测量不能直接测出阻值。

3）给指示灯两端接通交流 110V 电压，检查是否发光，如不发光，说明指示灯损坏。

图 6-14 指示灯
实物图

10. 安装电器元件

（1）配电板的制作

1）底板选料。底板可选用 2.5～5mm 厚的钢板或 5mm 厚的层压板等。

2）底板裁剪。根据电器元件的数量和大小、安装允许的位置及安装图，确定板面尺寸大小。裁剪时，钢板要求用剪板机裁剪，且四角要呈 90°直角，四边须去毛刺并倒角；裁剪好的底板要求板面平整，不得起翘或凹凸不平。

3）定位。根据电器产品说明书上的安装尺寸（或将电器元件摆放在确定好的位置），用划针确定安装孔的位置，再用样冲冲眼以固定钻中心。元件应排列整齐，以减少导线弯折，方便敷设导线，提高工作效率。若采用导轨安装电器元件，只需确定其导轨固定孔的中心点。对线槽配线，还要确定线槽安装孔的位置。

4）钻孔。确定电器元件等的安装位置后，在钻床上（或用手电钻）钻孔。钻孔时，应选择合适的钻头（钻头直径略大于固定螺栓的直径），并用钻头先对准中心样冲眼，进行试钻；试钻出来的浅坑应保持在中心位置，否则应予校正。图 6-15 所示为某型配电箱的底板图。

5）固定。用固定螺栓，把电器元件按确定的位置，逐个固定在底板上。紧固螺栓时，应在螺栓上加装平垫圈和弹簧垫圈，不能用力过猛，以免将电器元件的塑料底座压裂而损坏。对导轨式安装的电器元件，只需按要求把电器元件插入导轨即可。

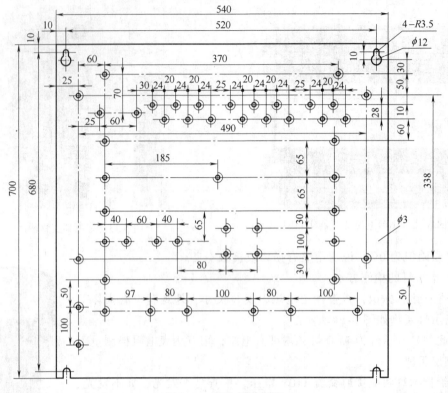

图 6-15　配电箱底板图

（2）电器元件的安装

低压电器元件的安装常用的有两种安装方法：

1）卡轨安装。就是先将卡轨固定在底板上，再把电器元件卡在卡轨上，并在电器元件两边安装上防滑固定件，此种方法适用于容量比较小的电器。直接安装，就是把电器元件用螺钉螺帽在配电板上直接固定。这种方法适用于体积大容量大的电器。

2）安装指示器件和按钮类器件。指示器件和按钮类器件的安装方式有两种。一种是螺钉紧固安装方式，这种器件本身带有螺纹和螺母。这类器件有按钮、指示灯等。还有一种方式就是卡装。这种器件本身带有卡簧，安装时只需将其推入安装孔中即可，非常简便快捷。

3）在安装按钮时，应注意其相对位置及颜色。

a）对应的"起动"和"停止"按钮应相邻安装。"停止"按钮必须在"起动"按钮的下边或左边。当两个"起动"按钮控制相反方向时，"停止"按钮可以装在其中间。

b）"停止"按钮和"急停"按钮必须是红色的。当按下红色按钮时，必须使设备停止工作或断电。"起动"按钮的颜色是绿色。"起动"和"停止"交替动作的按钮必须是黑色、白色或灰色；点动按钮必须是黑色。复位按钮（如保护继电器的复位按钮）必须是蓝色。当复位按钮还有"停止"作用时，则必须是红色。

c）在自动和手动操作中，红色蘑菇头按钮用作急停。其他颜色的蘑菇头按钮，可用于"双手操作"的"循环开动"按钮，或用于备有机械保护装置"循环开动"按钮。在上述情况下，按钮不得为红色，应为黑色或灰色。

（3）线槽的安装

行线槽安装方法有两种：45°拼角安装法与90°拼角安装法。45°拼角安装是在整根行线槽上以45°角按测量好长度进行截取，然后将四根行线槽再拼接成长方形的框。90°拼角安装是在整根行线槽上按测量好的长度直接截取，再进行拼接。这两种方法可以锻炼学生的角度测量方法、锯割方法及综合能力。

图6-16所示为线槽拼接的示例。拼装时要横平竖直、排列整齐匀称、拼缝要直且无间隙。紧固螺钉要加平垫圈，增加行线槽的受力面积，还要加防松动的弹簧垫圈。

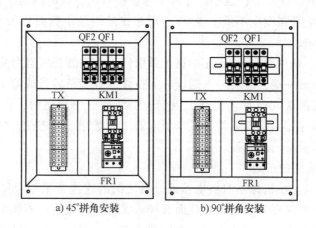

a) 45°拼角安装　　　　　b) 90°拼角安装

图 6-16　线槽45°拼角安装与90°拼角安装

（4）配电盘元器件的安装

配电盘元器件安装原则：

1）按图安装。在安装之前，要检查元器件的外观是否有损坏。按照图样核对元器件的数量和种类。按照图纸的位置和安装方式安装元器件。

2）元器件安装顺序。一般按照先低后高、先轻后重，从左上方向右下方的安装顺序进行安装。

3）安装时要注意紧固件的力度，因为一般的电气元器件外壳为绝缘脆性材质，所以在紧固时，用力要适度。安装元器件时要注意元器件的进出线方向，不可倒置。元器件标识要尽可能放置易识读的位置和方向。

11. 电气接线工艺

（1）柜外配线

电气控制柜配线有柜内和柜外两种。柜外配线常用线管配线，柜内配线有明配线、暗配线和线槽配线等。

对不在电气控制柜内的所有导线都应穿管，管配线具有耐潮、耐腐、导线不易遭受机械损伤的特点，常用于需承受一定压力的地方。

1）铁管配线：

a）根据使用场合和导线截面及导线根数选择铁管类型及管径，所穿导线截面积应比管内径截面积小40%。

b）尽量取最短距离敷设铁管，并且管路应尽可能少转角或弯曲（一般不多于三个）。管路引出地面时，离地面高度不得小于0.2m。

c）铁管弯曲时，弯曲半径不小于管径的 4~6 倍，且弯曲后不可有裂缝和凹陷现象，管口不能有毛刺。

d）线管敷设前，应先清除管内杂物和水分，管口塞上木塞。对明敷的铁管，应采用管卡支持，并使管路做到横平竖直。

e）不同电压、不同回路的导线不得穿在同一根管内；除直流回路导线和接地外，铁管内不允许穿单根导线。

f）铁管内导线不准有接头，也不能穿入绝缘破损后经包缠绝缘的导线。

g）穿管导线的绝缘强度应不低于 500V；铜芯线导线最小截面积为 1.5mm^2，铝芯线导线最小截面积为 2.5mm^2。

h）管路穿线时，选用直径 1.2mm 的钢丝做引线。当线管较短且弯头较少时，可把钢丝引线由管子一端送向另一端，这时一人送线一人拉线。若管路较长或弯头较多时，在引线端弯成小钩，从管子的两端同时穿入引线。当钢丝引线在管中相遇时，转动引线使其钩在一起。然后从一端把引线拉出，即可将导线牵引入管。注意穿线时需在管口加护圈并保证入管导线的长度大于所穿管路的总长度。

i）铁管应可靠地保护接地。

2）金属软管配线：在机床本身各电器或设备之间的连接常采用金属软管配线。在使用金属软管配线时，应根据穿管导线的总截面选择金属软管的规格；不能使用有脱节、凹陷的金属软管；金属软管两头应有接头连接，中间部分用管卡固定；对移动的金属软管，应采用合适的固定方式且有足够的余量。

（2）柜内配线

根据电气线路的特点、设备要求，选择合理的电气控制柜内配线方式。下面介绍几种常见的配线方式。

1）明配线：明配线又称板前配线，其特点是导线走向清楚，检查故障方便，但工艺要求高，配线速度较慢，适用于电路比较简单，电器元件较少的设备。采用明配线时，应注意以下几个方面：

a）明配线一般选用 BV 型的单股塑料硬线作连接导线。

b）线路应整齐美观，做到横平竖直，转弯处应为直角；成排成束的导线用线束固定；导线的敷设不影响电器元件的拆卸。

c）导线与接线端子应保证可靠的电气连接，线端应弯成羊角圈；对不同截面的导线在同一接线端子连接时，大截面在下，小截面在上，且每个接线端子原则上不超过两根导线。

d）导线应尽可能不重叠、不交叉。

2）暗配线：暗配线又称板后配线，其特点是板面整齐美观，配线速度较快，但检查电气线路故障时较困难。暗配线应注意下面几点：

a）电器元件的安装孔、导线穿线孔的位置要准确，孔径要合适。

b）板前与电器元件的连接线要接触可靠，穿板的导线应与板面垂直。

c）配电盘固定时，应使安装电器元件的一面朝向控制柜的门，以便检查维修，且板与安装面要留有一定的间隙。

（3）线槽配线工艺

线槽配线工艺综合了明配线和暗配线安装的优点，不仅安装施工迅速简便，而且外观整齐美观，检查维修及改装方便，是目前使用较为广泛的一种配线形式，特别适用于电气线路复杂、电器元件多的电气设备安装。一般使用塑料多股软导线作为其连接导线。

板前线槽配线的具体工艺要求是：

1) 所有导线的截面积在等于或大于 0.5mm^2 时，必须采用软线。

2) 布线时，严禁损伤线芯和导线绝缘。剥削绝缘层，漏铜不要太长，一般为 5 ~ 7mm。从一个节点到另一个节点的导线必须是连续的，中间不允许有接头。

3) 各电器元件接线端子引出导线的走向，以元件的水平中心线为界线。在水平中心线以上接线端子引出的导线，必须进入元件上面的走线槽；在水平中心线以下接线端子引出的导线，必须进入元件下面的走线槽。任何导线都不允许从水平方向进入走线槽内。

4) 各电器元件接线端子引出或引入的导线，除间距很小和元件机械强度很差允许直接架空敷设外，其他导线必须经过走线槽进行连接。

5) 进入走线槽内的导线要完全置于走线槽内，并应尽可能避免交叉，装线不要超过其容量的 70%，以便于能盖上线槽盖和以后的装配及维修。

6) 各电器元件与走线槽之间的外露导线，应走线合理，并尽可能做到横平竖直，变换走向要垂直。同一个元件上位置一致的端子和同型号电器元件中位置一致的端子上引出或引入的导线，要敷设在同一平面上，并应做到高低一致或前后一致，不得交叉。

7) 所有接线端子、导线线头上都应套有与电路图上相应接点线号一致的编码套管，原则是从左至右、由下至上，并按线号进行连接，连接必须牢靠，不得松动。

8) 在任何情况下，接线端子必须与导线截面积和材料性质相适应。当接线端子不适合连接软线或较小截面积的软线时，可以在导线端头穿上针形或叉形轧头并压紧。

9) 一般一个接线端子只能连接一根导线，如果采用专门设计的端子，可以连接两根或多根导线，但导线的连接方式，必须是公认的、在工艺上成熟的各种方式，如夹紧、压接、焊接、绕接等，并应严格按照连接工艺的工序要求进行。

10) 接线的一般步骤：首先考虑好元器件之间连接线的走向、路径。需要注意的是，导线与导线之间不得交叉、重叠，同向导线应紧靠在一起并紧贴底板排列。选取合适的导线，根据某导线的走向和路径，度量连接点之间的长度，截取适当长度的导线，并将导线理直。用电工刀或剥线钳剥去两端的绝缘层，套上与原理图相对应的号码套管。然后套入接线端子上的压紧螺钉并拧紧。在所有导线连接好后，进行整理，应做到横平竖直，导线之间相互平行。

11) 到柜外的导线都要通过端子过渡，不准直接穿出，控制柜与外部连接的导线在柜内的导线端应穿塑料管或用线绳、布带、塑料带绑扎。

12) 走线的顺序应先接主电路，再接控制电路，先接电器元件内层的导线，再接外层的导线。

13) 安装时不可漏接接地线。

(4) 安装电气控制柜常用辅助材料和元件（见表 6-4）。

12. 线路调试

电气线路全部安装完毕后，必须经过认真细致的检查、试车与调整，方可正式投入生产使用。

(1) 外观检测

1) 清理电气控制柜内及周围的环境。

表 6-4　安装电气控制柜常用辅助材料和元件

序号	名　称	示　意　图	使用说明
1	塑料夹		适用于直径为 12mm、16mm、20mm、25mm 的线束固定
2	缠绕带		适用于直径为 5mm、10mm、15mm、22mm、25mm 的线束保护
3	固定座		适用于直径为 10mm、15mm、20mm 的线束固定
4	波纹管		直径为 10mm、13mm、16mm、23mm、29mm、36mm，对相应的导线或线束保护
5	自粘吸盘		规格为 15mm×20mm、20mm×20mm、30mm×30mm、38mm×38mm，有强力胶可贴于设备内，与捆扎带配合使用固定导线线束
6	单螺栓固定夹		适用于直径为 5mm、8mm、10mm、16mm、20mm、24mm、30mm 的线束固定
7	护线齿条		适用于板厚为 1mm、2mm、3mm 的屏板开孔的导线线束保护
8	热缩管		内径为 1.2mm、1.6mm、2.2mm、3.2mm、4.8mm、9.6mm、12mm、35mm、40mm、50mm、60mm、70mm。套入导线后加热而收缩，起保护与标志作用，收缩率为 50% 左右
9	黄蜡管		$\phi1.0\sim\phi60mm$，黄蜡管适用于电动机、电器、仪表、无线电等装置的布线绝缘和机械保护
10	接线板线号管		接线端子要区分位数和电流大小，线号管按不同外径分为内齿套管和热缩管
11	接线端子		分叉形、针形、圆形、板形绝缘端子和不绝缘端子
12	尼龙扎带		用于线束的捆扎

2）对照原理图、接线图，检查各电器元件安装位置是否正确，外观是否整洁、美观；柜内接线是否正确，连接线截面积选择是否合适，且连接是否可靠；检查线号、端子号有无错误；所有电器元件的触头接触是否良好；电动机有无卡壳现象；各种操作机构、复位机构是否灵活、可靠；保护电器的整定值是否符合要求；指示和信号装置能否按要求正确发出信号。

3）绝缘检查，用 500V 绝缘电阻表检查导线的绝缘电阻，应不小于 7MΩ；检查电动机的绝缘电阻，应不小于 0.5MΩ。

4）检查各开关按钮、行程开关等电器元件，应处于原始位置。

（2）静态调试（不通电调试）

1）用万用表 "$R×1$" 电阻档对主电路进行测试，在合上 QF1 和手动按下 KM1 触头架的情况下，L1 点和 U1 点，L2 点和 V1 点，L3 点和 W1 点的电阻均为 0Ω，U1、V1、W1 相与相之间的电阻均为∞，说明主电路无短路现象，连接正确。

2）用万用表 "$R×1$" 档对控制电路进行测试，在不安装熔断器熔体的情况下，测量 2 号线和 3 号线之间的电阻为 "∞"，当按下起动按钮 SB2 或点动按钮 SB3 时，2 号线和 3 号线之间的电阻为 600Ω，此时说明控制起动电路连接正确。按下 SB2 不断开，再按下 SB1，此时万用表的电阻为 "∞"，说明控制电路停止按钮接线正确。

（3）动态调试（通电调试）

1）通电调试要认真执行安全操作规程的要求，一人监护，一人操作。合闸后，要专心调试，集中注意力，切勿触摸裸露的端子、导线，操作按钮看电路的动作情况，维修时要断电维修。

2）用万用表 500V 电压档对主电路进行测试，供电后，测量断路器上端 L1、L2、L3 各相电压均为 380V，合上断路器后，下端 U11、V11、W11 各相电压也为 380V，在按下起动按钮 SB2 交流接触器吸合的情况下，负载端 U1、V1、W1 的各相电压均连续为 380V，按点动按钮 SB3，负载端 U1、V1、W1 的各相电压均为 380V 电压，说明电路能正常工作。

3）联机调试

在接通电动机 M1 后，负载能持续运行，此项目获得成功。

13. 工程验收

工程制作完成后，验收单位组织验收，填写项目验收单。

6.3　三相异步电动机正反转控制电路的安装与调试

1. 工程目的

通过对机床主轴电动机正、反转控制电路的安装调试，使学生初步掌握电动机正、反转电路的设计方法，以及常用低压电气元器件的选型，使学生具有对电气控制系统主电路、控制电路的分析和设计方法，同时使学生掌握电气原理图、布线图的绘制方法，以及低压电气控制线路的调试方法，为今后走上工作岗位应用电气控制基本理论知识解决实际问题奠定良好的基础。

2. 工程来源

实际生产中往往要求机械转动部件能正、反两个方向运行，具有可逆性。如机床工作台的前进与后退，主轴的正转与反转，起重机吊钩的上升与下降等，这要求对电动机能进行正、反转控制。由三相异步电动机工作原理可知，要完成电动机正、反可逆控制，只需要改变电动机的三相电源相序,将接至电动机三相电源进线中任意两相对调即可达到正、反转控制的目的。某加工车间有一台 7.5kW、额定电压为交流 380V、额定电流为 15A 的起重机电动机正、反转控制电路出现老化现象,需要重新安装,并要求完成安装、调试任务,交付有关人员验收。

3. 设计与制作任务

进一步用工程理念强化电动机正、反转控制电路的设计、安装、调试,电气控制柜设计的一般流程为:掌握设计要求→确定设计方案→绘制电气原理图→选择低压电器元件→绘制电气安装图→绘制电气接线图→列电器元件清单→检查低压电器元件→按照安装工艺安装电器元件→按照布线工艺布线→调试电路→工程验收。本节内容重点掌握电气控制柜的调试方法。

4. 设计绘制电气原理图

三相异步电动机的正、反转控制也是继电接触器控制系统中常见的一种控制方式,它可以用接触器互锁、倒顺开关等多种形式来实现。图 6-17 所示为采用交流接触器互锁的三相异步电动机正反转控制电路的电气原理图。

图中 QF1 为电源总开关,起分、合电源的作用,并对主电路进行短路保护。QF2 是控制电路的电源开关,并实现对控制电路的短路保护,容量比 QF1 要小。FR1 为热继电器,对电动机 M 起过载保护作用。SB1 是停止按钮,在任何时候按下它都可以停车。SB2 和 SB3 分别作为正转和反转的起动按钮。KM1 的常开辅助触头与 SB2 并联,KM2 的常开辅助触头与 SB3 并联,以实现对正转或反转的自锁控制;KM1 的常闭辅助触头与 KM2 的线圈串联,KM2 的常闭辅助触头与 KM1 的线圈串联,以保证正转时绝不允许反转,反转时绝不允许正转(否则主电路短路),从而实现正、反转的互锁控制。

按下正转起动按钮 SB2,如果 KM2 此时未吸合,则 KM1 线圈得电。一方面 KM1 主触头闭合,电动机正转;另一方面 KM1 的常开辅助触头闭合使 SB2 短接实现自锁,同时常闭辅助触头打开使 KM2 线圈断路,确保正转的同时反转不能进行(此时因 KM1 的断开,按下 SB3 无效),实现对反转的互锁。正转时要想使电动机停下来,按下 SB1 使 KM1 线圈失电即可。

按下 SB3,如果 KM1 此时未吸合,则 KM2 线圈得电。一方面 KM2 主触头闭合,电动机换相反转;另一方面 KM2 的常开辅助触头闭合使 SB3 短接实现自锁,同时常闭辅助触头打开使 KM1 断路,确保反转的同时正转不能进行(此时因 KM2 的断开,按下 SB2 无效),实现对正转的互锁。反转时要想使电动机停下来,按下 SB1 使 KM2 线圈失电即可。

当然,由于互锁的影响,电动机正转时不能直接通过按反转按钮使之变为反转;电动机反转时也不能直接通过按正转按钮使之变为正转。要实现正、反转的切换,必须先停车。

5. 选择本电路电器元件

本电路的断路器、按钮、接触器、热继电器、控制变压器、微型断路器、端子排等主要元件按照本章上一节的选择方法进行选择。选择电动机控制电路中的低压电器元件的主要依据就是电动机的额定功率、额定电压、额定电流,同时还要考虑元件安装空间、电器元件的可靠性。电器元件的选择决定了电路的设计方向。元件选择的基本原则是考虑元件的功能是否符合电路的控制要求,另外对元件的承载能力及使用寿命、适应工作环境及可靠性等多项指标都要进行严格的考量。

6. 设计绘制电气位置图

电器元件位置图是某些电器元件按一定原则进行组合,电器元件位置图的设计依据是依

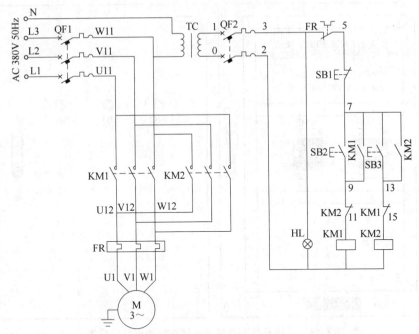

图 6-17 三相异步电动机正反转控制的电气原理图

据原理图组件的划分进行合理设置。设计时应遵循以下原则：同一组件中电器元件的布置应注意将体积大和较重的电器元件安装在电器板的下面，而发热元件应安装在电气控制柜的上部或后部，但热继电器宜放在其下部，因为热继电器的出线端直接与电动机相连便于出线，而其进线端与接触器直接相连，便于接线并使走线最短，且宜于散热。强电、弱电分开，并注意屏蔽，防止外界干扰。需要经常维护、检修、调整的电器元件安装位置不宜过高或过低，人力操作开关及需经常监视的仪表的安装位置应符合人体工程学原理。电器元件的布置应考虑安全间隙，并做到整齐、美观、对称，外形尺寸与结构类似的电器可安放在一起，以便于加工、安装和配线；若采用行线槽配线方式，应适当加大各排电器间距，以便于布线和维护。各电器元件的位置确定以后，便可绘制电气位置图。电气位置图是根据电器元件的外形轮廓绘制的，即以其轴线为准，标出各元件的间距尺寸。每个电器元件的安装尺寸及其公差范围，应按产品说明书的标准标注，以保证安装板的加工质量和各电器的顺利安装。大型电气柜中的电器元件，宜安装在两个安装横梁之间，这样可减轻柜体重量，节约材料，另外便于安装。所以，设计时应计算纵向安装尺寸。在电气位置图设计中，还要根据本部件进出线的数量、采用导线规格及出线位置等，选择进出线方式及接线端子排、连接器或接插件。图 6-18 所示为三相异步电动机正反转控制的电气位置图。

7. 设计绘制电气接线图

电气接线图是根据部件电气原理及电器元件位置图绘制的，它表示成套装置的连接关系，是电气安装、维修、查线的依据。图 6-19 所示为三相异步电动机正反转控制的电气接线图。

接线图应按以下原则绘制：

1）接线图和接线表的绘制应符合 GB/T 6988—2008《电气技术用文件的编制》中关于控制系统功能表图的绘制的规定。

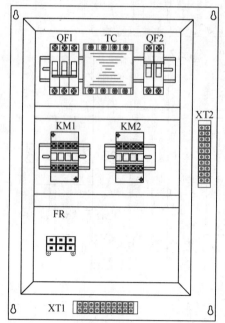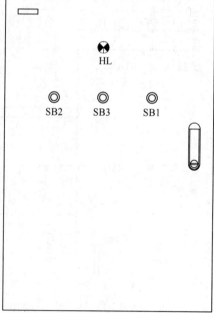

图 6-18　三相异步电动机正反转控制的电气位置图

2）所有电器元件及其引线应标注与电气原理图中相一致的文字符号及接线号。原理图中的项目代号、端子号及导线号的编制分别应符合 GB/T 5094—2018《工业系统、装置与设备以及工业产品　结构原则与参照代号》、GB/T 4026—2010《人机界面标志标识的基本和安全规则　设备端子和导体终端的标识》及 GB 4884—1985《绝缘导线标记》等规定。

3）与电气原理图不同，在接线图中同一电器元件的各个部分（触头、线圈等）必须画在一起。

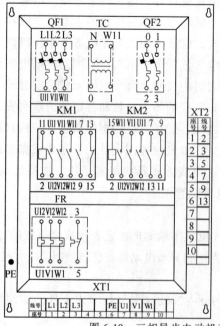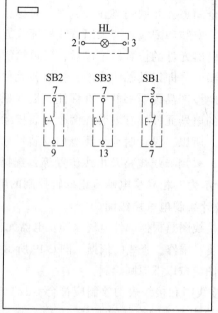

图 6-19　三相异步电动机正反转控制的电气接线图

4）电气接线图一律采用细线条绘制。走线方式分板前走线和板后走线两种，一般采用板前走线。对于简单电气控制部件，电器元件数量较少，接线关系又不复杂的，可直接画出元件间的连线；对于复杂部件，电器元件数量多，接线较复杂的情况，一般是采用走线槽，只要在各电器元件上标出接线号，不必画出各元件间连线。

5）接线图中应标出配线用的各种导线的型号、规格、截面积及颜色要求等。

6）部件与外电路连接时，大截面导线进出线宜采用连接器连接，其他应经接线端子排连接。

8. 列出电器元件清单

本电路所需元件清单见表 6-5。

表 6-5　电动机正反转控制电路所需元件清单

序号	名称	符号	型号	数量	单位
1	安装板		500mm×600mm	1	块
2	断路器	QF1	DZ47-63/3 D20	1	只
3	断路器	QF2	DZ47-63/2 C3	1	只
4	交流接触器	KM1、KM2	CJ20-40 AC110V	1	台
5	控制变压器	TC	BK100 220V/110V	1	台
6	控制按钮	SB1、SB2、SB3	LA39-11	3	只
7	信号灯	HL	AD16-22 110V	1	只
8	交流电动机	M	Y132M-4 AC380V	1	台
9	卡轨		DIN35	1	m
10	端子排	XT1、XT2	TB2512	2	只
11	铜导线		BVR-2.5mm²（黄、绿、红）	若干	m
12	行线槽		PXC3 5025	若干	m
13	线号管		白色带线号	若干	只
14	紧固件		M4×20 螺杆	若干	只
			φ4 平垫圈	若干	只
			φ4 弹簧垫圈	若干	只
			φ4 螺母	若干	只
15	常用电工工具		螺钉旋具	1	套
16	万用表		MF47	1	块

9. 检测低压电器元件

参照以前章节检测本电路低压电器元件的方法，对本电路低压电器元件进行检修，检修前要了解该低压电器的型号，这样就可以从型号的基础上判别类型、规格、结构、用途。根据实际调查发现，低压电器在使用中会出现难以预料的故障，如不对这些故障进行处理，很可能会导致严重的后果发生，因此安装前对元器件的检测非常重要。

常用低压电器的故障检修及其要领，凡有触头动作的低压电器主要由触头系统、电磁系统、灭弧装置三部分组成，也是检修中的重点。

1）触头的故障一般有触头过热、熔焊等。触头过热的主要原因是触头压力不够、表面氧化或不清洁、容量不够；触头熔焊的主要原因是触头在闭合时产生较大电弧及触头严重跳动所致。若因触头容量不够而造成，更换时应选容量大一级的电器。检查触头有无松动，如有松动应加以紧固，以防触头跳动。检查触头有无机械损伤使弹簧变形，造成触头压力不够，若有，应调整压力，使触头接触良好。

2）电磁系统的故障检修。由于动、静铁心的端面接触不良或铁心歪斜、短路环损坏、

電工工程实训教程

电压太低等，都会使衔铁噪声大，甚至线圈过热或烧毁。

① 衔铁噪声大修理时，应拆下线圈，检查动、静铁心之间的接触面是否平整，有无油污。若不平整，应锉平或磨平；如有油污，要用汽油进行清洗。若动铁心歪斜或松动，应加以校正或紧固。检查短路环有无断裂，如有断裂，应按原尺寸用铜板制好换上，或将粗铜丝敲打成方截面，按原尺寸做好装上。

② 电磁线圈断电后衔铁不立即释放，产生这种故障的主要原因有：运动部分被卡住；铁心气隙太小，剩磁太大；弹簧疲劳变形，弹力不够；铁心接触面有油污。可通过拆卸后整修，使铁心中柱端面与底端面间留有 0.02mm 的气隙，或更换弹簧。

③ 线圈故障检修。线圈的主要故障是由于所通过的电流过大，线圈过热以致烧毁。这类故障通常是由于线圈绝缘损坏、电源电压过低。动、静铁心接触不紧密，也都能使线圈电流过大，线圈过热以致烧毁。线圈若因短路烧毁，需要重绕时，可以从烧坏的线圈中测得导线线径和匝数，也可从铭牌或手册上查出线圈的线径和匝数。按铁心中柱截面制作线模，线圈绕好后先放在 105℃ 的烘箱中 3h，冷却至 60~70℃ 浸清漆，也可以用其他绝缘漆。滴尽余漆后在温度为 110℃ 的烘箱中烘干，冷却至常温后即可使用。如果线圈短路的匝数不多，短路点又在接近线圈的用头处，其余部分完好，应立即切断电源，以免线圈被烧毁。若线圈通电后无振动噪声，要检查线圈引出线连接处有无脱落，用万用表检查线圈是否断线或烧毁；通电后如有振动和噪声，应检查活动部分是否被卡住，静、动铁心之间是否有异物，电源电压是否过低，要区别对待，及时处理。

3）灭火装置的检修。取下灭弧罩，检查灭弧栅片的完整性，清除表面的烟痕和金属细末，外壳应完整无损。灭弧罩如有碎裂隙，应及时更换。特别说明一点：原来带有灭弧罩的电器决不允许在不带灭弧罩时使用，以防止短路。常用低压电器种类很多，以上是几种有代表性的又是最常用的电气故障的一些检测方法及其要领。

10. 安装电器元件

按照安装工艺要求安装电器元件，电气装配工艺规程应符合 GB 7251.1—2013《低压成套开关设备和控制设备 第1部分》的规定。

（1）低压断路器的安装与调整

低压断路器安装是否正确，直接影响其使用性能和安全。通常应注意以下问题：

1）安装前，应检查低压断路器铭牌上所列的技术参数是否符合使用要求。

2）低压断路器应垂直安装，板前接线的低压断路器允许安装在金属支架上或金属底板上，但板后接线的低压断路器必须安装在绝缘底板上。固定低压断路器的支架或底板必须平坦，防止紧固螺钉时绝缘基座受力而损坏。为防止电弧造成事故，应将低压断路器铜母线排自绝缘基座起包 200mm 的绝缘物或加相间隔弧板。

3）电源应接在低压断路器静触头的进线端子上，脱扣器一端接负载。为保证过电流脱扣器的保护特性，连接导线的截面应按脱扣器额定电流来选用。

4）若断路器与熔断器配合使用时，熔断器应装于断路器之前，以保证使用安全。

5）低压断路器的热脱扣器及电磁式脱扣器在出厂前已校正并用红漆封记，安装时均不得自行调节，以免影响脱扣器的动作特性。若使用场所的工作电流与脱扣器的额定工作电流不符时，应调换适合脱扣器额定工作电流的低压断路器。

6）为防止发生电弧，安装时应考虑到断路器的电弧距离，并注意到灭弧室上方接近电

— 168 —

弧距离处不跨接母线。

7）当低压断路器用作总断路器或电动机的控制开关时，在断路器的电源进线侧必须加装隔离开关、刀开关或熔断器，作为明显的断开点。凡设有接地螺钉的产品，均应可靠接地。

8）如果低压断路器使用电作操作机构时，必须注意操作机构的电源电压，不可接错。

9）低压断路器在安装前应清除内部尘埃，适当给各传动部位加些润滑油；应将脱扣器的电磁铁工作面的防锈油脂抹净，以免影响电磁机构的动作值。

10）安装完毕后，应使用手柄或其他传动装置检查断路器工作的准确性和可靠性。如检查脱扣器能否在规定的动作值范围内动作，电磁操作机构是否可靠闭合，可动部件有无卡阻现象等。

（2）接触器的安装与调整

1）安装前应先检查线圈的电压与电源的电压是否相符；各触头接触是否良好，有无卡阻现象。最后将铁心极面上的防锈油擦净，以免油垢黏滞造成不能释放的故障。

2）接触器安装时，其底面应与地面垂直，倾斜角小于5°。

3）CJ20系列交流接触器安装时，应使有孔两面放在上、下位置，以利于散热。

4）安装时切勿使螺钉、垫圈落入接触器内，防止造成机械卡阻或短路故障。

5）检查接线正确无误后，应在主触点不带电的情况下，先使线圈通电分合数次，查其动作是否可靠，然后才可投入使用。

（3）熔断器的安装与调整

熔断器是低压电路及电动机控制电路中作过载和短路保护的电器。它串联在电路中使线路或电气设备免受短路电流或很大的过载电流的损害。

1）先将熔断器安装在安装支架上，在底座和安装件间要加纸垫，注意安装螺钉不要旋太紧，然后将安装支架装到盘上。

2）螺旋式熔断器安装时，应将电源进线接在瓷底座的下接线端上，出线应接在螺纹壳的上接线端上。

3）安装熔体时，应将熔体顺时针方向弯曲，压在垫圈下，以保证接触良好。必须注意不能使熔丝受到机械损伤，以免减少熔体面积，产生局部发热而造成误动作。

4）更换熔体时，应先切断电源。一般情况下不要带电拔出熔断器，确需带电拔出熔断器时，也应先切除负载。

（4）热继电器的安装和调整

1）安装前，应清除触头表面尘污，以免因接触电阻太大或电路不通而影响动作性能。

2）按产品说明书中规定的方式安装。应注意将其安装在其他电器下方，以免其他电器的发热影响热继电器的动作性能。

3）热继电器出线端的导线的材料和粗细均影响到热元件端触头的传热量，过细的导线可能使热继电器提前动作，过粗则滞后动作。额定电流为10A和20A的热继电器分别采用截面积为2.5mm^{2}和4mm^{2}的单股铜芯塑料线；额定电流为60A和150A时，则分别采用截面积为16mm^{2}和35mm^{2}的多股铜芯橡皮软线。

11. 接线

按照接线工艺对电动机电路接线。接线时，应符合平直、整齐、美观、连接牢固的要求。接线时，必须按照接线图规定的走线方位进行电路连接。一般从电源端起按线号顺序连接，先连接主电路，然后连接辅助电路。

接线前应做好准备工作：按主电路、辅助电路的电流容量选好规定截面的导线，准备适当的线号管，使用多股导线时应准备烫锡工具或压接钳。

接线应按以下的步骤进行：

1）选适当截面的导线，按接线图规定的方位，在固定好的各电器元件之间测量所需要的长度，截取适当长短的导线，剥去两端绝缘外皮。为保证导线与端子接触良好，要用电工刀将芯线表面的氧化物刮掉，使用多股芯线时要将线头绞紧，必要时应烫锡处理，若导线截面积小，可压接冷弯接头。

2）走线时应尽量避免导线交叉。若是板前明配线工艺，先将导线校直，把同一走向的导线汇成一束，依次弯向所需要的方向。走线应做到横平竖直、转弯成直角。

3）将成型好的导线套上写好的线号管，根据接线端子的情况，将芯线做成接线鼻或直接压进接线端子。

4）接线端子应紧固好，必要时加装弹簧垫圈紧固，防止电器动作时因振动而松脱。

接线过程中注意对照图样核对，防止错接。必要时用试灯、蜂鸣器或万用表校线。同一接线端子内压接两根以上导线时，可以只套一只线号管，导线截面不同时，应将截面大的放在下层，截面小的放在上层。

12. 三相异步电动机正反转电路的调试

（1）调试步骤

清理环境→对照电气装配图检查元器件安装是否合格→对照电气接线图检查接线是否正确→绝缘检测→静态调试→动态调试→空操作调试→空载调试→负载调试。

（2）电气控制柜的调试准备

电气线路全部安装完毕后，必须经过认真细致的检查、试车与调整，方可正式投入生产使用。

调试前的准备工作：

1）清理电气控制柜内及周围的环境。

2）做好调试前的检查工作，检查的主要内容如下：

① 对照原理图、接线图，检查各电器元件安装位置是否正确，外观是否整洁、美观；柜内接线是否正确，连接线截面积选择是否合适，且连接可靠；检查线号、端子号有无错误；所有电器元件的触头接触是否良好；电动机有无卡壳现象；各种操作机构、复位机构是否灵活、可靠；保护电器的整定值是否符合要求；指示和信号装置能否按要求正确发出信号。

② 绝缘检查。用 500V 绝缘电阻表检查导线的绝缘电阻，应不小于 7MΩ；检查电动机的绝缘电阻，应不小于 0.5MΩ。

③ 检查各开关按钮、行程开关等电器元件，应处于原始位置，调速装置的手柄应处于最低速位置。

（3）静态调试（不通电调试）

1）检查主电路短路。断开主电路上的三根电源线 L1、L2、L3，把 QF2 打在 OFF 状态，断开控制回路，不提供电源，合上开关 QF1，将万用表拨到 "$R \times 1\Omega$" 电阻挡。把万用表的两测试棒分别接到 L1-L2、L2-L3、L1-L3 之间，此时测得的电阻应为 ∞，若某两相为零，则说明所测两相接线有短路现象；将万用表的两测试棒分别接到 U12-V12、V12-W12、W12-

U12 之间，未按下 KM1 时，测得的电阻为∞，否则可能有短路问题；用手分别按下接触器 KM1、KM2 的触头架，使 KM1、KM2 的常开主触头闭合，重复上述测量，此时断开电动机，测得电阻应为∞，若有为 0 或有一定的阻值，说明电路有短路的情况，应做进一步检查。图 6-20 所示为主电路短路的检查方法。

2）检查主电路断路。断开主电路上的三根电源线 L1、L2、L3，将断路器 QF1 合上，按住接触器 KM1 的触头架按钮，用万用表的电阻档分别测量 L1-U1、L2-V1、L3-W1 之间的电阻，若测量得的电阻都为零，则说明主电路正转电路接线正确；若电阻有为∞的情况，则说明正转电路断路或接触不良。再按下反转接触器 KM2 的触头架按钮，分别测量 L1-W1、L2-V1、L3-U1 之间的电阻，若测得的电阻都为零，则说明主电路反转电路接线正确；若电阻有为∞的情况，则说明反转电路断路或接触不良，应进一步检查。图 6-21 所示为主电路断路的检查方法。

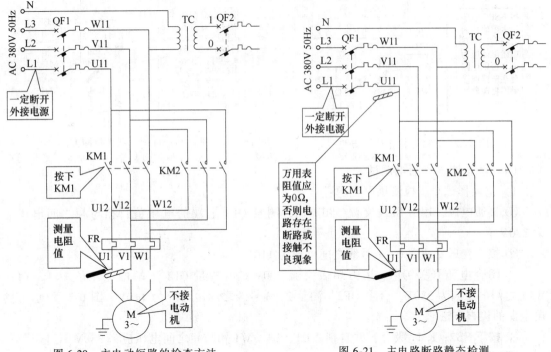

图 6-20　主电动短路的检查方法　　　　图 6-21　主电路断路静态检测

3）控制电路的检查：

① 正转电路起动、停车按钮的检查：断开主电路接在 QF1 上的三根电源线 L1、L2、L3，把万用表拨到"R×100Ω"档，调零以后，将两测试棒分别接到 3-11 端，按下 SB2→万用表示数为 0→再按下 SB1→万用表示数为∞，这说明正转起动、停车电路接线正确。

② 反转电路起动、停车按钮的检查：将两测试棒分别接到 3-15 端，按下 SB3→万用表示数为 0→再按下 SB1→万用表示数为∞。这说明反转起动、停车电路接线正确。图 6-22 所示为控制电路起动、停止的检查方法。

③ 自锁电路的检查：将两测试棒分别接到 3-11 端，按下 KM1 的衔铁→万用表示数为 0，这说明正转自锁接线正确；将两测试棒分别接到 3-15 端，按下 KM2 的衔铁→万用表示数为 0，这说明反转自锁接线正确。

④ 交流接触器互锁的检查：将两测试棒分别接到 3-11 端，按下 KM1 的衔铁→万用表示数为 0→再按下 KM2 的衔铁→万用表示数为 ∞，这说明 KM2 互锁接线正确；将两测试棒分别接到 3-15 端，按下 KM2 的衔铁→万用表示数为 0→按下 KM1 的衔铁→万用表示数为 ∞，这说明 KM1 互锁接线正确。图 6-23 所示为控制电路自锁、互锁的检查方法。顺利通过以上检测，说明你的控制线路接线基本正确，可以通电调试了。

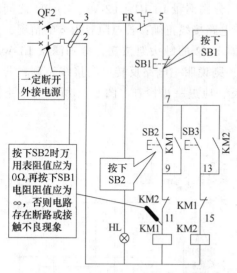

图 6-22　正转、停止检测方法

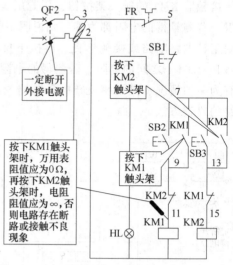

图 6-23　自锁、互锁检测方法

（4）动态调试（通电调试）

1）空操作试车。检测供电电源：

① 接通电源，用万用表交流 500V 档，测量 QF1 上端的电压值，相与相之间电压应为 380V。

② 控制变压器两端 0、1 号线之间电压为 110V。

③ 闭合电源开关 QF1，用万用表交流 500V 档，测量 QF1 下端的电压值 U11、V11、W11 之间电压应为 380V。合上 QF2，测量 2、3 号线之间电压应为 110V。图 6-24 所示为供电电源的检查方法。

④ 按下 SB2，KM1 吸合，并自锁，U1、V1、W1 相与相之间电压应为 380V。

⑤ 按下 SB3，KM2 吸合，并自锁，相与相之间电压应为 380V。

⑥ 按下停止按钮 SB1，电动机停止旋转。

⑦ 无论 KM1、KM2 吸合时，按下热继电器 FR 的手动复位 RESET 按钮，接触器都停止工作，说明热过载保护功能正常。

2）空载试车：在空操作试车基础上，接通主电路，即可进行空载试车。在空载试车时，应先点动检查各电动机的转向是否正确，转速是否符合要求；调整好热继电器等保护电器的整定值；检查各指示信号及照明灯是否完好。

① 按下 SB2，KM1 吸合，并自锁，电动机正向旋转。

② 按下停车按钮，电动机停止旋转。

③ 按下 SB3，KM2 吸合，并自锁，电动机反向旋转。

④ 调节 FR 整定值为最小，按下 SB2，KM1 不吸合，电动机 M1 不旋转，FR 起过载保

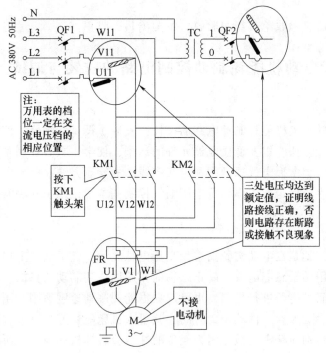

图 6-24　电源的检查方法

护作用。断电,将 FR 整定为设计值,重新起动电动机,正常。图 6-25 所示为电路起动、停止的操作方法。

3) 带负载试车:通过以上试车后,电动机可进行带负载试车,以便在正常负载下连续运行,验证电气设备所有部分运行的正确性,特别要验证电源中断和恢复时是否会危及人身安全、损坏设备。此时观察各机械机构、电器元件的动作是否符合要求;调整行程开关的位置及挡块的位置;对控制电器的整定数值作进一步调整。

4) 试车注意事项:

① 调试人员在进行试车时,必须熟悉机械设备结构、操作规程及机械电气系统的工作要求。

② 通电时,应先接通主电源,后接通控制电源,切断时与操作顺序相反。

③ 通电后,一定要注意安全,千万不要用手直接触摸裸露的端子、导线,要借助检测仪表测量,检修时,尽可能断电维修。要注意观察,随

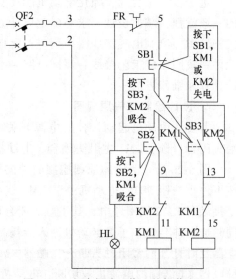

图 6-25　电路起动、停止的操作方法

时做好停车准备,防止意外事件发生。若有异常现象,如电动机反转或起动困难、异常噪声、线圈过热、保护装置动作、冒烟等,应立即停车,查明原因,不得随意增大整定数值强行送电。

13. 工程验收

工程制作完成后，验收单位组织验收，填写项目验收单。

6.4 三相异步电动机能耗制动控制电路的安装与调试

1. 工程目的

通过对机床主轴电动机能耗制动电路的设计、安装、调试、维修，使学生初步掌握能耗制动控制系统的设计方法，以及低压电器元件的选型，使学生具有控制系统主电路、控制电路的分析和设计方法，掌握电气原理图和电气布线图的绘制方法、低压电气控制线路的计算调试和维修方法，为今后走上工作岗位应用电气控制基本理论知识解决实际问题奠定良好的基础。

2. 工程来源

所谓能耗制动，就是在电动机脱离三相交流电源之后，定子绕组上加一个直流电压，即通入直流电流，利用转子感应电流与静止磁场的作用以达到制动的目的。根据能耗制动时间控制原则，可用时间继电器进行控制，也可以根据能耗制动速度原则，用速度继电器进行控制。加工机床要减少工人换工件的辅助时间，就要求机床能快速停下来，能耗制动用在需要快速制动的场合。特别在精密机械上因为经常的冲击会破坏机床精度，所以能耗制动要求制动动作平稳，制动时间短，冲击小。请设计用时间原则的控制电路进行能耗制动。线路进行安装调试，选择电动机型号为 Y112M-4，额定功率为 4kW，额定电流为 8.2A。

3. 设计与制作任务

进一步用工程理念强化电动机能耗制动控制线路的安装、调试，熟练掌握电气制作工程的一般流程：掌握设计要求→确定设计方案→绘制电气原理图→选择低压电器元件→绘制电气安装图→绘制电气接线图→列电器元件清单→检测低压电器元件→按照安装工艺安装电器元件→按照布线工艺接线→调试电路→维修电路→工程验收。本节重点掌握电气控制柜的设计计算和维修方法。

4. 设计绘制电气原理图

若要让电动机起动，合上电源开关 QF1，按起动按钮 SB2，KM1 线圈得电，KM1 常开触头闭合自锁，KM1 主触头闭合，电动机 M 起动，KM1 常闭触头断开，闭锁 KM2 线圈。

图 6-26 所示为时间原则控制的单向能耗制动控制电路。在电动机正常运行的时候，若按下停止按钮 SB1，电动机由于 KM1 线圈断电释放而脱离三相交流电源，而直流电源则由于接触器 KM2 线圈通电，其主触头闭合而加入定子绕组，时间继电器 KT 线圈与 KM2 线圈同时通电并自锁，于是电动机进入能耗制动状态。当其转子的惯性速度接近于零时，时间继电器延时打开的常闭触头断开接触器 KM2 线圈电路。由于 KM2 常开辅助触头的复位，时间继电器 KT 线圈的电源也被切断，电动机能耗制动结束。

5. 选择本电路电器元件

（1）时间继电器的选用

1）根据系统的延时范围和精度，选择时间继电器的系列和类型。在延时精度要求不高的场合，一般可选用晶体管式时间继电器，对精度要求较高的场合，可选用数字式时间继电器。

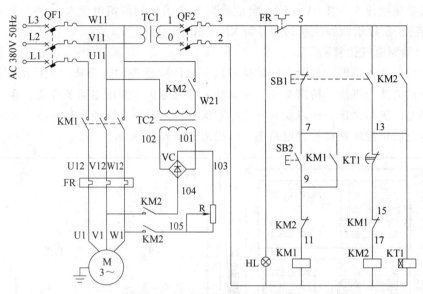

图 6-26　能耗制动控制电气原理图

2）根据控制电路的要求，选择时间继电器的延时方式（通电延时或断电延时）。同时，还必须考虑线路对瞬时动作的要求。

3）根据控制电路的电压，选择时间继电器线圈的电压。

4）根据电路需要定时时间的要求，确定时间继电器的定时范围。

5）确定输出类型（触点或固态）和要求的触点数量。

6）确定触点的分断能力或额定电流，单位为 A。

（2）制动变压器的选用

能耗制动所需直流电源的估算，一般用以下方法，其估算步骤如下：

1）首先测量出电动机三根进线中任意两根之间的电阻 R_0，实测 $R_0 = 1\Omega$。

2）然后测量出电动机的进线空载电流 I_0，实测 $I_0 = 6.0A$。

3）计算能耗制动所需的直流电流：$I_L = KI_0$，直流电压：$U_L = I_L R_0$。其中 K 是系数，一般取 $3.5 \sim 4.0$。

安装前先确定好能耗制动所需的电流、电压以及限流电阻的相关参数：

直流电流　$I_L = KI_0 = 4 \times 6.0 = 24$（A）

直流电压　$U_L = I_L R_0 = 24 \times 1.0 = 24$（V）

式中，$K = 3.5 \sim 4.0$；限流电阻 $R \approx 2\Omega$；功率 $P_R = I_L^2 R$。

4）计算单相桥式整流电源变压器二次绕组电压和电流有效值，即

$$U_2 = U/0.9 ; I_2 = I_L/0.9$$

5）计算变压器容量 S，即 $S = U_2 I_2$

$$S = U_2 I_2 = 72/0.9 \times 24/0.9 \approx 2200（W）$$

6）确定变压器实际容量 S'。如果制动不频繁，可取变压器实际容量为 $S' = S/3$。

（3）整流桥

当选取限流电阻 $R \approx 2\Omega$ 时，最大工作电压 $U = I_L (R + R_0) = 24 \times 3.0 = 72$（V）；则可以选

取整流桥的额定电压大于 200V（安全余量系数 2~3 倍）和额定电流大于 48A（安全余量系数 1.5~2 倍），所以选取整流桥的型号为 KB50-20。

6. 设计绘制电气位置图

根据选用的低压电器元件画出安装位置图，元件应整齐均匀分布，元件的间距要合理，以便于元件的更换与维修。特别是在安装制动电阻时考虑到要用电烙铁焊装，而且要用固定支架对制动电阻进行固定，所以要和其他电器保存一定距离，以免发热时烫坏导线绝缘。具体三相异步电动机能耗制动控制电路电气位置图如图 6-27 所示。

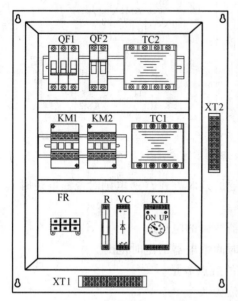 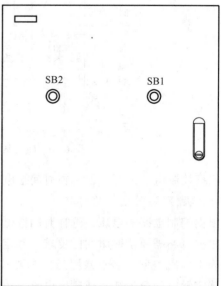

图 6-27　电动机能耗制动控制电路电气位置图

7. 设计绘制电气接线图

在电气原理图、电气位置图绘制完成后，再绘制电气接线图。电气接线图体现的是元件与元件之间的连接关系，由于本电路所用的低压电器元件较多，所以用电气布线图的断线法的复杂设计方法。三相异步电动机能耗制动控制电路电气接线图如图 6-28 所示。

8. 电器元件清单（见表 6-6）

9. 检测电器元件

（1）整流桥的检测

电阻测试法是利用二极管的单向导通特性，测试其正向有电阻读值与反向截止无读值来判断其好坏，这套测量整流桥好坏的方法是很常见的一种。图 6-29 所示为整流桥的测试方法。

测试工具与对象：一台正常的万用表与一款待判断的整流桥。

测试条件设定：万用表调至"$R×20k$"电阻档位，红表笔万用表正极，黑表笔万用表负极。

测试方法与步骤为：红表笔接整流桥负极，黑表笔分别接两个交流脚位，若均有读值显示则说明负极与交流之间的两颗芯片正常；黑表笔接整流桥正极，红表笔分别探测两个交流脚位，若均有读值显示则表明整流桥正极与交流间的两颗芯片是正常。

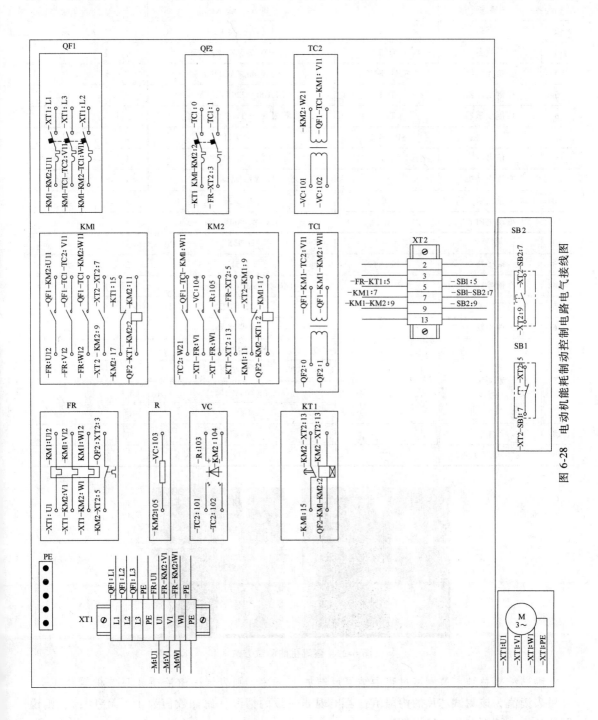

图 6-28 电动机能耗制动控制电路电气接线图

表 6-6　三相异步电动机能耗制动控制电路电器元件清单

序号	名称	符号	型号	数量	单位
1	安装板		300mm×400mm	1	块
2	断路器	QF1	DZ47-63/3 D20	1	只
3	断路器	QF2	DZ47-63/2 C3	1	只
4	交流接触器	KM1、KM2	CJ20-40　AC110V	2	台
5	控制变压器	TC1	BK100　220V/110V	1	台
6	控制变压器	TC2	功率 2kW 380V/72V(自制)	1	台
7	控制按钮	SB1、SB2	LA39-11	2	只
8	信号灯	HL	AD16-22 110V	1	只
9	交流电动机	M	Y132M-4	1	台
10	整流桥	VC	KB50-20	1	只
11	滑动电阻器	R	RXG24-500W-2Ω	2	只
12	卡轨		DIN35	1	m
13	端子排	XT1、XT2	TB2512	2	只
14	铜导线		BVR-2.5mm²(黄、绿、红)	若干	m
15	行线槽		PXC3 5025	若干	m
16	线号管		白色带线号	若干	只
17	紧固件		M4×20 螺杆	若干	只
			φ4 平垫圈	若干	只
			φ4 弹簧垫圈	若干	只
			φ4 螺母	若干	只
18	万用表		MF47	1	块
19	常用电工工具		螺钉旋具	1	套

图 6-29　整流桥的测试方法

　　测试结果总结：若测试过程中结果反馈如上所述，则表示该整流桥 4 只二极管均正常，万用表读值为该测试芯片的内阻值；若出现非一致的情况，比如数值为 1 （无穷大），则说明整流桥中该颗芯片已经损坏。

　　（2）时间继电器的检测

　　1）外观检查时间继电器是否完整无缺，各接线端和螺钉是否完好。

2）检查时间继电器线圈电压与电源电压是否相符合。

3）时间继电器通常有多个引脚，图 6-30 所示为时间继电器外壳上的引脚连接图。从图中可以看出，在未工作状态下，③脚和⑤脚、⑥脚和⑧脚为接通状态。此外，①脚和②脚为控制电压的输入端。

将万用表调至 "$R \times 1$" 电阻档，进行零欧姆校正后，将红、黑表笔任意搭在时间继电器的③和⑤脚上。万用表测得两引脚间阻值为 0，然后将红、黑表笔任意搭在⑥和⑧脚上，测得两引脚间阻值也为 0。

而在通电动作后，③和④脚、⑥和⑦脚是瞬时闭合状态。闭合引脚间阻值应为零，而断电后根据设定时间延迟断开。

10. 安装电器元件

按照电气位置图固定好电器元件，安装时要按照电器元件的安装工艺进行安装。注意控制变压器和制动变压器的安装方向，明确一次侧、二次侧，以免接反。对时间继电器底座的安装，要注意限位方向，以免在安装时间继电器时插反而烧毁电路。整流桥在用螺钉紧固时要掌握合适的力度，不要把内部元件损坏。

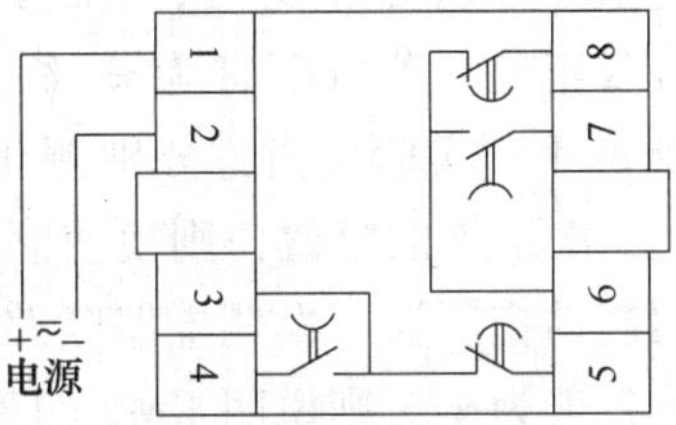

图 6-30　断电延时型时间
继电器接线图

11. 电气接线工艺

主电路中所使用的导线截面积较大，注意将各接线端子压紧，保证接触良好和防止震动引起松脱。制动电阻要用电烙铁焊装，并且要在端部套上绝缘套管，整流桥要严格区分进线端和出线端，交流接触器 KM2 的主触点不在同一回路，接线时要注意不要和主电路发生短路现象。

因电路中有发热元件，控制电路导线数量较多，所以在连线时尽量主电路和控制电路不要进同一线槽。时间继电器触点常开、常闭要严格区分，以免接错。

12. 电路调试

（1）电气控制柜的调试准备

电气线路全部安装完毕后，必须经过认真细致的检查、试车与调试，方可正式投入生产使用。

调试前的准备工作

1）清理电气控制柜内及周围的环境。

2）做好调试前的检查工作，检查的主要内容如下：

① 对照原理图、接线图，检查各电器元件安装位置是否正确，外观是否整洁、美观；柜内接线是否正确，连接线截面积选择是否合适，且连接可靠；检查线号、端子号有无错误；所有电器元件的触头接触是否良好；电动机有无卡壳现象；各种操作机构、复位机构是否灵活、可靠；保护电器的整定值是否符合要求；指示和信号装置能否按要求正确发出信号。

② 绝缘检查。用 500V 绝缘电阻表检查导线的绝缘电阻，应不小于 $7M\Omega$；检查电动机的绝缘电阻，应不小于 $0.5M\Omega$。

③ 检查各开关按钮、行程开关等元件，应处于原始位置，调速装置的手柄应处于最低速位置。

（2）静态调试（不通电调试）

1）检查主电路短路。断开主电路上的三根电源线 L1、L2、L3，把 QF2 打在 OFF 状态，断开控制回路，合上开关 QF1，将万用表拨到 "$R\times 1\Omega$" 电阻档。把万用表的两测试棒分别接到 L1-L2、L2-L3、L1-L3 之间，此时测得的电阻应为 ∞，若某两相为零，则说明所测两相接线有短路；将万用表的两测试棒分别接到 U12—V12、V12—W12、W12—U12 之间，未按下 KM1 时，测得的电阻 ∞，否则可能有短路问题；用手按下接触器 KM1 的触头架，使 KM1 的常开主触头闭合，重复上述测量，此时测得的电阻应为电动机 M1 两相绕组的阻值，且三次测得的结果应基本一致，若有为零、∞ 或不一致的情况，则应进一步检查。

2）检查主电路断路。将断路器 QF1 合上，按住接触器 KM1 的触头架按钮，用万用表的电阻档分别测量 L1-U1、L2-V1、L3-W1 之间的电阻，若测得的电阻都为零，则说明主电路接线正确。若电阻有为 ∞ 的情况，则说明主电路断路或接触不良，再按下制动接触器 KM2 的手动实验按钮，分别测量 L1-L3 之间的电阻，若测得的电阻都为几百欧，为变压器 TC2 一次绕组的阻值，则说明制动变压器一次侧电路接线正确，若电阻有为 ∞ 的情况，则说明制动变压器一次侧电路断路或接触不良，应进一步检查。同时测量 V1-104、W1-105 的阻值，若为 ∞，则说明 KM2 的另外两组主触头接触不良或有断路问题。

3）控制电路的检查

① 起动按钮、停车按钮的检查。断开主电路接在 QF1 上的三根电源线 L1、L2，L3，不安装时间继电器，把万用表拨到 "$R\times 100\Omega$" 电阻档，调零以后，将两测试棒分别接到 2-3 端，按下 SB2→万用表示数为 600Ω→再按下 SB1→万用表示数为 ∞，则说明起动、停止接线正确。

② 制动电路的检查。将两测试棒分别接到 2-3 端，安装时间继电器，按下 SB1，万用表示数为 600Ω，则说明制动控制电路接线正确。

③ 自锁电路的检查。将两测试棒分别接到 3-11 端，按下 KM1 的触头架→万用表示数为 0Ω，则说明起动控制电路自锁接线正确。

④ 交流接触器互锁的检查。将两测试棒分别接到 3-11 端，按下 KM1 的触头架→万用表示数为 0Ω，按下 KM2 的触头架→万用表示数为 ∞，则说明启动电路互锁正确。

将两测试棒分别接到 3-17 端，按下 SB1→万用表示数为 0→按下 KM1 的触头架→万用表示数为 ∞，则说明制动电路互锁正确。

顺利通过以上检测，说明你的控制电路接线基本正确，可以通电调试了。

（3）动态调试（通电调试）

1）空操作试车：

① 检测电源，接通电源，用万用表交流 500V 档，供电后测量 QF1 上端的电压值，相与相之间电压应为 380V，控制变压器两端 0、1 号线之间电压为 110V。

② 闭合电源开关 QF1，用万用表交流 500V 档，测量 QF1 下端的电压值 U11、V11、W11 之间电压应为 380V。合上 QF2，测量 2、3 号线之间电压应为 110V。

③ 按下起动按钮 SB2，KM1 吸合，并自锁，U1、V1、W1 相与相之间电压应为 380V。

④ 按下停止按钮 SB1，KM1 断电释放。

⑤ 按下停止按钮 SB1，KM2 辅助触头闭合自锁，同时 KT 线圈通电，延时断开，KM2 线圈断电，完成制动。

⑥ 无论 KM1、KM2 吸合时，按下热继电器 FR 的手动复位 RESET 按钮，接触器 KM1 或 KM2 均失电，都停止工作，说明热保护功能正常。

2）空载试车：在空操作试车基础上，接通主电路，即可进行空载试车。在空载试车时，应先点动检查各电动机的转向是否正确，转速是否符合要求；调整好热继电器等保护电器的整定值；检查各指示信号及照明灯是否完好。

① 按下 SB2，KM1 吸合，并自锁，电动机正向旋转。

② 按下停车按钮 SB1，电动机停止旋转。同时 KM2 吸合 3s 后断开，制动结束。

③ 调节 FR 整定值为最小，按下 SB2，KM1 不吸合，电动机 M1 不旋转，FR 起过载保护作用。断电，将 FR 整定为设计值，重新起动电动机，正常。

3）带负载试车：通过以上试车后，电动机可进行带负载试车，以便在正常负载下连续运行，验证电气设备所有部分运行的正确性，特别要验证电源中断和恢复时是否会危及人身安全、损坏设备。此时观察各机械机构、电器元件的动作是否符合要求；调整行程开关的位置及挡块的位置；对控制电器的整定数值作进一步调整。

4）试车注意事项：

① 调试人员在进行试车时，必须熟悉机床结构、操作规程及机床电气系统的工作要求。

② 通电时，应先接通主电源；切断时与操作顺序相反。

③ 通电后，要注意观察，随时做好停车准备，防止意外事件发生。若有异常现象，如电动机反转或起动困难、异常噪声、线圈过热、保护装置动作、冒烟等，应立即停车，查明原因，不得随意增大整定数值强行送电。

13. 线路故障排除

在现代化生产过程中，保证生产设备的正常工作是提高企业经济效益的保障。作为工程技术人员，当电气设备出现故障后，如何能熟练、准确、迅速、安全地找出原因加以排除，显得尤为重要。下面介绍故障的基本分析方法和排除方法。

（1）电气故障的种类

电动机在运行中可能会受到不利因素的影响，如电器动作时的机械振动，因过电流使电器元件绝缘老化、电弧烧灼、自然磨损、环境温度和湿度的影响、有害气体的侵蚀、元器件的质量及自然寿命等原因，使电气线路不可避免地出现各种各样的故障。

电器故障可分为两大类：一类是有明显的外部特征且容易发现的故障，如电动机和电器元件的过热、冒烟，打火和发出焦煳味等；另一类是没有外表特征且较隐蔽的故障，这种故障大多出现在控制电路，如机械动作失灵、触头接触不良、接线松脱以及个别零件损坏等。

电气线路越复杂，出现故障的概率越大。在遇到较隐蔽且查找比较困难的故障时，常需要借助一些仪表和工具。另外，许多机械设备常常是机械、液压等的联合控制，因此要求维修人员不仅要熟悉、掌握一定的电气知识，还需要掌握机械、液压等方面的知识。

（2）故障的排除方法

1）故障调查。机床一旦发生故障，维修人员应及时到现场调查研究，以便查找故障。

① 向该机床操作者了解故障现象、发生的前后情况以及发生的次数。如是否有冒烟、打火、异常声音和气味，是否有操作不当和控制失常等。

② 查看电气设备，如观察熔断器的熔体是否熔断，有无电器元件烧毁、绝缘有无烧焦、

线路有无断线、螺钉是否松动等。

③ 听一听各电器元件在运行时有无异常声音，如打火声、电机的嗡嗡声等。

④ 用手触摸电器元件和设备，检查有无过热和振动等异常现象。如温度上升很快，应切断电源并及时用手摸电动机、变压器和电磁线圈等一些电器元件，即可发现过热元件。

2）确定故障范围。根据故障调查结果，分析电气原理图，缩小检查范围，从而确定故障所在部位。然后，再进一步检查，就能发现故障点。如照明或信号灯不亮，可能容易判断故障所在的电路，然后，在不通电情况下用仪表（如万用表的电阻档）检查其所在线路，就能迅速找到故障点；再如，若机床的主轴不转，按起动按钮，观察控制主轴电动机的接触器是否吸合，若吸合而电动机不转，说明故障在主电路；若不吸合，则说明故障在控制电路。在此判断的基础上，再做进一步检查，就可找到故障所在位置。

3）查找故障点。对一些有外表特征的故障，通过外表检查，就能容易发现故障点。但那些没有明显外表特征的故障，常常需做进一步的查找，方能找出故障点。

借助电工仪表和工具，这是查找电气故障非常有效的方法。如用万用表的电阻档（应断电），测量电器元件有无短路、断路；用万用表的电压档，测量线路的电压是否正常；用钳形电流表，检查电动机的起动电流大小；验电笔检查是否有电等。

由于机床有液压、机械等传动装置，所以在检查、判断故障时，应注意检查液压、机械等方面的故障。

以上所介绍的是查找、排除机床电气线路故障的一般方法，实际中应根据故障情况灵活运用，并通过具体实践，不断总结积累经验。

（3）电气线路故障检修方法

电气线路的故障现象虽多种多样，但一般可归纳为开路、短路、接地三类现象，而每一类又可分为三种情况：接触良好的故障（即完全的开路、短路、接地）；存在接触电阻或虚连接的故障；不稳定、存在时通时断的故障。电气线路故障的检修常采取以下几种方法。

1）试电笔法。试电笔检查电路故障的方法，如图6-31所示。试电笔作通、断检测是常用的一种简便方法，但在检测电路时应注意以下问题：

① 在有接地端接地的控制电路中检测时，应从电源侧开始，依次按1、3、5、7、9的顺序各点测量，按下SB2，测到哪一点笔不亮，则该点即为开路处。若需测量地线侧2#线时，必须把地线拆掉或断开2#线。

② 在检测220V以上电路时，要反复比较试电笔的亮度，防止由于外部电场、泄漏电流窜入而造成氖管发亮，误认为电路接通。

③ 在检查380V并有变压器的控制电路中的熔断器是否熔断时，防止由于电源通过另一相熔断器和变压器的一次绕组回到已熔断的熔断器的出线端，造成熔断器没有熔断的假象。

④ 在控制电路为110V以下不接地的系统中检测时，应先将控制电源一端接地，然后按上述方法进行检测。

2）电压表法。电压表法就是在带电情况下进行检修，具有一定的危险性，检修时要格外小心，检修时要把万用表扳到交流500V。电压表法有两种方法：

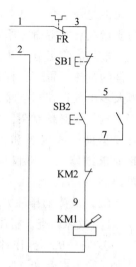

图6-31　试电笔检验断路故障

① 分阶测量法。分阶测量法实际上是在线圈两端进行测量。电压分阶测量法如图 6-32 所示。

首先将万用表的一只表笔，放在线圈的 2 号线上，另一只表笔放在 1 号线上，测量 1—2 两点间的电压，正常情况下应为 110 V，然后 2 号线上的表笔不动，压下起动按钮 SB2 不放，另一表笔依次接触 3、5、7、9 号线，分别量出 2—3、2—5、2—7、2—9 各阶间的电压，电路正常情况下，各阶的电压值均为 110V。若测到某一点，如 2—7 无电压，说明 7#线有故障或 SB2 的常闭触头有问题。这种测量方法像上台阶一样，所以叫分阶测量法。

② 分段测量法。电压分段测量法如图 6-33 所示。首先测量 1—2 两点间的电压，正常情况下应为 110V。用万用表的两端逐段测量相邻两号 3—5、5—7、7—9、2—9 间的电压。当电压正常时，按下起动按钮 SB2 后，除 2—5 两点间的电压为 110V 外，其他任何相邻两点间的电压值都为零。若测量到某相邻两点间的电压为 110 V，说明这两点间有断路故障。

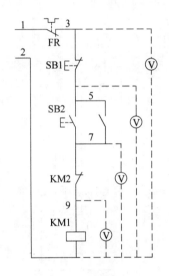

图 6-32　电压分阶测量法

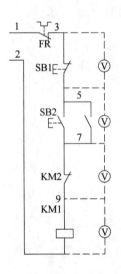

图 6-33　电压分段测量法

电压表检查断路故障时应注意：熟悉电气原理图，搞清线路走向、元件的位置，测量时要核对导线标号，防止出错。测量用的导线绝缘一定要良好，线路裸线段要尽量短，防止线路短路而造成故障。

3）电阻测量法。电阻测量法就是在断电情况下进行检修，检修时较安全，但有时容易产生误判断。电阻测量法也有两种方法：

① 电阻分阶测量法。电阻分阶测量法如图 6-34 所示。

检查时，先断开电源，把万用表拨到电阻档，按下 SB2 不放，检查 1—2 两点间的电阻。如果电阻为无穷大，说明电路有断路故障；然后逐段分阶测量 2—9、2—7、2—5、2—3 各点的电阻值。当测量到某线号时，若电阻突然增大，说明万用表表笔刚跨过的触头或连接线接触不良或断路。

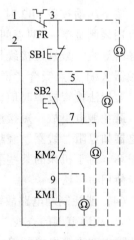

图 6-34　电阻分阶测量法

② 电阻分段测量法。电阻分段测量法如图 6-35 所示。

检查时，先切断电源，按下起动按钮 SB2，然后逐段测量相邻两线号点 3—5、5—7、7—9、9—2 的电阻。如测得某两点间电阻很大，则说明该触头接触不良或导线断路。例如测得 3—5 两点间电阻很大时，说明停止按钮 SB1，接触不良。

③ 电阻法测量注意事项。电阻测量法的优点是安全，缺点是测量电阻值不准确时，易造成判断失误，为此应注意用电阻测量法检查故障时一定要断开电源。所测量电路如与其他电路并联，必须将该电路与其他电路断开，否则所测电阻值不准确。

4）短接法。短接法是利用一根绝缘良好的导线或用一只容量比负载线圈大几倍的灯泡，将所怀疑断路的部位短接。若短接过程中，电路被接通，说明该处发生断路。

机床电气设备的常见故障为断路故障，如导线断路、虚连、虚焊、触头接触不良、熔断器熔断等。对这类故障，除用电压法和电阻法检查外，短接法也是一种更为简便可靠的方法，短接法如图 6-36 所示。

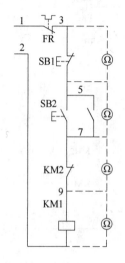

图 6-35　电阻分段测量法

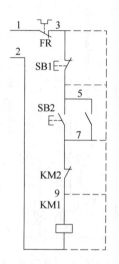

图 6-36　短接法测量

按下起动按钮 SB2 时，若接触器 KM1 触点不吸合，说明该电路存在故障。检查前，先用万用表测量 1—2 两点间电压，若电压正常，可按下起动按钮 SB2 不放，然后用一根绝缘良好的导线，分别短接线号相邻的两点，如 3—5、5—7、7—9、2—9。当短接到某两点时，接触器 KM1 触点吸合，说明断路故障就在这两点之间。

短接法检查故障时应注意：短接法是用手拿绝缘导线带电操作的，所以一定要注意安全，避免触电事故。短接法只适用于压降极小的导线及触头之类的断路故障。对于压降较大的电器如电阻、线圈、绕组等断路故障，不能采用短接法，否则会出现短路故障，造成元器件损坏。对于机床的某些要害部位，必须保证电气设备或机械部位不会出现事故的情况下，才能使用短接法。

（4）能耗制动电路故障排除方法

1）故障范围的查找。若线路的故障主要表现为制动效果不理想或无制动等，一般主电路故障出在直流电源的接入回路，主要元器件涉及接触器 KM2 主触头、整流二极管 V、限流电阻 R 和相关的各连接点。控制电路故障涉及时间继电器 KT 的线圈回路和接触器 KM2 的线圈回路，控制电路故障检测范围如图 6-37 所示。

2）故障现象举例一。按下起动按钮 SB1，电动机能正常起动运转；而按下停止按钮 SB2 后，无制动效果。

故障分析：根据故障现象可知，电动机能正常起动并运行，说明电动机本身和涉及起动、运行的主电路与辅助电路的相关部分是正常的。无制动效果，说明直流电源没有进入电动机绕组，所以故障应该出在直流电源部分。

故障检查：首先切断电源，拆下电动机。再接通电源，按下起动按钮 SB1，这时应该能听见接触器 KM1 动作的声音，再按下停止按钮 SB2，注意观察接触器 KM2 有无动作。如果有，问

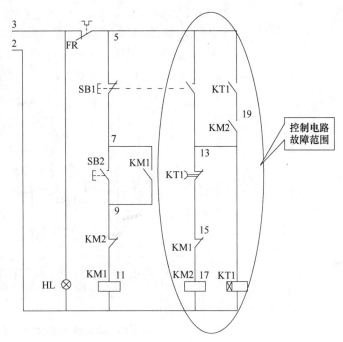

图 6-37　控制电路故障检测范围

题出在主电路，如果没有，问题出在辅助回路。结果 KM2 有动作，用万用表检查主电路的直流电源接入回路。

切断电源，把万用表调到电阻档，将红、黑表笔置于 W11-W21、V1-104、W1-105 点处，按下 KM2 的触头架，分别测量 3 处阻值，若某处电阻为无穷大，仔细查看发现一个主触头处的线头脱落。主电路故障检测方法如图 6-38 所示。

故障处理：找到故障点后，重新将线头压实接好。再次连接电动机，通电试车，恢复正常。

3）故障现象举例二。按下起动按钮 SB1，电动机能正常起动运转；而按下停止按钮 SB2 后，同样无制动效果。经初步检查发现，在按下 SB2 时，KM2 响了一下便没有反应了。

故障分析：结合前面故障举例的分析，若按下 SB2 时接触器 KM2 只响了一下，则说明接触器 KM2 或时间继电器 KT 的线圈回路有问题。决定用万用表检查上述线圈回路。图 6-39所示为时间继电器触点检测方法。

故障检查：切断电源，用万用表电阻档检查接触器 KM2 和时间继电器 KT 的线圈回路，如图 6-39 所示。结果发现两回路线路连接均没有问题，再仔细观察，发现本该接在 KT 延时触点上的导线接在了瞬时触点上，所以才导致按下 SB2 时，KM2 只响一下便没反应了。

故障处理：找到故障原因后，重新将导线换到 KT 的延时触点上压实接好。再次连接电动机，通电试车，恢复正常。

14. 工程验收

工程制作完成后，验收单位组织验收，填写项目验收单。

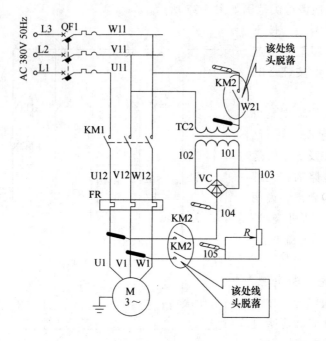

图 6-38　主电路故障检测方法

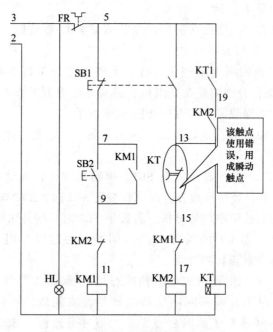

图 6-39　时间继电器触点检测方法

第7章 三相异步电动机的拆装与检修

电动机是利用电磁感应原理将电能转换为机械能并拖动生产机械工作的设备，电动机按使用的电源相数不同分为三相电动机和单相电动机。在三相电动机中，笼型电动机结构简单、价格低廉、运行可靠，使用极为广泛。在笼型电动机中，中小型电动机占使用总量的70%以上，作为电气工程技术人员，必须具备常用电动机的选型和维护能力。

7.1 三相笼型异步电动机的认识

1. 工程目的

通过了解三相异步电动机的结构的结构、铭牌、转动工作原理，让学生对三相异步电动机产生感性和理性认识，为从事电动机的使用和维修奠定基础。

2. 笼型异步电动机的结构

笼型异步电动机主要由定子和转子两个基本部分组成，其结构如图7-1所示，定子和转子之间留有很小的空气间隙。

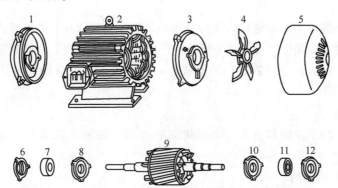

图7-1 三相异步电动机的结构

1—前端盖 2—定子 3—后端盖 4—外风扇 5—风扇罩 6—前轴承外盖 7—前轴承
8—前轴承内盖 9—转子 10—后轴承内盖 11—后轴承 12—后轴承外盖

（1）定子

定子由定子铁心、定子绕组和机座三部分组成，其作用是通入三相交流电源时产生旋转磁场。

定子铁心组成电动机磁路的一部分，通常由0.35~0.50mm厚的硅钢片叠压而成，为减小磁滞和涡流损失，硅钢片表面有绝缘漆或氧化膜。在硅钢片内圆冲有均匀分布的槽口，以便在叠压成铁心后嵌放线圈。整个铁心被固定在铸铁机座内，如图7-2所示。

定子绕组组成电动机的电路部分，它是由若干线圈组成的三相绕组，在定子圆周上均匀分布，按一定的空间角度嵌放在定子铁心槽内，每相绕组有两个引出线端，一个叫首端，另

— 187 —

一个叫尾端。三相绕组共有六个引出端，其中三个首端分别用 U1、V1、W1 表示，三个尾端分别用 U2、V2、W2 表示。

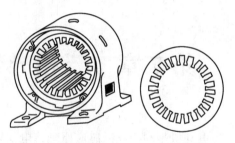

机座主要用于容纳保护定子铁心和绕组并固定端盖，中小型电动机的机座由铸铁制成。其上铸有加强散热功能的散热筋片。

（2）转子

a) 定子铁心　　　b) 硅钢片

图 7-2　定子铁心与硅钢片

转子的作用是通过磁通，在定子旋转磁场作用下产生电磁转矩，沿着旋转磁场方向转动，并输出动力带动生产机械运转。转子由转子铁心、转子绕组（笼型绕组）和转轴三部分组成。

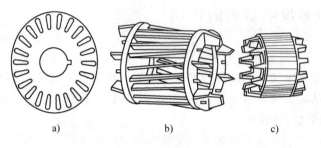

a)　　　　　　　b)　　　　　　　c)

图 7-3　笼型转子

转子铁心由外圆冲有均匀槽口、互相绝缘的硅钢片叠压而成，铁心槽内有铝质或铜质的笼型转子绕组，两端有端环，如图 7-3 所示。整个转子套在转轴上形成紧配合，被支承在端盖中央的轴承中，这样由定子铁心、转子铁心和两者之间的空气间隙构成了电动机的完整磁路。

（3）其他附件

除定子、转子两个主体部分外，电动机还有端盖、轴承、轴承盖、风扇叶和接线盒等附件。

3. 笼型电动机的铭牌

任何新出厂的电动机，在机座上都装有一块铝质或铜质的标牌，叫铭牌。它简要地标明了该电动机的类型、主要性能、技术指标和使用条件。为用户使用和维修这台电动机提供了重要依据。电动机铭牌如图 7-4 所示。

三相异步电动机			
型号	Y112M-4	额定频率	50Hz
额定功率	4kW	绝缘等级	E 级
接法	△	温升	60℃
额定电压	380V	定额	连续
额定电流	8.6A	功率因数	0.85
额定转速	1440r/min	重量	59kg
××电机厂			

图 7-4　电动机铭牌

（1）型号

型号表示电动机的品种、规格，由字母和数字组成，其型号含义如图 7-5 所示。

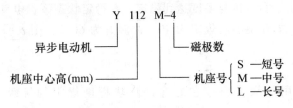

图 7-5　电动机含义

（2）额定功率

电动机按铭牌所给条件运行时，轴端所能输出的机械功率，单位为千瓦（kW）。

（3）额定电压

电动机在额定运行状态下加在定子绕组上的线电压，单位为伏（V）。

（4）额定电流

电动机在额定电压和额定频率下运行，输出功率达额定值时，电网注入定子绕组的线电流，单位为安（A）。

（5）额定频率

指电动机所用电源的频率。铭牌注明 50Hz，表明该电动机只能在 50Hz 电源上使用。

（6）额定转速

指电动机转子输出额定功率时每分钟的转数。通常额定转速比同步转速（旋转磁场转速）低 2%~6%。其中同步转速、电源频率和电动机磁极对数的关系为

$$同步转速=60×频率/磁极对数$$

（7）联结方式

指电动机三相绕组六个线端的连接方法。将三相绕组首端 U1、V1、W1 接电源、尾端 U2、V2、W2 连接在一起，叫星形（丫）联结，如图 7-6a 所示。若将 U1 接 W2、V1 接 U2、W1 接 V2，再将这三个交点接在三相电源上，叫三角形（△）联结，如图 7-6b 所示。

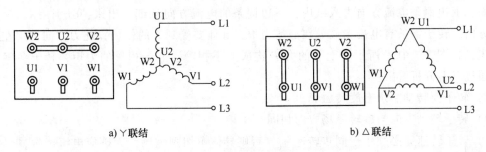

a）丫联结　　　　　　　　　　　　b）△联结

图 7-6　三相绕组联结

（8）定额

电动机定额分连续、短时和断续三种。连续是指电动机连续不断地输出额定功率而温升不超过铭牌允许值。短时表示电动机不能连续使用，只能在规定的较短时间内输出额定功率。断续表示电动机只能短时输出额定功率，但可多次断续重复起动和运行。

（9）温升

电动机运行中，部分电能转换成热能，使电动机温度升高，经过一定时间，电能转换的热能与机身散发的热能平衡，机身温度达到稳定。在稳定状态下，电动机温度与环境温度之差，叫作电动机温升。如环境温度规定为40℃，温升为60℃，则表明电动机工作温度不能超过100℃。

（10）绝缘等级

指电动机绕组所用绝缘材料按它的允许耐热程度规定的等级，这些级别为 A 级，105℃；E 级，120℃；B 级，130℃；F 级，155℃；H 级，180℃。

4. 三相异步电动机工作原理

三相绕组接通三相电源产生的磁场在空间旋转，称为旋转磁场，其转速 n_1 的大小由电动机极数 $2p$ 和电源频率 f 决定，即 $n_1 = \dfrac{120f}{2p}$。

这种旋转磁场肉眼看不到，如果在定子铁心内放一个空的易拉罐，罐的两端用尖端支上，则易拉罐就会旋转。为了说明电动机的工作原理，模拟两个磁场（N、S 极）在旋转，转子用铜条做成笼型的，如图 7-7 所示。

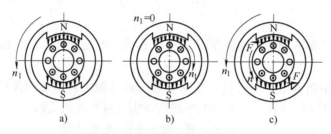

a)　　　　　b)　　　　　c)

图 7-7　三相异步电动机工作原理

如图 7-7a 所示，定子两极按逆时针方向旋转，转子静止，也可以看成定子静止（$n_1 = 0$），转子按顺时针方向旋转（定、转子间相对运动），由于转子铜条（或铝条）切割磁场，铜条内有感应电动势，由于铜条是闭合回路，所以有感应电流产生，它的方向用右手定则可以判断，上边铜条电流方向进入纸内，下边铜条的电流方向从纸内出来，分别用×、⊙表示电流方向。转子铜条有电流，又处在磁场当中，导体要受到力的作用，此力方向可用左手定则判出，如图 7-7 中 F 所示。上下的力 F 构成大小相等、方向相反的力矩，转子会旋转起来。通过以上分析看出：

1）转子要转动必须有旋转磁场。

2）转子转动方向与旋转磁场方向相同。

3）转子转速 n 必须小于同步转速 n_1，否则导体不切割磁场，无感应电流产生，也就无转矩，电动机要停下来。

4）$n_1 - n = \Delta n$ 是转差，通常用百分数表示，即 $\dfrac{n_1 - n}{n_1} \times 100\% = s$，$s$ 叫作转差率，一般在 0.02～0.06 之间，所以电动机转速 $n = n_1(1 - s)$。

5. 电动机绕组有关概念

（1）线圈

　　线圈是用绝缘导线（中小型电动机用漆包线）在绕线模上按一定的形状和匝数绕成的。由于端部形状不同，有菱形线圈和弧形线圈两种，如图 7-8 所示。线圈的主要工作部分是嵌入铁心槽中的两个直线边，叫作有效边，用以完成电动机的电磁转换，两个端部只起连接有效边、接通电路的作用。因为线圈是构成绕组的基本单元，所以又叫绕组元件。

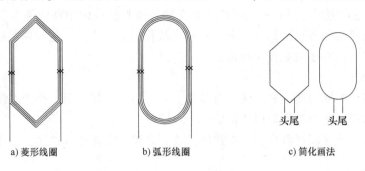

a) 菱形线圈　　　　　b) 弧形线圈　　　　　c) 简化画法

图 7-8　常用线圈及简化方法

　　（2）极距（τ）

　　图 7-9 所示为 16 槽台扇电动机定子的横剖面图。从定子电流的分布可见，它产生了 4 极磁场，即有两对磁极的磁场。磁极对数用 p 表示，则两对磁极为 $p = 2$。

　　所谓极距，指的是电动机每一个磁极在定子铁心内表面所对应的圆周表面距离，也就是两个相邻异性磁极之间的距离，通常可用槽数计算出，即

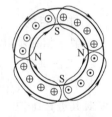

图 7-9　4 极 16 槽台
扇电动机磁场分布

$$\tau = \frac{Z}{2p}$$

式中，Z 表示定子铁心总槽数；p 表示磁极对数。

　　（3）节距（Y）

　　节距指线圈两个有效边在定子铁心圆周上所跨的距离，又叫跨距，可由槽数计算出。节距与极距相等的绕组叫全节距绕组，节距小于极距的绕组叫短节距绕组。

　　（4）每极每相槽数

　　每极每相槽数 q，是交流电动机每相绕组在每个磁极下所占的槽数，其值可用下式计算：

$$q = \frac{Z}{2pm}$$

式中，Z 表示定子槽数；p 表示磁极对数；m 表示相数。

　　（5）单层绕组

　　一个铁心槽中只嵌放一个有效边的绕组叫单层绕组；电机的线圈总数等于槽数的一半。单层绕组有同心式、链式，以及交叉式绕组。

　　1）单层链式绕组。单层链式绕组由形状、几何尺寸和节距相同的线圈连接而成，整个外形如长链。链式绕组的每个线圈节距相等并且制造方便。线圈端部连接较短并且省铜。主要用于 $q = 2$、4、6、8 极小型异步电动机。

2）单层交叉式绕组。单层交叉式绕组由线圈数和节距不相同的两种线圈组构成，同一组线圈的形状、几何尺寸和节距均相同，各线圈组的端部相互交叉。交叉式绕组由两大一小线圈交叉分布。线圈端部连线较短，有利于节省材料，并且省铜。广泛用于 $q>1$ 的且为奇数的小型异步电动机。

3）单层同心式绕组。同心式绕组特征是在同一极相组内的串联线圈节距不同，线圈尺寸也不同，但极相组内各线圈具有同一中心线，故称同心式绕组。这种绕组嵌线方便，但端部拥挤、费铜，常用在小型 2 极电动机绕组上。

（6）双层绕组

双层叠绕组一个铁心槽中嵌入两个有效边，一个边在上层，另一个边在下层，中间用绝缘材料隔开，这样的绕组叫作双层绕组。

嵌线时，后一个线圈紧叠在前一个线圈上面，每槽均有两个线圈边，上下边用层间垫条垫开。

7.2 三相异步电动机的拆装工程

1. 工程目的

了解三相异步电动机的结构组成，掌握三相异步电动机的拆卸和装配方法、技巧。

2. 工程来源

某工厂有一台小型三相笼型异步电动机，型号为 Y112M-4，功率为 4.0kW，使用老化，需要对其进行维护。

3. 工作任务

对照相关理论中的知识点，深入了解三相异步电动机的组成结构，电气人员对其进行拆卸，然后再将其重新装好。

4. 三相异步电动机的拆卸

（1）拆卸前的准备工作

1）拆卸电动机的工具有拉具、油盘、活扳手、锤子、螺钉旋具、纯铜棒、钢铜套、毛刷、砧木等。图 7-10 为用拉具拆卸带轮。

2）做好记录和标记。在线头、端盖、刷握等处做好标记；对于绕线转子异步电动机，记录好联轴器与端盖之间的距离及电刷装置把手的行程。

3）拆卸前的检查。

① 外观检查。观察机座、端盖、风扇等零部件是否有裂纹、损伤；检查转轴是否弯曲；转子可否灵活转动；轴承是否松动或卡死。

② 测量绝缘电阻。用绝缘电阻表测量各相对地、各相绕组间的绝缘电阻，其值应大于 0.5MΩ，否则说明绕组已受潮。

③ 测量绕组直流电阻。用电桥或万用表进行测量，三相电阻差别应不大于平均值的 2%，否则说明某相存在短路。

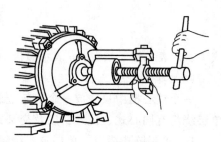

图 7-10 用拉具拆卸带轮

（2）三相异步电动机的拆卸步骤

1）切断电源，拆下电动机与电源的连接线，并将电源连接线线头做好绝缘处理。

2）脱开带轮或联轴器与负载的连接，松开地脚螺栓及接地线螺栓。

3）拆卸带轮或联轴器。

4）拆卸风罩风扇。

5）拆卸轴承盖和端盖。

6）抽出或吊出转子。

（3）主要零部件的拆卸方法

1）联轴器或皮带轮的拆卸。

首先要在联轴器或带轮的轴伸端做好尺寸标记，再将联轴器或带轮上的定位螺钉或销子取出，装上拉具，用如图 7-10 所示的方法将联轴器或带轮卸下。如果由于锈蚀而难以拉动，可在定位孔内注入煤油，几小时后再拉。若还是拉不出，可用局部加热的办法，用喷灯等急火在带轮轴套四周加热，使其膨胀即可拉出。但加热温度不能太高，以防止变形。在拆卸过程中，不能用锤子或坚硬的东西直接敲击联轴器或带轮，防止碎裂和变形，必要时应垫上木板或纯铜棒。

2）拆卸风罩和风扇。

拆卸风罩螺钉后，即可取下风罩，然后松开风扇的锁紧螺钉或定位销子，用木槌或纯铜棒在风扇四周均匀地轻轻敲击，风扇就可以松脱下来。风扇一般用铝或塑料制成，比较脆弱，因此在拆卸时切忌用锤子直接敲打。

3）轴承盖和端盖的拆卸。

把轴承外盖的螺栓卸下，拆开轴承外盖。为了便于装配时复位，应在端盖与机座接缝处做好标记，松开端盖紧固螺栓，然后用铜棒或用锤子垫上木板均匀敲打端盖四周，使端盖松动取下，再松开另一端的端盖螺栓，用木槌或纯铜棒轻轻敲打轴伸端，就可以把转子和后端盖一起取下，往外抽转子时要注意不能碰定子绕组。

（4）拆卸轴承的几种方法

1）用拉具拆卸轴承。

拆卸时应根据轴承的大小选择适宜的拉具，按如图 7-11 所示的方法夹住轴承，拉具的脚爪应紧扣在轴承内圈上，拉具丝杠的顶尖要对准转子轴的中心孔，慢慢扳转丝杠，用力要均匀，丝杠与转子应保持在同一轴线上。

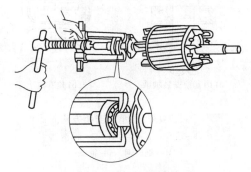

图 7-11　用拉具拆卸轴承

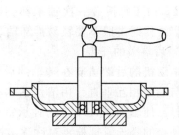

图 7-12　端盖内轴承的拆卸方

2）用细铜棒拆卸。

选择直径 18mm 左右的黄铜棒，一端顶住轴承内圈，用锤子敲打另一端，敲打时要在轴承内圈四周对称轮流均匀地敲打，用力不要过猛，可慢慢向外拆下轴承，应注意不要碰伤转轴。

3）端盖内轴承的拆卸。

将端盖止口面向上，平放在两块铁板或一个孔径稍大于轴承外圈的铁板上，上面用一段直径略小于轴承外圈的金属棒对准轴承，用锤子轻轻敲打金属棒，将轴承敲出，如图 7-12 所示。

5．三相异步电动机的装配

三相异步电动机修理后的组装顺序，大致与拆卸时相反。装配时要注意拆卸时的一些标记。尽量按原记号复位。组装的步骤如下：

（1）清理铁心内腔、绕组端部、槽口

铁心内腔、绕组端部、槽口应无杂物或突起的绝缘材料，灰尘应用压缩空气吹净。

（2）轴承的安装

轴承安装的质量将直接影响电动机的使用寿命，安装前把轴承、转轴和轴承室等处清洗干净。如果轴承不用更换，清洗轴承时，先刮去轴承和轴承盖上的残留废油脂，再用汽油洗净，用干净布擦干待装。清洗后的轴承要检查是否损坏，检查时可用手拨动轴承外圈，看转动是否灵活、均匀和无卡住现象。要仔细检查滚道、保持夹、滚珠（滚柱）表面是否有锈斑、疤痕、裂纹等。不合格的轴承一定要更换。如果是更换新轴承，应将轴承放入 70~80℃ 的变压器油中加热 5min 左右，待防锈油全部熔化后，再用汽油洗净，用干净的布擦干待装。

轴承往轴径上装配可采用冷套法和热套法这两种办法，如图 7-13 所示。套装零件及工具都要清洗干净。把清洗干净的轴承内盖加好润滑油脂套在轴径上。

1）冷套法。把轴承套在轴颈上，用一段内径略大于轴径，外径小于轴承内圈直径的铁管，铁管的一端顶在轴承的内圈上，用锤子敲打铁管的另一端，把轴承敲进去。如图 7-13a 所示。如果有条件最好是用油压机缓慢压入。

2）热套法。将轴承放在 80~120℃ 的变压器油中，加热 30~40min，趁热快速把轴承推到轴颈根部，加热时轴承要放在网架上，不要与油箱底部或侧壁接触，油面要超过轴承，油温不要超过 120℃，以免轴承退火。如图 7-13b 所示。

3）装润滑脂。轴承的内外环之间、轴承滚珠间隙中及轴承盖内装填洁净的润滑脂，润滑脂的塞装要均匀、适量，装的太满在受热后容易溢出，装的太少润滑期短，一般 2 极电动机应装容腔的 1/3~1/2；4 极以上的电动机应装空腔容积的 2/3，轴承内外盖的润滑脂一般为盖内容积的 1/3~1/2。由于每拆装一次轴承都会影响轴承质量，所以维修时一般不要轻易拆卸轴承。

（3）后端盖的安装

将电动机的后端盖套在转轴的后轴承上，并保持轴与端盖相互垂直，用清洁的木槌或纯铜棒轻轻敲打，使轴承进入端盖的轴承室内，拧紧轴承内、外盖的螺栓，螺栓要对称逐步拧紧。

（4）转子的安装

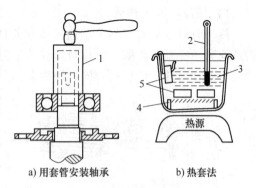

a）用套管安装轴承　　b）热套法

图 7-13　轴承的安装方法
1—套管　2—温度计　3—润滑油
4—钢丝网　5—轴承

把安装好后端盖的转子对准定子铁心的中心，小心地往里放送，注意不要碰伤绕组线圈，当后端盖已对准机座的标记时，用木槌将后端盖敲入机壳止口，拧上后端盖的螺栓，暂时不要拧得太紧。

（5）前端盖的安装

将前端盖对准机座的标记，用木槌均匀敲击端盖四周，使端盖进入止口，然后拧上端盖的紧固螺栓。最后按对角线上下、左右均匀地拧紧前、后端盖的螺栓。在拧紧螺栓的过程中，应边拧边转动转子，避免转子不同心或卡住。接下来是装前轴承内、外盖，先在轴承外盖孔插入一根螺栓，一手顶住螺栓，另一只手缓慢转动转子，轴承内盖也随之转动，用手感来对齐轴承内外盖的螺孔，将螺栓拧入轴承内盖的螺孔，再将另两根螺栓逐步拧紧。

（6）安装风扇和带轮

在后轴端安装上风扇，再装好风扇的外罩，注意风扇安装要牢固，不要与外罩有碰撞和摩擦。安装带轮时要修好键槽，磨损的键应重新配制，以保证连接可靠。

6. 三相异步电动机组装后的检验

1）检查所有紧固件是否拧紧，转子转动是否灵活，轴伸端有无径向偏摆。当转子转动比较沉重，可用纯铜棒轻敲端盖，同时调整端盖紧固螺栓的松紧程度，使之转动灵活。检查绕线转子电动机的刷握位置是否正确，电刷与集电环接触是否良好，电刷在刷握内有无卡住，弹簧压力是否均匀等。

2）检查电动机的绝缘电阻值。用绝缘电阻表测量电动机定子绕组相与相之间、各相对地之间的绝缘电阻，绕线转子异步电动机还应检查转子绕组及绕组对地间的绝缘电阻。

3）接线。经上述检查合格后，根据电动机的铭牌与电源电压，正确接线，并在电动机外壳上安装好接地线，用钳形电流表分别检测三相电流是否平衡。

4）测转速。用转速表测量电动机的转速是否均匀，并符合规定要求。

5）让电动机空转运行 30min 后，检测机壳和轴承处的温度，观察振动和噪声。绕线转子电动机在空载时，还应检查电刷有无火花及过热现象。

7. 三相异步电动机的运行维护

起动前常规检查如下：

1）长期不用的电动机，使用前应用 500V 绝缘电阻表检查绕组绝缘电阻，阻值不得低于 0.5MΩ，否则应干燥处理。

2）检查地脚螺栓及各接触螺栓、螺母是否拧紧，用压缩空气吹掉灰尘，尤其要除去电动机内部杂物。

3）检查电动机铭牌电压、频率、使用条件等与现场情况是否相符，接地线是否可靠、电源线是否合适等。

4）检查轴承油脂是否合适。

5）要求转向确定的电动机，起动前还应检查转向标志，注意电动机实际转向与要求是否一致。

7.3　电动机绕组的重绕工程

1. 工程目的

掌握三相异步电动机绕组的拆卸、清槽方法，掌握三相异步电动机重绕绕组的流程、方法和实际操作技能，知道嵌线顺序和接线方法。

2. 工程来源

绕组是电动机进行电磁能量转换与传递，从而实现将电能转化为机械能的关键部件。绕组是电动机最重要的组成部分，又是电动机最容易出现故障的部分，所以在电动机的修理作业中大多属绕组修理。当电动机绕组发生短路、断路、搭铁故障且故障点不在绕组表面，或电动机的绕组烧毁时，就只能拆除旧绕组，重新绕制，达到修复的目的，这是电动机维修的重点和难点。在本节中，主要练习电动机绕组重绕。

3. 工作任务

拆除三相异步电动机的定子绕组，学会定子绕组的绕制和绝缘材料的制作方法，熟悉定子绕组嵌线步骤，并能对重绕后的电动机进行测试。

4. 实训设备

共用设备及工具：绝缘电阻表（500V）、三相自耦调压器单相自耦调压器、万用表、绕线机、漆包线、小手锤、橡皮锤子、拉具、活扳手、钢直尺、百分尺、钢丝钳、尖嘴钳、剪刀、电工刀、砂纸、划线板、压线板、青壳纸、绑扎带、绝缘护套线等。

5. 绕组重绕准备

1) 拆除旧绕组。拆卸电动机取出转子后接着就是旧绕组的拆除。绕组拆卸采用通电加热法，先将绕组的连接线拆除，用调压器给每一相绕组施加 60~80V 交流电压，使绕组温度逐渐升高，待绕组绝缘软化到一定程度时，打开槽楔立即切断电源，并迅速拆除旧绕组。

使用本法时，必须注意正确选择调压器及降压变压器的容量，通过的电流不应超过其额定电流，以免损坏调压器及降压变压器。

2) 记录拆除数据。在拆除旧绕组时，应记录绕组形式、每槽的导线数、节距、线径、导线类别，并填写电动机修理单。填写时应先把被修电动机铭牌数据填入修理单，技术数据在定子绕组拆除后填写，试验值则最后填写。电动机修理单见表7-1。拆卸时注意保留一个较完整的线圈，按照它的形状选择线模，并且根据线圈的平均值计算绕线模模心的周长尺寸和线径。

表 7-1 三相异步电动机修理单

铭牌 数据	型号		功率	kW	电压	V	电流		A
	接法		转速	r/min	绝缘		编号		
	制造厂			生产日期					
技术 数据	铁心槽数		绕组型式		节距		导线规格		
	并联根数		绕圈匝数		线圈数				
试验值	直流电阻值	U 相		Ω	V 相	Ω	W 相		Ω
	对地绝缘电阻	U 相		MΩ	V 相	MΩ	W 相		MΩ
	相间绝缘电阻	U、V 相		MΩ	V、W 相	MΩ	W、U 相		MΩ
	耐压试验电压	V		持续时间		s	转速		r/min
	空载电压	U、V 相		V	V、W 相	V	W、U 相		V
	空载电流	U 线		A	V 线	A	W 线		A
修理单位			修理者				日期		

3) 选用与原电动机一样规格的绝缘纸，按原尺寸一次裁出36条槽绝缘纸，放在一边待用，再裁十多条同样尺寸的绝缘纸作为引槽纸用。将做槽楔的材料和下线用的划线板、压

脚、剪刀、电工刀、锤子、打板等工具放在定子旁。将电动机定子出线口一端对着下线者，做两块木垫块垫在定子铁壳两边，清除槽内杂物，擦干油污准备下线。

6. 线圈的绕制

线圈的绕制需要用到绕线模和绕线机，如图 7-14 所示。制作绕线模的关键是模芯尺寸的确定，模芯尺寸，如偏小则可能造成嵌线的困难，甚至无法嵌线；如偏大则造成铜导线的浪费及线圈端部过长而与铁心或端盖相碰。因此，正确确定模芯尺寸，最好用在拆卸旧电动机定子绕组时留下的完整的线圈作为制作模芯的依据。将绕线模装到绕线机主轴上，用紧固螺栓把绕线模两侧隔板夹紧，导线通过隔板进入模槽时应有 17N/m 张力，绕线速度控制在 150r/min。导线排列要整齐、不交叉，线圈平整。绕够规定匝数时，用纱线把线圈扎紧，给线圈的头尾分别做上记号后，绕完一个极相组后，要留有一定长度的导线做极相组间的连接线，再剪断导线。

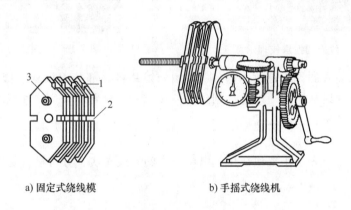

a) 固定式绕线模　　　　　　　　　b) 手摇式绕线机

图 7-14　绕线模和绕线机
1—跨线槽　2—扎线槽　3—螺栓

7. 嵌放线圈步骤

（1）放置槽绝缘

将已裁剪好的槽绝缘纸（青壳纸）纵向折成 U 形插入槽中，绝缘纸光面向里，便于向槽内嵌线。

（2）线圈的整理

1）缩宽。

用两手的拇指和食指分别拉压线圈直线转角部位，将线圈宽度压缩到能进入定子内膛而不碰触铁心。也可将线圈横立并垂直于台面，用双手扶着线圈向下压缩。

2）扭转。

解开欲嵌放线圈有效边的扎线，左手拇指和食指捏住直线边靠转角处，同样用右手指捏住上层边相应部位，将两边同向扭转，使线圈边导线扭向一面。

3）捏扁。

将右手移到下层边与左手配合，尽量将下层直线边靠转角处捏扁，然后左手不动，右手指边捏边向下搓，使下层边梳理成扁平的刀状，如图 7-15 所示。如扁平度不够可多搓捏几次。

（3）沉边（或下层边）的嵌入

右手将搓捏扁后的线圈有效边后端倾斜靠向铁心端面槽口，左手从定子另一端伸入接住线圈，如图 7-16 所示。双手把有效边靠左段尽量压入槽口内，然后左手慢慢向左拉动，右手既要防止槽口导线滑出，又要梳理后边的导线，边推边压，双手来回扯动，使导线有效边全部嵌入槽内。

图 7-15　线圈的捏扁梳理示意

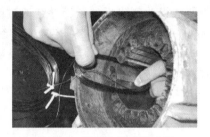

图 7-16　下层边的嵌线方法

如果尚有未嵌入的导线有效边部分，可用划线片将该部分逐根划入槽内。导线嵌入后，用划线片将槽内导线从槽的一端连续划到另一端，一定要划出头。这种梳理方式的目的，是为了槽内导线整齐平行，不交叉。

（4）封槽口

导线嵌入槽后，先用压线块或压线条将槽内的导线压实，方可进行封口操作。其操作过程如下：

1）压线。

用压线块从槽口一侧边进边撬压到另一侧，使整个槽内的导线被挤压，形成密实排列；也可用压线条从槽口一端捅穿到另一端，让压线条嵌压在整个槽口上，再用双掌按压压线条的两头，从而压实槽内导线。保证导线不弹出槽口。

注意：压线块或压线条只能压线，不能压折绝缘纸，如图 7-17a 所示。

2）裁纸。

保留嵌压在整个槽口内的压线条不动，用裁纸刀把凸出槽口的绝缘纸平槽口从一端推裁到另一端，即裁去凸出部分。然后再退出压线条，如图 7-17b 所示。

3）包折绝缘纸。

退出压线条后，用划线片把槽口左边的绝缘纸折入槽内右边，压线条同时跟进，划线片在前折，压线条在后压，压到另一端为止；对槽口右边的绝缘纸也用此方法操作。

在退出压线条的同时，槽楔有倒角的一端从其退出侧顺势推入，完成封口操作，如图 7-17c 所示。

（5）端部整形。

嵌好线圈后，检查线圈外形，端部排列和相间是否复合要求，然后用橡胶榔头将端部打成喇叭口（见图 7-18），喇叭口大小要适当，不然会影响电动机的散热和对地绝缘，也不利于安装转子。端部整形后，进行线圈捆扎，把端部绝缘修剪整齐，使绝缘管高出导线 5～8mm，并进行线圈间的连接。图 7-19 为线圈端部的捆扎示意图。

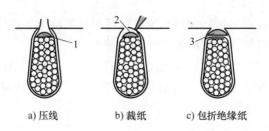

a) 压线　　　b) 裁纸　　　c) 包折绝缘纸

图 7-17　封槽口图

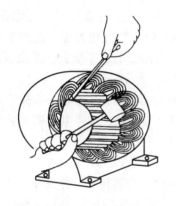

图 7-18　端部整形方法

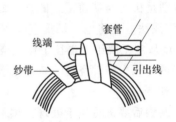

图 7-19　线圈端部的捆扎

8. 接线

将各线圈组的引出线头连接成一相绕组，三相绕组都连接完成后共有 U1、U2、V1、V2、W1、W2 6 个出线端。接线工艺过程为先的接线要求剪去引出线的多余部分，然后清除接头处的表面绝缘漆，套上绝缘套管，将两线进行绞接，再用电烙铁在接头处搪锡，最后将绝缘套管套在接头处，并用扎线将接线与端部扎紧。6 根引出线从出口引出，接在机座的接线盒。

9. 测试

1）三相绕组接线的测试检测绝缘电阻的测量用绝缘电阻表（一般采用 500V 绝缘电阻表）分别测量每相绕组对地的绝缘电阻及相与相之间的绝缘电阻，均应大于 0.5MΩ。

2）三相绕组的连接是否正确，磁极数是否正确，可用三相调压器给三相定子绕组通入 60~80V 的三相交流电压，在定子铁心内圆放粒钢珠，如钢珠能沿内圆旋转，表明绕组接线正确，如钢珠被吸住不动，表明绕组接线错误，或有短路、断路等故障。

10. 浸漆与烘干

三相异步电动机定子绕组进行浸漆处理的目的是提高绕组的绝缘强度、耐热性、耐潮性及散热能力，同时也增加了绕组的机械强度和耐腐蚀能力。

常用的 E 级及 B 级绝缘为 1031 牌号的酚醛醇酸漆及 1032 牌号的三聚氰胺醇酸漆，常用的 F 级和 H 级绝缘为 1053 牌号的有机硅浸漆。

整个浸漆工艺包括预烘、浸漆和烘干三个过程，简述如下：

（1）预烘

电动机绕组在浸漆前应先进行预烘，预烘的目的是使绕组加热以驱除分布在绕组内的潮气和低温分子挥发物，以便于使绕组被绝缘漆浸透。

预烘温度可按绝缘材料允许的最高温度来确定，一般应稍低于该温度。预烘温度应逐步上升，升温速度为 20~30℃/h，一般烘 8h 左右。预烘时要定时测量绕组的绝缘电阻，当绝缘电阻稳定时，预烘结束。

（2）浸漆

电动机预烘后，待温度降到 60~70℃，即可开始浸漆（注意，浸漆前温度太高或太低都会影响浸漆质量）。定子绕组的浸漆方法通常有两种：一种是沉浸法；另一种是浇漆法。选用哪种方法应视修理单位的现有条件、电动机体积的大小及质量要求而定。

1）沉浸法。将电动机定子绕组全部浸于绝缘漆内，使绝缘漆浸透到所有绝缘孔隙内，填满绕组各匝间间隙及槽内所有空隙，浸漆为 10~15min，到不冒气泡为止。然后把电动机垂直搁置，滴干余漆，待余漆滴干后，再用抹布将铁心、机座上的余漆揩去。并用松油揩抹干净，特别是机座与端盖接合的止口处。

2）浇漆法。先将电动机垂直放在滴漆盘上，用储漆壶将绝缘漆（绝缘漆事先应加温到 50~60℃）从定予绕组上端往下慢慢浇，要浇得均匀且应全部浇到，再将电动机倒转浇另一端，最好重复几次使其浇透。待余漆滴干后，将铁心、机座抹擦干净。

（3）烘干

绕组浸漆后要进行烘干处理，烘干的目的是为了使漆中的溶剂和水分挥发掉，使绕组表面形成较为坚固的漆膜。烘干一般分两个阶段：第一个阶段是低温阶段，主要是使漆中的溶剂挥发，此阶段温度应控制在略高于漆内溶剂的挥发温度为宜，一般为 70~80℃，时间 2~4h。此阶段温度不能过高，否则绕组表面很快形成漆膜，将使内部气体无法排出。第二阶段是高温阶段，其目的是使漆固化，在绕组表面形成坚固的漆膜，温度可控制在稍低于绝缘材料与绝缘漆的最高温度（取最小的一个），时间 8~16h。

在烘干过程中要定时用绝缘电阻表测量定子绕组对地的绝缘电阻，开始时绝缘电阻将下降，慢慢逐步上升，最后稳定在某数值，一般应在 5MΩ 以上。

常用的烘干设备与方法有以下几种：

1）循环热风烘干法。这种方法主要用于批量生产。用电热丝进行加热，用鼓风机吹风，将热量均匀地吹入烘干室内，以保证均匀加热。烘干室内并设有排气孔，以利于排出漆溶剂蒸气和水蒸气，加速干燥。室内有温度控制装置，以测量和控制烘干室内的温度。

2）红外线灯泡或白炽灯泡烘干法。如图 7-20 所示用红外线灯泡或白炽灯泡直接照射到电动机绕组上进行烘干，改变灯泡个数及瓦数，即可改变烘干温度。

图 7-20 把灯泡吊在定子中

11. 试验

三相异步电动机装配完毕后，为了保证电动机的重绕质量及装配质量，必须对电动机进行一系列必要的试验，以考核其检修质量是否符合要求。在进行试验前必须先对电动机做一般性检查，如电动机的装配质量、各部分的紧固螺栓是否拧紧、电动机转动是否灵活、电动机接线是否正确等，如在确认电动机良好后，才能进行试验。试验电路如图 7-21 所示。

试验的项目主要有直流电阻测定、绝缘电阻测定、耐压试验、空载试验、短路试验和温升试验等。

（1）耐压试验

该试验必须在绝缘电阻测试合格后才能进行。耐压试验在工频耐压试验机上进行，主要考核三相定子绕组相间绝缘及对地绝缘性能。耐压试验通常进行两次，即将 U、V 两相绕组接高压，W 相和机壳接零线，进行一次耐压试验；将 U、W 两相绕组接高压，V 相和机壳接零线再进行一次耐压试验，两次试验均未发生击穿便是合格。对于额定功率小于 1kW 的电动机试验电压为 1260V；对于功率为 1~3kW 的电动机为 1500V；功率大于 3kW 的电动机为 1760V。试验时，转动耐压试验机电压输出手柄，使试验电压由零慢慢升高到额定试验电压，持续 1min 无击穿现象，再将试验电压慢慢降至零。试验人员在试验时，必须注意人身及设备的安全，并禁止无关人员进入试验区域。试验完毕后，必须对被试电动机短路放电后才能拆线。

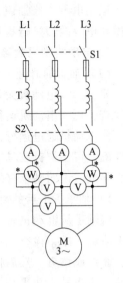

图 7-21　电动机试验电路

（2）空载试验

空载试验的目的是测定电动机的空载电流和空载损耗功率，利用电动机空转运行检查电动机的装配质量和运行情况。利于自耦变压器来调节加在三相定子绕组上的电压，直到额定电压。用电流表测三相空载电流；用两瓦特计法测三相功率，由于空载时电动机功率因数较低，最好用低功率因数瓦特表测量。电压表可以用三块，也可用一块测量。

（3）短路试验

短路试验的目的是测定短路电压和短路损耗。其电流表及功率表的电流量程应按被试电动机的额定电流来选取。

试验开始时，把电动机的轴卡住，不让其转动，旋动自耦调压器手轮，使加在电动机定子绕组上的电压逐步升高，当定子电流达到额定电流时的电压值即为短路电压。当电动机额定电压为 380V 时，短路电压在 70~95V 范围内则认为是合格的，一般功率小的电动机取较大值。若短路电压过大，一般是定子绕组匝数太多，使电动机启动电流和启动转矩降低。

在短路试验时，因电动机不转，故不输出机械功率，摩擦损耗也为零，因此电动机消耗的功率可以认为是在定子和转子上的铜损耗。

7.4　三相异步电动机的检修工程

1. 工程目的

通过对三相异步电动机几种常见故障的检修，使学生掌握三相异步电动机的维修技能。

2. 工程来源

电动机老化、受潮或腐蚀性气体的侵入，机械力、电磁力的冲击，电动机在运行中长期过载、过电压、欠电压或两相运行，都会使电动机损坏。

3. 工程任务

运用电气维修知识，深入理解三相异步电动机的组成结构，工作原理，电气人员对几种机械和电气故障进行检修，使其能够重新运行。

4. 电动机常见故障的检测与排除方法

（1）轴承的修理

笼型异步电动机大量使用的是滚子轴承，下面以滚子轴承为例介绍其检查方法轴承故障的检查，可在电动机运行中检查。

使电动机通电运行，仔细倾听轴承部位有无"咔嚓"类的机械杂音，为了听得更加清晰准确，可用螺钉旋具或金属杆的一端顶紧轴承部位，另一端抵在耳部细听（见图7-22），如有异响，说明轴承有故障。

1）轴承拆下后的直观检查。

将轴承从电动机轴上拆下，在柴油或汽油中清洗干净，检查滚珠、内外滚道有无划痕、裂纹或锈斑。然后固定轴承内圈，让其转动，应当是旋转平衡、转速均匀、无杂音并徐徐停止，如图7-23所示。如发生杂音、振动、扭动或转动突然停止，或用如图7-24所示的方法手推动轴承时发出撞击声，或手感游隙过大，均说明轴承不正常。

2）轴承故障的排除。

通过上述方法，可以判断出轴承的磨损程度，如果磨损程度未超过允许值，可以继续使用。

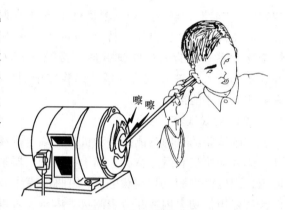

图7-22　细听轴承故障

在装配电动机时，可将负荷端与非负荷端轴承交换使用（负荷端轴承磨损更为严重）。

在下列情况下轴承必须换新：轴承外圈或内圈有裂纹、滚珠破碎、滚珠之间的支架断裂，轴承严重变色退火，滚道有深刻划痕或锈坑，轴承磨损超过允许值等。

a) 检查小型轴承　　b) 检查大型轴承

图7-23　用旋转法检查轴承故障

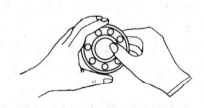

图7-24　用推动法检查轴承

（2）绕组断路故障的检查与排除

1）绕组断路的原因及故障现象。

导致绕组断路的主要原因有绕组受机械损伤或碰撞后发生断裂；接头焊接不良在运行中脱落；绕组短路，产生大电流烧断导线；在并绕导线中，由于其他导线断路，造成三相电流不平衡、绕组过热，时间稍长，将冒烟烧毁。

2）绕组断路故障的检查。电动机绕组接法不同，检查绕组断路的方法也不一样。

对于星形联结且在机内无并联支路和并绕导线的小型电动机，可将万用表置于相应电阻档，一支表笔接星形联结的中点，另一支表笔分别接三相绕组端头 U1、V1、W1，如果某一相不通，电阻为 ∞，则该相断路。

星形联结中性点未引出到接线盒时，将万用表置于相应电阻挡，分别测量 UV、VW、WU 各对端子，若 UV 通，而 VW 和 WU 不通，说明 W 相两端不通，则断路点在 W 相绕组，如图 7-25 所示。

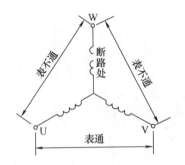

图 7-25　用万用表和检查Y联结绕组故障

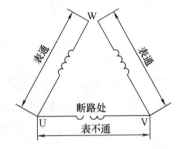

图 7-26　用万用表检查△联结绕组故障

三角形联结时，如果只有三个线端引出到接线盒，如图 7-26 所示，仍用万用表检测每两个线端之间的电阻。设每相绕组实际电阻为 r，万用表测得 UV 间的电阻为 R_{uv}，若三相绕组完好，则 $R_{uv} = \dfrac{2}{3}r$。若 UV 间有开路，则 $R_{uv} = 2r$，VW 或 WU 任意一相开路，$R = r$。

三角形联结时，如果有 6 个线端引到接线盒，先拆开三角形联结之间的连接片，使三相绕组互相独立，可直接测各相绕组首尾端电阻，哪相不通，即为断路的一相。

3）断路的维修方法。

断路的维修方法比较简单，对于引出线和过桥线以及并头套的焊接，查出故障点便可进行补焊；对于线圈端部的断路补焊，需要将绕组加热，局部加热可采用电吹风，使温度达 130℃ 左右，将断路点的导线撬起，如果是多根烧断，要分清，不可接错。补焊后，包扎绝缘，涂上环氧胶，室温固化。槽内导线断路机会少，如有断路，要加热后剔除槽楔，趁热取出线圈，进行补焊。槽内面积有限，补焊点可移至线圈端部，为此要用同规格导线连接，并连接点放在槽外，进行补焊。最后垫好绝缘，打入槽楔，涂刷绝缘漆，烘干处理。

（3）绕组短路故障及检修

三相异步电动机绕组短路故障有线圈匝间短路、层间短路、相间短路、对地短路（接地故障）。绕组短路时会很快冒烟，短路的匝数不严重时，电动机有可能坚持运转一段时间，这时电动机会出现发热、噪声、三相电流不平衡以及转速降低等现象。

1）绕组短路故障的检查方法。

① 外观检查将电动机解体，抽出转子，可以看到短路点附近绝缘的烧焦处，用鼻闻可嗅到绝缘烧焦气味，或用手摸会发现短路区非常烫手。

② 用开口变压器（或叫短路侦察器）检查使用时的要求如下：

a）电动机引出线是△联结的要拆开。

b）绕组是多路并联的要将各支路并联线拆开。

c）使用短路侦察器时，必须先将短路侦察器放在铁心上，使磁路闭合以后，再接通电源；使用完毕，断开电源后，再移开短路侦察器，否则磁路不闭合，线圈中电流过大，时间稍长，易烧毁侦察器绕组。

具体操作时，将开口变压器放在有短路线圈外的铁心槽上，在这个线圈的另一边槽口上放置薄钢片（或锯条片）。钢片因短路线圈中电流过大而产生振动，根据钢片振动大小和噪声来判断出短路的线圈，如图 7-27a 所示。

为了判别出双层绕组上下层的线圈短路点，需要将钢片分别放在距离开口变压器的左右相隔一个线圈节距的槽口上测试，如图 7-27b 所示。

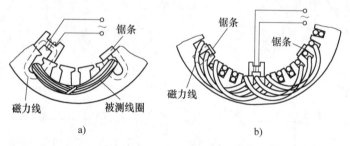

图 7-27　用短路侦察器查找短路故障

2）绕组短路的原因。

在修理过程中引起绕组短路的原因有以下几项，操作者应引起注意：

① 电磁线质量不合格，绕线时漆皮剥落。绕线前检查出不合格产品不许用。

② 紧线器夹紧力过大或有机械损伤，使漆皮磨破，要调好夹紧力。

③ 线细，绕制时拉力过大，导线壁形将漆皮拉出裂纹。拉力要合适。

④ 嵌线时用金属材料做理线板（也叫划线板），将导线的绝缘划破，应改用绝缘板。

⑤ 嵌线时由于槽满率高，用锤子硬砸线圈，尤其嵌入槽内的线匝排列不整齐，有交叉现象时，很容易将导线绝缘破坏。

⑥ 槽内层间垫条尺寸小，宽度偏小，或尺寸合适但垫偏，使上、下屡线圈之间产生短路。

⑦ 线圈端部垫的相间三角垫尺寸不符或垫偏，造成线圈端部层间、匝间短路。

⑧ 由于浸漆不良，线圈制作不规则，个别线匝悬空，不互相靠紧，绝缘未能粘结成整体，当电动机发生电磁振动时，因摩擦将绝缘磨破。

⑨ 线圈端部整形时，用不适当的工具将线圈匝间压破。

⑩ 焊接极相组过桥线时，锡钎料滴落在绝缘上或线匝上，引起匝间短路。

⑪ 槽满率过低，浸渍不良，潮气和粉尘进入线匝的空隙内腐蚀导线绝缘，造成匝间短路。

⑫ 线圈过长，端部与端盖抵触，运行不久便会产生对地短路。要做好绕线模尺寸，不可过大。

3）短路的修理方法。

线圈端部的短路故障，大多数是由于极相组间的三角绝缘垫，因锡钎料坠落等原因而遭受破坏。造成绕组端部极相组间短路。修理时可采用将线圈加热（通电流或入炉加热），使线圈软化，然后用理线板或其他工具，撬开线圈端部有故障的地方，重新插入新绝缘。连接线、过桥线绝缘损坏发生短路时，也可用此法进行增垫或重包新绝缘。在用电压降法检查短路线圈时，可用理线扳（环氧板或竹板制造）轻轻撬动短路线圈的各线匝，当电压表指针突然上升到正常值时，表明短路点已被隔开，用绝缘挚将此处垫好，再做绝缘处理。处理槽内上、下层间短路或匝间短路故障与处理接地故障相同。

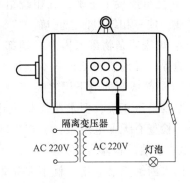

图 7-28　用试灯检查绕组接地故障

（4）绕组接地故障及检修

电动机机座如果没有很好接地，电动机绕组产生接地故障时，检修人员触及机座就会引起人身完全事故。

1）绕组接地的检查方法。

① 采用试灯检查。试灯两端头的一端接绕组，另一端接机壳，如果灯亮．表明绕组接地，如果灯光发暗红，表明绝缘受损但未安全接地，如图 7-28 所示。

② 采用绝缘电阻表检查。用绝缘电阻表测量各相绕组对地绝缘电阻，有以下几种情况：

a）绝缘电阻为零。用万用表检查也为零，表明绝缘已击穿，实接地。

b）绝缘电阻为零。用万用表检查，还有一定电阻值，说明绕组没有实实在在地接地，绝缘可能受潮、污染。

c）绝缘电阻表指零摇摆，说明绕组接地不实，造成虚接的原因是有炭粉影响，因炭粉不固定，所以影响绝缘电阻值变化。

d）为了确定接地点，可采用淘汰法，先分相，测每相绕组，查出某相绝缘电阻小，再使此相绕组断开各极相组，检查每个极相组线圈接地情况，查出某极相组有接地现象时，再断开此极相组中每个线圈，最后可查出某线圈接地点。

e）冒烟法。有时接地点很难确定，为了查明故障点，采用较高电压（500～1000V），施加给绕组和接地端，当电压升至一定值时，会发现接地处有冒烟和火花发生，从而可查出接地点。一般接地点在槽口、通风口处居多。

2）绕组接地的原因。

由于操作者操作不当造成的接地原因如下：

① 绕线模过大，虽然嵌线方便，但由于端部过长，顶碰电动机端盖，通电后线圈对端盖击穿而造成接地故障。解决办法是重绕线圈，使用尺寸合适的绕线模。

② 槽绝缘宽度不够，不能在槽口处包住导线，造成上层导线经过槽楔或槽口侧面与铁心相接，从而产生接地故障。解决办法是打出槽楔，清理槽内的残余绝缘或灰尘，然后垫入绝缘垫条或注入环氧树脂绝缘漆。

③ 槽内层间挚条和楔下垫条垫偏，或剪裁时绝缘条宽度不够，均会造成线圈对地故障：这种故障首先发生在上下层间短路，然后对铁心击穿。楔下垫条垫偏所产生的故障与槽绝缘宽度不够所产生的故障是相同的。

④ 焊接头有毛刺、焊瘤、尖刺等，刺破绝缘，造成线圈接地故障。

⑤ 绕组连接不正确，三相绕组标志不清楚，造成绕组接地故障。应在仔细检查后，正确接线，使三相绕组标志正确。

⑥ 焊渣或杂物落入槽内或端部。因此，要求施焊时位置正确，一般是在铁心外的水平位置施焊，焊前要用纸板将不施焊的部位挡上。

⑦ 端部线圈的上下层之间接触，或线圈端部异相之间接触。应检查端部层间绝缘垫尺寸和厚度是否正确，要求绝缘垫突出线圈边缘 5mm 左右，以隔离上下层线圈和异相线圈。另外，检查有无漏电现象，检查出问题要纠正。

3）接地的检修方法。

如果因绝缘已老化，就不要采取局部修理，重绕大修对质量有保证。只有绝缘质量尚好，或因受潮、受脏污以及局部绝缘破裂，才进行局部加强绝缘处理。

槽口部位绝缘破裂，可将绕组加热软化，用绝缘板撬开接地点处的槽绝缘部分，清除烧焦的旧绝缘，垫入新绝缘。为了插入槽口方便，应采用强度较高的 0.2mm 环氧板。

对于受潮绝缘只能烘干处理，烘干之前一定要清理电动机粉尘和脏污。

槽内线圈接地处理比较困难，应加热后取出槽楔，然后再取出线圈，垫好槽内绝缘，再将线圈放回，打入槽楔。因线圈的节距较大，为了取出一个线圈，就要取出一个节距的好线圈，在施工时要特别注意。

参 考 文 献

[1] 郑先锋. 电工技能与实训 [M]. 北京：机械工业出版社，2015.

[2] 王小宇. 电工实训教程 [M]. 北京：机械工业出版社，2013.

[3] 杨宗强. 电气线路安装、调试与检修 [M]. 北京：化学工业出版社，2015.

[4] 夏菽兰. 电工实训教程 [M]. 北京：人民邮电出版社，2014.

[5] 鲍洁秋. 电工实训教程 [M]. 北京：中国电力出版社，2015.

[6] 王猛. PLC 编程与应用技术 [M]. 北京：北京理工大学出版社，2013.

[7] 常文平. 电工实习指导 [M]. 北京：机械工业出版社，2006.